P. N. Sprengels
Handwerke
und
Künste
in Tabellen.

Mit Kupfern.

Stahl- und Eisenarbeiter.

Fortgesetzt

von

O. L. Hartwig.

Siebente Sammlung.

Zweite verbesserte Auflage.

Berlin,

im Verlag der Buchhandlung der Königl. Realschule.

1793.

Inhalt.

III. Die

Inhalt.

Erster Abschnitt.

Der chirurgische Instrumentenmacher.

I. Inhalt.

Einige Messerschmide sondern sich dadurch von den übrigen ab, daß sie bloß Instrumente zum Behuf der Chirurgie verfertigen, und deshalb erhalten sie auch den Namen der chirurgischen Instrumentenmacher. Sie bedienen sich zwar, im Grunde betrachtet, eben der Werkzeuge und Vortheile bei ihrer Arbeit, als ihre Professionsverwandten; sie müssen aber die Instrumente weit feiner und künstlicher ausarbeiten. Der Zweck dieses Buchs erlaubt nicht, den Leser mit allen Instrumenten der Wundärzte bekannt zu machen, sondern man wird nur so viel Stücke aus der großen Anzahl dieser Instrumente zum Beispiel wählen, daß der Leser einen hinrei-

hinreichenden Begriff von der Geschicklichkeit dieses Künstlers erlanget. Verständige Wundärzte werden es dem Verfasser leicht vergeben, wenn er, so viel wie möglich, die Sprache des gemeinen Lebens in dem Verfolge dieses Abschnitts beibehält.

II. Der Ort, den dieser Abschnitt in der Reihe der übrigen erhalten hat, überhebet den Leser der Mühe, eine weitläuftige Beschreibung von den Materialien dieses Künstlers durchzulesen, denn es darf nur mit wenigen Worten nachgehohlet werden, was noch nicht in den vorigen Abschnitten gesagt ist.

A. Das beträchtlichste Metall, welches der Instrumentenmacher verarbeitet, ist der Englische Stahl. Ueberhaupt muß man bei den Instrumenten der Wundärzte bemerken, daß der Künstler ihnen eine vorzügliche Schärfe und Politur giebt, um der Zärtlichkeit der Menschen, so viel wie möglich, zu schonen. Daher wählt man hierzu auch den besten Stahl. Dieser Grund fällt aber bei Pflasterscheren und andern Stücken, die den menschlichen Körper nicht berühren, weg, und daher werden diese Instrumente auch nur aus Kölnischem Stahl geschmiedet. Dieser hat aber den Fehler, daß seine großen Zwischenräume bei der besten Politur sichtbar bleiben. Einige Stükken dürfen in keiner Absicht eine vorzügliche Härte und Politur erhalten, und diese werden daher nur aus Schwedischem Eisen geschmiedet. Zum Beispiel die Griffe an den Scheren. Noch andre chirur-

chirurgische Instrumente müssen vorzüglich biegsam seyn, und daher verfertigt man sie aus Messing, oder noch besser aus Silber. Ueberdem lassen sich die Wundärzte zuweilen solche Instrumente, bei denen das Metall gleichgültig ist, oder auch nur einige Theile, zur Zierde aus den edlen Metallen verfertigen, und daher muß der Instrumentenmacher in allen Metallen arbeiten können. Man wird ihn aber in diesem Abschnitt vorzüglich nur als einen Eisenarbeiter betrachten, zumal da er die übrigen Metalle mit den schon beschriebenen Handgriffen der Goldschmide und Messingarbeiter behandelt.

B. Von **Elfenbein, Fischbein, Schildkrötenschalen, Knochen, Ebenholz,** und andern festen Holzarten verfertigt der Instrumentenmacher Stiele und Schalen an den Instrumenten.

Anmerk. Es ist bekannt, daß man das Elfenbein aus den Zähnen der Elephanten schneidet. Das Fischbein wird in dem Rachen der Wallfische gefunden, und die Schildkrötenschalen entstehen aus dem Schilde der Seeschildkröten. Die letztern kauft der Instrumentenmacher in Tafeln, die etwas über einen halben Fuß ins Gevierte groß sind, und bezahlt jede Tafel mit 5 Gr. 8 Pf.

C. Beim Poliren des Stahls ist Schmergel und Baumöhl dem Instrumentenmacher unentbehrlich, und überdem noch bei sehr feinen Instrumenten **Blutstein** und **Crocus Martis**. Weiche Metalle, desgleichen Schalen und Hefte polirt er mit Tripel, Baumöhl, Bimsstein und Venetianischer Seife.

Anmerk. Der Blutstein ist ein Eisenerz, und Crocus Martis eine metallische Erde, die aus Eisenrost zubereitet wird.

III. Was oben von den Materialien der Instrumentenmacher erinnert ist, das läßt sich auch von den Werkzeugen sagen, daß sie schon aus den vorigen Beschreibungen der Eisenarbeiter bekannt sind. Folgende verdienen nur noch genannt zu werden.

A. Den Instrumentenmachern kommt oft der Fall vor, daß sie Löcher in den Stahl bohren müssen, und daher soll von den Bohrern dieser Art noch das nöthige nachgeholt werden.

a) Der Bohrer, womit sich Eisen und Stahl am besten bohren läßt, hat vorne statt einer Spitze eine breite Schärfe Fig. I. a. Tab. I. die aufs sorgfältigste gehärtet werden muß. Man steckt dies kleine Eisen in die Rolle einer Rennspindel, und bewegt diese auf die schon bekannte Art mit einem Bogen. Soll ein Loch an einer Seite erweitert werden, so steckt man statt des vorigen einen Versenkbohrer Fig. I. b. auf die Rolle, der eine winklige Spitze hat

b) Auf eben die Art werden auch die kleinen Bohrer in Bewegung gesetzt, womit man das Loch einer Schraubenmutter an einer Seite büchsenartig erweitert, um in diese Oeffnung den Kopf der Schraube zu versenken. Der Instrumentenmacher

macher nennt diese Bohrer Frisirbohrer Fig. II. Der Zapfen a wird in das schon gebohrte Loch gesteckt, und die beiden Schneiden b und c höhlen das Loch aus.

c) Will man einem Loche Schraubengänge mit einem Schneideeisen geben, und es ist noch nicht groß genug, so wird es mit einem Aufräumer erweitert. Ueberhaupt verstehet man unter einem Aufräumer einen vierkantigen zugespitzten Stift, man mag ihn nun an einem Ringe festhalten können, wie in der III. Fig. oder er mag an einer Brustleier befestigt seyn. 6te Samml. S. 34.

d) Die Bohrer, womit man in Knochen, Elfenbein und andre weiche Materien bohrt, haben dagegen vorne einen breiten zugespitzten Kopf, und werden gleichfalls mit einer Rennspindel bewegt. Fig. IV.

B. Schildkröte, Elfenbein und dergleichen zerschneidet der Instrumentenmacher mit einer Säge zu Schalen. Doch muß die Säge, womit Elfenbein zerschnitten wird, wegen der Härte dieses Knochens, etwas größer und stärker seyn, als die Sägen zu den übrigen Körpern dieser Art. Der Bogen d a b c Fig. V. ist von Eisen, und das Blatt c d wird aus einer Englischen Feder verfertigt. Diese kauft der Instrumentenmacher in schmalen aufgerollten Streifen, die etwas über einen Zoll breit sind. In a hat die Säge ein hölzernes Heft, und in d eine messingene Flügelschraubenmutter auf einer Schraube an der Spitze des Blatts. Man kann hierdurch das Blatt in dem Bogen stärker oder schlaffer spannen.

C. Der Brunirstahl heißt in andern Werkstätten der Gerbestahl. Eine eiserne Stange a b Fig. VI. ist auf einem Klotz c d an einem Ringe in a befestigt. Unter e hängt mit der Stange a b ein ovales Stück Stahl zusammen. Das Metall, welches man poliren will, liegt auf dem Klotz c d, und der Arbeiter bewegt die Stange a b, und zugleich das Stück Stahl durch die Hand an dem hölzernen Griff b.

D. Mit dem Rosettenstämpel Fig. VII. giebt man auf einer Bleiplatte den Scheiben ausgetriebene Figuren, die an jedem Ende eines Niets auf den Schalen der Messer befestigt werden. Die Figuren müssen daher auf der einen Grundfläche des stählernen Stämpels vertieft ausgeschnitten seyn. Ein Zapfen auf dem Mittelpunkt der gravirten Grundfläche sticht das Loch für das Niet aus der Rosette aus.

E. Den eisernen Bügel Fig. VIII. belegt der Deutsche Instrumentenmacher noch mit dem Französischen Namen Cerciseau. Er hält hiermit die Klinge der Schere in dem Schraubstock fest, wenn er die Ringe und Stangen einer Schere befeilen will. Die beiden Zapfen a, b tragen ihn auf den Kneipen des Schraubestocks.

F. Die Schleifmaschine der Instrumentenmacher weicht weiter nicht von der Schleifma-

schine

schine der Messerschmide ab, als daß dazu mehrere Schleifsteine und Polirscheiben von verschiedener Größe und Beschaffenheit gehören. Die Schleifsteine so wohl, als die Polirscheiben nehmen von 2 Fuß bis zu 2 Zoll im Durchmesser ab, und nach Proportion auch in der Dicke. Der Künstler, der dem Verfasser zu diesem Abschnitt mit einer rühmenswürdigen Bereitwilligkeit und Geschicklichkeit Unterricht ertheilt hat, überzieht die Stirn einiger Polirscheiben mit Kupferblech, weil es das Metall besser angreift, als das bloße Holz. Er polirt daher erst seine Instrumente auf den nur gedachten Polirscheiben, und hernach auf den hölzernen. Die Schalen der Messer werden auf einer Scheibe polirt, die mit Leder überzogen ist. Sechste Sammlung S. 185.

G. Unter einem Halter Fig. IX. versteht der Künstler zwei Hölzer, ab, cb, die in d mit einem eisernen Niet verknüpft sind. Kleine Eisen, zum Beispiel die Eisen zu dem Aderlaßschnäpper, werden in die Fuge b zwischen beiden Hölzern gesteckt, und diese mit einem Keil in e zusammen gepreßt, wenn man die kleinen Eisen schleifen oder poliren will.

IV. Der Leser weiß bereits, daß er nicht eine Beschreibung aller chirurgischen Instrumente zu erwarten hat, sondern daß nur einige Beispiele die Kunst des Instrumentenmachers erläutern sollen. Diese sind die Instrumente in einem so genannten Bindezeuge, die Messer zur anatomischen Präparation, und überdem noch einige Stücke, die nur bei besondern Vorfällen gebraucht werden. Man wird zwar alle verknüpfte Instrumente dieser Art nennen, aber der Kürze wegen nur bei denen stehen bleiben, die einen nähern Begriff von der Arbeit des Instrumentenmachers geben.

A. Bei einem mäßigen Zusammenhange mit den Wundärzten lernet man schon diejenigen Instrumente kennen, die sie in einem Bindezeuge bei sich tragen, und daher sind sie die besten Beispiele. Man wird in den Händen der Wundärzte folgende Stücke bemerkt haben.

a) Um gleich einige Dinge ins Licht zu setzen, die bei vielen andern Instrumenten wieder vorkommen werden, soll der Anfang mit der Beschreibung der Incisionsmesser oder Bistouris gemacht werden, die zu den wichtigsten Stücken des Bindezeugs gehören. Im voraus ist zu bemerken, daß die Wundärzte ihre Messer vorzüglich in Bistouris und Scalpelle abtheilen. Die Klinge der erstern kann in die Schale eingelegt werden, allein bei den letztern steht sie auf dem Stiel unbeweglich. Hier ist nur von den Bistouris die Rede, die Scalpelle werden aber auch weiter unten vorkommen. Die Wundärzte gebrauchen diese Messer, wenn sie sich genöthigt sehen, bei einer Wunde zu schneiden, und daher ist ihre Schneide theils gerade Fig. X. theils gekrümmt Fig. XI. um sich ihrer bei allen Vorfällen zu bedienen.

A. Aus

A. Aus eben dem Grunde müssen diese Messer aus dem besten Englischen Stahl geschmiedet werden. In der Esse wird die Gestalt, oder mit dem Künstler zu reden, die Faßon dieser Messer nur unförmlich gebildet, denn die Klinge ist beinahe weiter nichts, als ein ebenes und zugespiztes Blech, mit einer Angel Fig. X. a. deren Widerhaken sich, wie bekannt, gegen die Schalen lehnen, und das Messer unbeweglich steif halten. Krumme Messer werden nur noch in der Esse warm mit dem Hammer nach einem Bogen gekrümmt. In dem ersten Abschnitt der vorigen Sammlung hat man bereits gelesen, daß alle Stücke müssen geglühet werden, die die Feile bearbeiten soll, und dies ist bei den chirurgischen Instrumenten um so viel nöthiger, da man sie aufs feinste mit dem gedachten Werkzeuge ausarbeitet. Der Instrumentenmacher legt seine Arbeit bloß auf glühende Kohlen, und läßt sie von selbst heiß und wieder kalt werden.

B. Das beste muß die Feile bei der Klinge des Messers, und bei allen Stücken dieser Art thun. Sie verdünnt die Schneide b schon besser, als unter dem Hammer geschehen konnte, ebnet den Rücken c, und wenn das Messer unter der Schneide noch ein Schild erhält, so bildet sie auch schon vorläufig einen Absatz. Kurz, alle Stücke müssen mit der Feile geebnet, und das Ebenmaß aller Theile bestimmt werden. Um in dem leztern Fall nicht zu fehlen, so hat der Künstler stets ein messingenes oder eisernes Modell vor Augen, und er hält auch wohl seine Arbeit gegen das Modell. Dies letzte ist um so viel nöthiger, da die Wundärzte schon abgemessen haben, was jeder Theil eines Instruments für eine Größe haben muß, wenn man sich die gehörige Wirkung versprechen will. Uebrigens bedient sich der Instrumentenmacher, wie der Schlösser, erst der groben und zuletzt der Schlichtfeilen. Endlich wird mit dem Bohrer Fig. I. ein Loch durch das Schild der Klinge gebohret, um das Messer mit der Schale durch ein Niet zu vereinigen.

C. Die Feile würde auf dem Metall nur wenig abnehmen, und der Professionist würde Zeit und Mühe verlieren, wenn er die Instrumente vor der Bearbeitung mit dem gedachten Werkzeuge härtete. Weit schicklicher ist es daher, daß sie erst gehärtet werden, wenn sie bereits völlig ihre Gestalt unter der Feile erhalten haben. Der Instrumentenmacher härtet alle Instrumente, die schneiden und steif seyn müssen, und also auch die Klingen der Messer. Hingegen erhalten diejenigen Instrumente keine Härte, die biegsam seyn müssen. Die Instrumente, die er härten will, läßt er zwar nur rothwarm werden, und kühlt sie in kaltem Wasser ab; allein er muß den Grad der Härte dadurch noch näher bestimmen, daß er sie von neuen auf glühende Kohlen legt. Stahl und Eisen erhält in der Gluth erst eine hafergelbe, hernach eine rothe, blaue, aschgraue, und zuletzt die Farbe des glühenden Eisens. Weichen Stahl läßt man nur in der Gluth hafer=

hafergelb werden, hingegen muß der harte blau anlaufen, und in beiden Fällen wird er sogleich wieder in kaltes Wasser gesteckt. Hieraus erhellet, daß überhaupt der Stahl weicher wird, wenn man ihn blau anlaufen läßt, und es steht daher in der Gewalt des Künstlers, einem Instrument eine starke und schwache Härte zu geben. Die Messerklingen müssen hart seyn, und daher nur hafergelb anlaufen.

D. Der Schleifstein bildet alles weiter aus, was die Feile vorgearbeitet hat. Man bearbeitet aber nur diejenigen Instrumente auf dem Schleifstein, die gehärtet sind, und bei den übrigen bedient man sich andrer Mittel, um ihnen eine Glätte und Politur zu geben, die sich gleichfalls unten ergeben werden. Ueberdem kann der Künstler auch nur ebene Flächen und Facetten mit scharfen Ecken schleifen, die runden Flächen muß er durch andere Mittel glätten. Es wird sich in der Folge zum öftern eine Gelegenheit darbieten, auch hiervon zu reden. Die allgemeinen Gesetze beim Schleifen sind bereits in dem vorigen Abschnitt in der sechsten Sammlung S. 191. fest gesetzt, und es ist hier weiter nichts zu bemerken, als daß der Instrumentenmacher die Flächen dieser Messer eben schleift, und hierbei die größte Genauigkeit beobachtet. Von dem Poliren ist gleichfalls schon in dem gedachten Abschnitt das nöthige gesagt. Die gröbsten Striche, die der Schleifstein zurück läßt, nimmt die kupferne Polirscheibe ab, und die blendende Politur erhält das Instrument endlich

lich auf einer hölzernen Scheibe. Die Größe der Scheibe muß aber stets mit der Größe des Schleifsteins überein stimmen, womit die Fläche geschliffen ist. Die Stirn beider Arten der Polirscheiben wird mit Schmergel und Baumöhl bestrichen, und wenn man die beste Politur hervor bringen will, so bestreuet man sie zuletzt mit Blutstein oder mit Crocus Martis. Der letztern metallischen Erde bedient man sich aber nur bei sehr feinen Instrumenten, zum Exempel bei den Eisen der Schnäpper.

E. Zuletzt wird die Schale a d des Messers verfertigt. Die verschiedenen Materien, woraus Schalen und Stiele geschnitten werden, sind oben bereits genannt. Sie werden auch, im Grunde betrachtet, auf einerlei Art bearbeitet. Gewöhnlich erhalten die Bistouris Schildkrötenschalen. Der Künstler hat Modelle zu Schalen in ziemlicher Anzahl vorräthig, und unter diesen wählt er dasjenige, welches sich am besten für jedes Messer schickt. Nach dem Umfange des Modells zeichnet er mit einem Stift zwei Schalen auf den oben genannten Schildkrötentafeln ab, und schneidet sie mit einer Säge Fig. V. aus. Jede Schale rundet er auf der äußern Seite mit einer Feile etwas ab, bohrt mit dem Bohrer Fig. IV. in e und d Löcher durch, und giebt ihr in a mit einem Messer einen Einschnitt. Vorzüglich müssen die innern Flächen beider Schalen auf einem kleinen Schleifstein hohl ausgeschliffen werden, weil man sonst die Klinge

nach

nach der Vereinigung durch die ganze Schale bis nach a d durchpressen kann. Ihre Politur erhalten die Schalen auf den Polirscheiben, die mit Leder überzogen sind. Man bestreicht das Leder mit Tripel und Baumöhl, und die Schale erhält in kurzer Zeit ihre gehörige Glätte. Endlich werden beide Schalen und zugleich die Klinge durch zwei Niete vereiniat. Die Niete selbst hauet man von einer Rolle Eisendraht ab, und es ist hierbei weiter keine Schwierigkeit, als daß nur noch mit wenigem die Verfertigung der Rosetten in e und d gezeigt werden muß. Man hauet sie mit dem Rosettenstämpel Fig. VII. aus Messing- oder Silberblech auf einer Bleiplatte aus, und giebt ihnen hierdurch zugleich die ausgetriebene Figur einer Rose. Sie werden auf das Niet an beiden Enden aufgesteckt, und dieses mit dem Hammer vernietet. Wird die Schale aus Fischbein verfertigt, so schneidet der Instrumentenmacher ein Stück zurecht, woraus beide Schalen entstehen können, und spaltet es nach der Länge in zwei gleich große Stücke von einander, doch so, daß sie unten noch etwas an einander hangen. Ueber den stehen gebliebnen Theil fährt er mit einer schmalen flachen Feile in die Spalte, macht einen breitern Absatz, und fährt mit der Feile in der Spalte einige Mal auf und ab, damit sie sich etwas erweitere und glatt werde. Uebrigens behandelt er das Fischbein, wie die Schildkrötenschalen. Eben dies gilt auch vom Elfenbein und Knochen. Es müssen nur vorher

die

die Platten zu den Schalen mit einer starken Säge von dem Knochen abgeschnitten werden. Das Ebenholz wird mit dem Messer nach einem Modell zurecht geschnitten, mit Bimsstein geschliffen, und zuletzt mit Tripel auf der Polirscheibe, wie die vorigen Schalen, polirt. Messer und alle ähnliche Instrumente erhalten durch das Schleifen einen Grath, und dieser muß noch zuletzt auf einem Abziehstein abgenommen werden. Man hat schwarze und auch braune Abziehsteine. Der Stein wird mit Baumöhl bestrichen, und das Messer bloß mit der Hand gestrichen.

Anmerk. Einige Bistouris erhalten an der Spitze einen kleinen Knopf, und diese müssen nur eine schmale Klinge haben. Der Knopf an der Spitze hindert, daß der Wundarzt nicht etwas verletze, wenn er einen Kanal im Fleische zerschneiden will, oder daß er mit dem Messer nicht weiter, als nöthig ist, vordringe.

b) Kleine Oeffnungen machen die Wundärzte mit der Lanzette, einer kleinen zweischneidigen Klinge zwischen zwei Schalen, die unten nicht zusammen genietet sind. Fig. XII. Es ist nicht nöthig, die Verfertigung dieses kleinen Instruments zu zergliedern, denn es wird völlig, wie das Messer, bearbeitet, außer daß ihm der Instrumentenmacher eine doppelte Schärfe giebt, die aber an einer Seite etwas kürzer ist, als an der andern. Doch verdienet diejenige Lanzette eine nähere Beschreibung, die in einer messingenen Scheide versteckt ist. (Lancette cachée) Fig.

Fig. XIII. Sie hat eine gebogene Klinge, denn man bedient sich ihrer bei Oeffnungen im Munde. Die Scheide a b wird aus Messingblech auf einem Modell zusammen gerollt, und hernach zusammen gelöthet. Die Lanzette selbst, die in der Scheide steckt, und wovon nur in der Zeichnung die Spitze c sichtbar ist, unterscheidet sich von den vorigen nur darin, daß sie eine gekrümmte Spitze, und einen Zapfen a e hat, der in einer hohlen Cannula a d steckt. Der Deutlichkeit wegen muß man bemerken, daß jeder cylindrische Theil eines Instruments eine Cannula heißt. Gewöhnlich ist die Lanzette in der Scheide a b verborgen, und der Wundarzt muß den Zapfen a e in die Höhe stoßen, wenn die Spitze c der Lanzette aus der Scheide fahren soll. In a ist an der innern Röhre der Cannula eine Feder aus einem Draht von Stahl befestigt, die um den Zapfen a e geschlungen, und in der Mitte dieses Zapfens befestigt wird. Die Feder sitzt also in dem Innern der Cannula a d, und ist daher nur in der Zeichnung punktirt. Drückt man nun die Cannula a d durch den Zapfen a e in die Höhe, und stößt die Lanzette c aus der Scheide, so preßt man zugleich die Stahlfeder in a zusammen. Zieht aber der Wundarzt die Hand wieder von der Cannula zurück, so windet sich die Stahlfeder wieder aus einander, preßt den Zapfen a e zurück, und verbirgt zugleich die Lanzette wieder in der Scheide. Bei der Verfertigung aller Theile dieser Lanzette ist nur zweierlei zu bemerken. Erstlich muß der Instrumentenmacher dieser und allen übrigen Federn eine Federhärte geben. Er steckt sie erst rothwarm in kaltes Wasser, bestreicht sie mit Talg oder Baumöhl, und hält sie so lange über glühende Kohlen, bis das Fett völlig brennt. Daher nennt er auch diese Art des Härtens das Abbrennen. Zuletzt wird die Feder wieder in kaltes Wasser getaucht. Zweitens ist bereits oben erinnert worden, daß sich cylindrische Flächen nicht auf dem Schleifstein ebnen lassen, und daher soll jetzt erzählt werden, wie die Cannula a d, die aus Blech zusammen gerollt und mit Kupfer gelöthet wird, und alle übrige Cylinder und Knöpfe polirt werden, sie mögen gehärtet seyn oder nicht. Man legt die Cannula, die gewöhnlich geschmiedet und mit der Feile bearbeitet ist, zwischen zwei Hölzer, die vorher mit Baumöhl und Schmergel beschmiert sind, spannt die Hölzer aufgerichtet in einen Schraubstock, und drehet die Cannula zwischen den Hölzern mit aller Kraft einige Mal um. Hat die Röhre Knöpfe oder andre Stäbe der Baukunst, so preßt der Schraubstock diese in das weiche Holz ein, und alle Punkte dieser Theile werden gleichfalls geglättet. Zuletzt kann man sie auf eben die Art mit Blutstein reiben, wenn sie eine feine Politur haben müssen. Bei groben Stücken schabt der Künstler die Cannula vor dem Poliren mit einem Schaber. Zuletzt legt er die Röhre auf den Brunirstahl, und brunirt sie. Der Stahl wird stets mit Seifwasser beschmiert. Allein der Boden

den der Cannula läßt sich, wie alle übrige ebene Flächen, nicht zwischen den Hölzern poliren. Aus der Beschreibung des Messerschmids weiß der Leser schon, daß diese Flächen bei einem gehärteten Metall auf dem Schleifstein geebnet werden, und es darf also nur noch die Politur bei ungehärteten Stücken entwickelt werden. Man feilt die Flächen mit der Schlichtfeile, bestreicht sie mit Baumöhl, und reibt sie mit einem feinen Schleifstein, der ein Oehlstein genannt wird, aus freier Hand, schmergelt sie hernach mit Schmergel und Baumöhl, vermittelst eines dünnen Holzes, und brunirt sie zuletzt mit dem Brunirstahl Fig. VI. Der Leser wird sich in der Folge jederzeit an diese doppelte Art zu poliren wieder erinnern.

c) Bei einigen Vorfällen macht der Wundarzt auch die Incision mit einer Schere, und er trägt daher eine gerade Fig. XIV. und krumme Fig. XV. Incisionsschere bei sich. Beide müssen aufs feinste ausgearbeitet, und die Schneide muß aus Englischem Stahl geschmiedet werden. Im Gegentheil werden die Pflasterscheren schon gröber bearbeitet, und nur aus Kölnischem Stahl geschmiedet. Uebrigens verfertiget der Instrumentenmacher beide Arten mit einerlei Handgriffen, außer daß er die Incisionsschere weit sorgfältiger mit der Feile bilden, und feiner schleifen und poliren muß. Der Künstler nennt a b das Blatt, b c das Schild, c d die Stange, und d e den Ring der Schere, alle diese Theile bearbeitet er in folgender Ordnung. Die Stange mit dem Ringe c d läßt sich am besten aus Eisen schmieden, weil der Stahl zu spröde ist, als daß man ihn ohne Gefahr mit einem Dorn lochen, und das Loch zu einem Ringe e erweitern könnte. Man nimmt daher zu jedem Schenkel ein Stück Eisen, das 3 Zoll lang, $\frac{1}{4}$ Zoll dick, und $\frac{3}{4}$ Zoll breit ist, giebt ihm an jedem Ende eine Spitze, und schlägt es erwärmt dergestalt mit dem Hammer zusammen, daß die beiden Spitzen genau über einander liegen. In die Spalte zwischen den Spitzen, die hierdurch entsteht, steckt der Professionist eine dünne Stange Stahl, macht Schweißhitze, und schweißt Stahl und Eisen zusammen. Das Stück Eisen streckt der Hammer zu einem Lappen für den Ring e, und zu einem Zapfen über demselben für die Stange d c aus, und ein Durchschlag bohrt durch den Lappen e ein Loch. Jetzt erst hauet der Professionist das Eisen von der Stange Stahl ab, läßt aber so viel Stahl stehen, als hinreichend ist, das Blatt a b unter dem Hammer auszuschweißen. Beim Schmieden des letztern muß der Hammer schon für den Schluß b c eine Vertiefung, und hinter dieser einen Absatz bilden. Das Loch für den Ring e wird nur noch in der Esse mit einem Dorn erweitert, und jeder Schenkel ausgeglühet, denn das übrige muß kalt bearbeitet werden. Ohne also in der Glut der Esse erwärmt zu seyn, wird das Loch, so bis jetzt den Ring nur im Groben vorgestellet hat, auf der Spitze des Sperrhorns erweitert, und mit dem Hammer aus freier Hand

oval,

oval gerichtet. Aus der vorigen Sammlung Seite 211. erhellet, daß die Theile einer Schere sämmtlich gleich groß seyn müssen. Dieserhalb werden beide geschmiedete Blätter dergestalt auf einander gelegt, daß die ebenen Seiten der Blätter a b und ihre Schneiden einander berühren, und daß das Schild b c, die Stangen c d, und der Ring beider Stücke genau auf einander fallen. In dieser Lage werden sie dergestalt in den Schraubestock gespannt, daß man den Umfang beider Ringe und Stangen gleich groß mit der Feile bestimmen, und in b und c für den Schluß auf der hohen Kante beider Schenkel einen Feilstrich machen kann. Genau nach dem letztern Zeichen arbeitet der Künstler den Schluß b c mit einer flachen Feile aus, damit bei der Vergleichung der Schluß beider Schenkel genau auf einander falle. Das Loch in dem Schilde b c für das Niet schlägt der Künstler mit einem Kerner 6te Sammlung Seite 87. vor, bohrt es mit dem Bohrer Fig. I. a völlig durch, giebt den beiden Schenkeln wieder die beschriebene Lage auf einander, und steckt durch das Loch ein verlornes Niet, das er den Falschnagel nennt. Dies geschieht in der Absicht, daß er den Umfang beider Blätter a b mit der Feile gleich groß machen kann. Um auf der Schleifmaschine zu wissen, wie weit jedes Blatt muß abgeschliffen werden, giebt der Instrumentenmacher beiden Schenkeln eine solche Lage, daß sie ein gewöhnliches Kreuz bilden, und macht nach dem Schnitt des einen auf dem andern Schenkel einen Feilstrich. Die übrige Ausarbeitung mit der Feile geschiehet in folgender Ordnung: Erst wird die äußere Seite des Blattes und der Rücken befeilt, wobei der Schraubstock die Schere in einem Feilkloben 6te Sammlung S. 188. fest hält; hernach der Schnitt, die Stangen, und endlich der äußere Umfang der Ringe. Den innern Umfang der letztern bearbeitet man mit einer gekrümmten Vogelzunge 6te Samml. S. 174. und die Krümmungen der Stange mit einer halbrunden Feile. Eine Schere dieser Art erhält statt des Niets eine Schraube, deren Kopf versenkt ist. Daher muß das Loch desjenigen Schenkels, worin der Kopf soll versenkt werden, an der äußern Seite um die Tiefe des Kopfs mit dem Frisirbohrer Fig. II. erweitert, Seite 7. und zugleich das eigentliche Loch mit dem Aufräumer Fig. III. etwas größer gemacht werden. Bei der Beschreibung der Schneiderschere 6te Sammlung Seite 210. hat man schon angemerkt, daß der eine Schenkel auf dem Zapfen des Niets befestigt, der andre aber beweglich ist. In dieser Absicht erhält in gegenwärtigem Fall das Loch des einen Schenkels Schraubengänge mit einem Schneideeisen, und das Loch des andern wird erweitert. Beide Blätter legt man hierauf in der bekannten Lage auf einander, um zu erforschen, ob die Schneiden gegen einander eine gehörige Stellung haben. Bei dieser Arbeit erhalten die Blätter zugleich eine windschiefe Richtung. 6te Sammlung S. 212. Die Schere hat

nun

nun im Groben ihre Gestalt, und man kann sie daher härten. Jeder Schenkel wird nur bis an die Mitte des Lochs in dem Schilde rothglühend in kaltes Wasser gesteckt, alsdenn läßt man ihn wieder auf Kohlen hafergelb anlaufen, und kühlt ihn von neuen ab. Hat sich das Blatt an den Seiten beim Härten geworfen, so schlägt man es mit dem Richthammer 6te Sammlung S. 185. wieder gerade, ist es aber auf dem Rükken krumm geworden, so muß der Schleifstein den Fehler heben. Auf diesem Stein glättet man erst die innern Flächen des Blatts, hernach den Rücken, das Schild, die Facetten auf der äußern Fläche des Blatts, und endlich wird die Scharfe auf der äußern Seite der Schere geschliffen. Die Verfertigung der Schraube, die die Schenkel dieser Scheren statt des Niets verknüpft, steht bereits auf der 62ten S. der 6ten Samml. Verknüpft hält der Künstler die Blätter beider Schenkel durch den Cerciseau in dem Schraubstöck fest, feilt beide Stangen und Ringe auf den Seiten gleich groß, und giebt ihnen hernach eine fein ausgearbeitete Faßon, wobei nach Beschaffenheit der Umstände ein hölzerner Feilkloben die Ringe gleichfalls fest hält. Die Stangen und die Ringe poliren die Schlichtfeile, der Oehlstein, das Schmergeln, und der Brunirstahl Fig. VI. wie bereits oben gezeigt ist. Allein vor dem Bruniren dieser Theile wird jedes Blatt erst auf der Polirscheibe mit Schmergel polirt. Die Schraube muß aber vor dem Poliren wieder abgenommen werden.

Man polirt sie gleichfalls vorzüglich mit Blutstein, wenn vorher der Kopf rund gefeilt ist, läßt sie auf Kohlen blau anlaufen, und vereinigt endlich mit dieser Schraube beide Schenkel.

Anmerk. Zuweilen werden die Griffe von Silber gemacht, und in diesem Fall giebt man der Klinge unter dem Schilde eine Angel. Die silbernen Griffe gießt der Instrumentenmacher, bohrt in e Fig. XIV. ein Loch in das Silber, füllt es mit einem Kitt von gestoßenem Kolofonium und Kreide aus, macht die Angel der Klinge heiß, und steckt sie in den Kitt. Weiter werden beide Metalle nicht verknüpft.

b) Die gewöhnlichen Sonden Figur XVI. 1. womit der Wundarzt die Wunden untersucht, sind ein eiserner oder silberner Stift mit einem länglichen Knopf an jedem Ende. Der eine Knopf pflegt etwas größer zu seyn, als der andre. Die eisernen Sonden haben weiter keine Schwierigkeit bei ihrer Verfertigung, als daß sie nicht gehärtet werden, weil sie biegsam seyn müssen. Weit besser sind aber die silbernen, weil sie weicher sind. Einige Sonden erhalten statt des Knopfs an einem Ende eine doppelte Holzschraube, Fig. XVI. 2. a. um die Scharpien aufzuwickeln. Schrauben dieser Art haben zwei Schraubengänge neben einander, und also auch eine doppelte Spitze, womit man die geschabte Leinwand bequem ergreifen und aufwickeln kann. Die Schraubengänge können daher bloß mit der Feile geschnitten werden. Weit mehrere Kunst erfordern die ausgehöhlten Sonden Fig. XVII.

Die

Die Rinne a b ist ausgehöhlt, und die Spitze a hat die Gestalt des vordern Theils eines Löffels. Wenn der Wundarzt die Haut über einer Wunde zerschneiden will, so steckt er die Sonde unter die Haut, an dem Ort, wo der Schnitt geschehen soll. Die Spitze der untersten Schneide der Schere ruht in dem Kanal der Sonde, und dieser zeigt ihr nicht nur den Weg, sondern die aufgerichtete Spitze a hindert sie auch weiter, als nöthig ist, vorzudringen. Eine solche Sonde wird erst, wie die vorigen geschmiedet, und der Kanal mit einer runden Feile ausgehöhlet. Der Instrumentenmacher biegt die Sonde auf dem Schraubstock krumm, um ein Ende nach dem andern auszuhöhlen. Die Sonde muß daher vorher aufs beste ausgeglühet werden. Zuletzt wird an der Spitze a ein Stück aufgerichtet, wenn das Metall vorher erwärmet ist, und mit der Feile das Ueberflüssige abgenommen. Dies giebt die ausgehöhlte und erhöhte Spitze. Den Griff b c haut der Künstler mit einem Meißel kalt aus, und bildet die künstliche Ausschweifung mit der Feile.

e) Mit dem gewöhnlichen Pflasterspatel Figur XVIII. streicht der Chirurgus Pflaster und Salben. Es ist bei ihrer Verfertigung nichts weiter zu bemerken, als daß sie gehärtet werden, weil sie steif seyn müssen, und daß man sie schleift, weil sie einige kantige Facetten haben. Einige Spatel haben an ihrer Spitze einen spitzwinkligen Ausschnitt, und diese nennt man

Mundspatel, weil der Arzt in dem Ausschnitt die Haut unter der Zunge ergreift, wenn er einem Kinde die Zunge lösen will. Schon künstlicher ist der Pincettenspatel Fig. XIX. a b ist das breite Eisen eines Spatels, und b c, b d zwei Kneipen einer Pincette (Zange). Der Instrumentenmacher schmiedet an jedem Ende eines Stück Eisens eine Kneipe b c, b d, uud läßt in der Mitte für den Spatel ein breiteres Stück stehen. Er legt das Eisen in der Mitte in a zusammen, verknüpft die beiden über einander liegenden Stücke in a b durch das Zusammenschweißen, und bildet sie zu einem Spatel. Die beiden Kneipen werden nicht gehärtet, weil sie biegsam seyn müssen, sondern der Instrumentenmacher macht sie nach dem Schmieden nur rothwarm, und schlägt sie mit einem nassen Hammer kalt. Man polirt das Instrument durch die zweite Politur. S. 19.

f) Eine Pincette (Zange) Fig. XX. womit das Pflaster von den Wunden abgenommen wird, hat nur ein künstlicheres Gewinde b, als eine gewöhnliche Zange. Der dünnere Theil des Gewindes b in der Mitte des männlichen Schenkels a e, steckt in einem Loch b des weiblichen Schenkels d c, und beide werden noch genauer durch ein Niet vereinigt. Die Absicht dieser Verknüpfung ist, damit die Schenkel völlig unbeweglich zusammen hangen. Der männliche Schenkel erhält durch die Feile in b auf beiden Seiten eine Vertiefung, und in den weiblichen Schenkel wird

an

an eben dem Ort mit einem Meißel ein Einschnitt gemacht, der mit einem Dorn zu einem runden Loch erweitert wird. Der Instrumentenmacher läßt den letztern Schenkel d c rothwarm werden, steckt den männlichen Schenkel a c durch das Loch des Schenkels d c, dergestalt, daß die Einschnitte in der Mitte des ersten Schenkels in dem Loche des letzten zu liegen kommen, und treibt mit dem Hammer das runde Loch in dem Einschnitt des Schenkels a c. Er muß aber schon vorher alle Theile beider Schenkel, wie bei der Schere, gleich groß abgemessen, und mit der Feile eingerichtet haben. Man wird leicht errathen, daß diese Zange gehärtet, und nach der zweiten Art polirt wird. Auf der innern Fläche jeder Spitze a c werden mit der Feile einige Kerben eingeschnitten, damit die Zange das Pflaster sicher halte.

g) Endlich tragen die Wundärzte noch in einer Büchse (Porte-pierre infernale) lapis infernalis bei sich. Die dauerhaftesten werden aus Silber verfertigt, und inwendig im Feuer vergoldet, weil der lapis infernalis das Eisen leicht durchfrißt. Dem gegenwärtigen Zweck gemäß mag sie aus Eisen entstehen. Die vollständigsten Büchsen dieser Art sind aus drei Theilen zusammen gesetzt, aus einem Mittelstück a b Fig. XXI. mit einer kleinen messingenen Röhre a c, aus dem Deckel c d, und aus einer hohlen Spitze b f, die auf b a aufgeschroben, und in f mit einer kleinen Schraube verschlossen wird. So wohl in der klei-

nen

nen Röhre a c, als in dem Aufsatz b f behält der Wundarzt lapis infernalis auf. Das Mittelstück a b wird massiv geschmiedet, und erhält in a und b einen Zapfen, dem man mit einem Schneideeisen Schraubengänge giebt, um den Deckel c d und den Aufsatz b f anzusetzen. In die Achse des Zapfens a wird ein Loch gebohrt, und hierin die Röhre a c befestiget. Diese rollet man aus zwei gleich großen Stücken Messingblech zusammen, die nicht weiter verknüpft werden, als daß die Bleche über einander schlagen. Der Leser erinnere sich an die messingenen Futterale, worin man einen Bleistift fest hält, so wird er sich von dieser Röhre leicht einen Begriff machen. Denn es steckt auf der Röhre gleichfalls, wie bei jenem, ein messingener Ring, der die Bleche zusammen presset. Der Instrumentenmacher bohrt nach dem Umfang der Röhre ein Loch durch ein Stück Messing, und feilt hieraus den kleinen Ring g. Zuletzt steckt er die Röhre a c in das Loch a, und preßt einen eisernen Pfropfen in die Röhre bis auf den Boden. Hierdurch wird die Röhre völlig gerundet, und zugleich befestiget. Das Mittelstück c d wird zwar massiv geschmiedet, allein man höhlt es in d mit einem Bohrer nach der Länge der Büchse a c aus. Das Schneideeisen giebt der Oeffnung c innwendig eine Schraubenmutter, damit man das Mittelstück auf den Zapfen a aufschrauben könne, und ein Zapfen in d erhält mit eben dem Instrument Schraubengänge, um ihn in die Oeffnung des Aufsatzes b f einzu-

einzusetzen, die also auch Schraubengänge bekommt. Den Aufsatz b f rollt der Instrumentenmacher aus einem geschmiedeten Blech auf einem Dorn zusammen, und löthet es mit Kupfer. In der Oeffnung b schneidet er Schraubengänge, und verfertigt eine kleine Schraube, welche in die gedachten Schraubengänge paßt. In h wird mit Kupfer ein kleines Stück Stahl aufgelöthet, dem die Feile Zähne giebt. Der Wundarzt kratzt mit dem Finger an diese Zähne, wenn er den lapis infernalis aus der Büchse b f streuen will. Das Instrument wird auf die oben beschriebene Art zwischen zwei Hölzern mit Schmergel polirt, und zuletzt brunirt.

B. Die Instrumente, die bei der anatomischen Zergliederung (Präparation) der Theile eines Kadavers gebraucht werden, liegen, wie die kleinen mathematischen Instrumente, in einem Futteral beisammen. Es sollen zwar die Namen aller dieser Stücke genannt werden, allein man wird sich nicht bei den Stücken verweilen, deren Bearbeitung schon aus dem vorigen erhellet.

a) Zuerst bemerkt man in diesem Besteck fünf Scalpelle, Messer, die auf einem Stiel befestigt sind. Mit den stärksten dieser Scalpelle zerschneidet man den Knorpel (culter cartilaginis) Fig. XXII. Die Klinge a b gleicht einer vierseitigen Pyramide, oder deutlicher zu reden, sie hat auf jeder breiten Seite einen kantigen Hocker.

Natür-

Natürlicher Weise entsteht hieraus eine doppelte Schneide, die aber an einer Seite länger ist, als an der andern. Unter der Schneide ist ein Absatz bc, und dieser geht durch den ganzen Stiel cd. Bei der Verfertigung dieses Messers ist weiter nichts zu bemerken, als daß auf jeder Seite der flachen Angel cd eine Schale von Elfenbein liegt, und beide sind mit dem Eisen durch Niete verknüpft. Auf eben die Art wird der Stiel der übrigen Scalpelle bearbeitet. Diese gleichen starken Federmessern Fig. XXIII. und die Klinge ist hohl ausgeschliffen. Sie sind von verschiedener Größe, und haben entweder nur auf einer Seite eine Schneide, oder sie sind, wie die Lanzetten, zweischneidige. Die Schale ist auch zuweilen massiv, und die Angel wird alsdenn mit einem Kitt von Kolofonium und Kreide eingesetzt. S. 24.

b) Die Zange (Pincette) womit der Anatomiker den Theil hält, den er zerschneidet, gleicht einer Kornzange der Goldschmide, oder dem Pincettenspatel Fig. XIX. außer daß sie hinten keinen Spatel a b hat, sondern nur etwas weniges zusammen geschweißt ist. Sie wird auch wie die Pincettenspatel geschmiedet und bearbeitet.

c) Der Hamulus Fig. XXIV. ist ein stählerner Draht mit einem Haken a, und einer kurzen Schale b von Elfenbein. Er wird gewöhnlich geschmiedet und gehärtet. Der doppelte Hamulus Fig. XXV. ist ganz von Stahl, und hat an jedem Ende zwei spitzige Haken. Der Instrumentenmentenmacher schmiedet ein flaches Stück Stahl nach der gehörigen Größe, hauet mit einem Meißel an jedem Ende ein schmales Stück aus, daß auf beiden Seiten des Ausschnitts ein Streif stehen bleibt. Aus diesem feilt er die Haken, krümmt sie erwärmt, und härtet das Instrument. Mit dem gewöhnlichen Hamulus holt der Anatomiker die Gedärme aus dem Cadaver, und mit dem doppelten hakt er im erforderlichen Fall zwei Stücke Fleisch zusammen.

d) Der Tubulus Fig. XXVI. ist eine kleine Röhre von Messingblech, womit die Gedärme aufgeblasen werden. Er besteht aus einer Röhre a b, und einem Mundstück b c, das bloß auf die Röhre aufgeschoben wird. Die Röhren werden auf einem Tubulusdorn zusammen gerollt, und in das Mundstück steckt man ein biegsames Stück Holz, wenn man es krümmen will.

e) Der gekrümmten Heftnadel Fig. XXVIII. bedient sich der Anatomiker, wenn er Stücke wieder vereinigen will. Sie bestehen aus dem Kopf ab, mit einem Einschnitt auf jeder Seite, wodurch das Nadelöhr geht, aus dem Körper c b, der dicker ist, als der Kopf, damit in der Oeffnung Raum für den Faden und den Kopf entstehe, und aus der dreikantigen Spitze c d. Zwei Kanten der Spitze müssen einerlei Richtung mit den Einschnitten des Kopfs haben. Die Nadel wird aus Stahl geschmiedet und gehärtet, es ist also weiter nichts zu bemerken, als die Verfertigung des

Oehrs.

Oehrs. Der Künstler glühet die geschmiedete Nadel vor dem Härten, biegt den Kopf erst auf einer, und hernach auf der andern Seite krumm, und giebt in beiden Fällen der Nadel in der Krümmung einen Einschnitt mit einer feinen Feile. Hierdurch entsteht schon in der Mitte eine kleine Oeffnung, die nur noch mit einem vierkantigen kleinen Dorn zu einem Oehr darf erweitert werden. Beim Gebrauch hält der Anatomiker die Nadel mit einem Nadelhalter, der der Röhre a c Fig. XXI. völlig gleich ist. Unten ist die Röhre nur auf einem Knopf befestigt.

f) Bei der Besichtigung eines Erschlagenen bedient man sich einer Säge, und eines Elevatoriums, wenn der Hirnschedel muß zerschnitten werden. Von dem letztern soll in der Folge das nöthige gesagt werden, und es ist daher nur noch die Verfertigung der Säge zu beschreiben. Sie gleicht völlig der Säge Fig. V. Der eiserne Bogen d a b c wird aus Stahl gewöhnlich geschmiedet, mit dem Hammer auf dem Amboß gebogen, und mit der Feile künstlich bearbeitet. Beim Schmieden bleibt durch einen Absatz auf der Ecke des Ambosses ein Stück Eisen in a stehen, woraus die Angel in dem hölzernen Heft gebildet wird. In d und c schmiedet der Hammer ein stärkeres vierkantiges Stück, wodurch ein senkrechtes Loch gebohrt wird, um hierin das Blatt der Säge dc zu befestigen. Dieses wird aus einer Englischen Uhrfeder mit eben den Handgriffen verfertigt, die schon in der 6ten Sammlung S. 32. erzählt sind, und sie wird auch

auch eben so gehärtet, wie die Sägen der Schlösser (6te Samml. S. 32.). In c befestigt der Künstler die Säze bloß mit einem Niet, aber in d schmiedet er an der Säge eine stählerne Angel an, die er mit einem Schneideeisen zu einer Schraube bildet. Diese wird durch das Loch des Bogens in a gesteckt, und das Blatt in dem Bogen mit einer messingenen Flügelschraube festgehalten. Der eigentliche Zweck der Schraube ist aber, das Blatt nach Beschaffenheit der Umstände schlaff oder stark anzuziehen.

C. Dem gegebenen Versprechen gemäß sollen noch einige Stücke, die nur bei einzelnen Vorfällen gebraucht werden, die Kunst der Instrumentenmacher näher entwickeln.

a) Mit dem Kugelzieher Fig. XXVII. nimmt der Wundarzt die Kugeln aus den Wunden, und bei seiner Verfertigung kommen noch einige besondre Handgriffe vor. Das Gestell a b wird aus dem Ganzen geschmiedet, so, daß die Theile a c und d b vor dem übrigen etwas stärker vorstehen, welches man beim Schmieden durch einen Setzhammer 6te Samml. S. 27. leicht erhält. Die Oeffnung dieses Theils wird, wie die Oeffnung des Griffs e f, mit dem Meißel ausgeschnitten, und künstlich mit der Feile ausgearbeitet. Die Röhre (Cannula) g h rollt der Künstler auf einem Dorn aus Blech zusammen, und löthet sie mit Kupfer zusammen. In h bohrt er ein Loch nach der Dicke der Röhre in das Gestell a b, und löthet hierin die Röhre gleichfalls mit Kupfer ein.

Der Oeffnung der Röhre gegen über erhält die Scheibe d b in i ein Loch mit Schraubengängen, in welchem sich eine Schraube k l umdrehen lässt. Die geschmiedete Spindel k l erhält nur mit einem Schneideeisen ihre Schraubengänge. Das mühsamste bei der Verfertigung dieser Schraube ist, daß sie in ihrer ganzen Achse mit einem Bohrer muß ausgehöhlt werden; denn durch die hohle Schraube und durch die Röhre g h geht eine Feder m l. Der Instrumentenmacher schmiedet zu dieser Feder ein plattes Blech von Stahl, zerhauet das eine Ende m in drei gleich große Streifen, biegt diese etwas krumm, und rollt das Blech warm mit dem Hammer zusammen. Durch das andre Ende l wird ein Loch gebohret, und zuletzt giebt man diesem Theil eine Federhärte, die bereits S. 18. beschrieben ist. Die Feder wird unter der Schraube k l mit einem Stift l befestigt. Bewegt man also die Schraube k l herab, so zieht sie auch die Feder m l hinab, und presst die Arme in m zusammen. Man kann die Feder also bequem in eine Wunde stecken. Schraubet man aber die Schraube in die Höhe, so öffnen sich die Arme m nach und nach, bis man die Kugel in der Wunde ergreift. Aus der Einrichtung des Instruments erhellet, daß die Feder m l zwar von der Schraube hinauf und hinab gezogen wird, aber sie bewegt sich mit dieser nicht in einem Kreise, weil sie nur durch ein Stift l mit ihr zusammen hängt. Das Umdrehen der Feder in der Wunde würde die Schmerzen vergrößern.

b) Wenn

b) Wenn die Wundärzte von einem Gliede den Zufluß des Bluts zurück halten wollen, so pressen sie die Blutgefäße über dem Gliede mit einem Tournequet zusammen. Sie bedienen sich jetzt am liebsten desjenigen, der vor einiger Zeit von dem Engländer Freeck ist erfunden, und nach und nach verbessert worden. Fig. XXIX. stellet den Tournequet von der einen, Fig. XXX. von der andern Seite des Gehäuses vor. Das Gehäuse wird aus einem Bodenblech b c, und zwei Seitenblechen a d, b e aus Messingblech durch einen Zapfen und ein Zapfenloch zusammen gesetzt, und mit Schlagloth gelöthet. Die Welle f g, aus massivem Stahl geschmiedet, ruhet in den Seitenblechen an Zapfen in f und g, die aber etwas vorspringen. Der Meißel macht durch ihre Achse in h einen langen Einschnitt, und die Feile erweitert ihn, daß man ein Band durchstecken kann. Auf dem Zapfen g Fig. XXX. steckt ein Stirnrad mit schiefen Zähnen, worin eine Schraube i k fasst, wie bei Schrauben ohne Ende gewöhnlich ist. Der Instrumentenmacher besitzt keine Theilscheibe, und er bedient sich dafür eines Meißels, der zwei kleine Schneiden neben einander hat, zwischen welchen ein Ausschnitt ist, der so breit ist, als die Entfernung zweier Zähne von einander beträgt. Auf der Stahlplatte, woraus er das Stirnrad schneiden will, macht er vorher Parallelkreise neben einander, und sucht mit seinem Meißel so lange, bis er einen Kreis findet, welchen er mit den Füßen des

Meißels eintheilen kann, ohne daß etwas übrig bleibt. Das Rad wird mit einem Meißel nach seinem Umfang ausgehauen, und die Zähne, deren Anzahl willkürlich ist, werden mit der Feile ausgeschnitten. Zu der Schraube i k hat er gleichfalls kein Schneideeisen, und die Schraubengänge müssen daher aus freier Hand mit der Feile ausgeschnitten werden. In k nietet der Instrumentenmacher ein kleines Stück Messing an, worin oben eine Pfanne ausgehöhlt wird. Die Schraube wird von einer kleinen Kurbel in i bewegt. Die Schraube ohne Ende verbirgt eine kleine Kapsel Fig. XXXI, die aus Messingblech zusammen gelöthet ist, und auf dem Gehäuse mit zwei Schrauben befestigt wird. Der Zapfen f Fig. XXIX. trägt ein messingenes Sperrrad an der äußern Seite des Blechs a d. Der Künstler schneidet es aus starkem Messingblech, und theilet die Zähne auf die oben beschriebene Art ab. In die Zähne greift eine Feder, Fig. XXIX. l n. Sie erhält nach dem Schmieden Federhärte, und wird mit einer kleinen Schraube in n auf dem Seitenbleche befestigt. Gegen diese lehnt sich eine andre Feder m o, die winklig gebogen, und in o gleichfalls mit einer Schraube befestigt ist. Man lässt diese Federn zur Zierde blau anlaufen, und in dieser Absicht werden sie aufs beste polirt, so lange auf Kohlen gelegt, bis sie blau werden, und alsdenn in Sand gesteckt. Die blaue Farbe wird aber noch vollkommener, wenn man sie statt der Kohlen auf heißen Sand legt. Wenn der Wundarzt

z. B.

z. B. von der Hand den Zufluß des Bluts zurück halten will, so setzt er den Tourniquet auf den Arm, steckt durch den Einschnitt h Fig. XXIX. der Welle ein Band, bindet es unter dem Arm zusammen, und bewegt die Schraube i k durch ihre Kurbel. Das Band wickelt sich um die Welle f g, und zieht die Blutgefäße zusammen. Man darf die Feder h m des Sperrrades nur zurück nehmen, und die Kurbel verkehrt umdrehen, so wikkelt sich das Band wieder auf. Damit die Bewegung desto leichter von Statten gehe, so sind in den Seitenblechen zwei kleine messingene Wellen c b, d angebracht, worauf das Band ruhet.

c) Der Trepan gehört zu den chirurgischen Instrumenten, die jedem, wenigstens dem Namen nach, bekannt sind, und aus dieser Ursache soll er hier gleichfalls einen Platz einnehmen. Man wird aber vorzüglich bei dem Trepan selbst stehen bleiben, und die verknüpften Instrumente nur kurz berühren. Seine Theile sind der Bogen a b c Fig. XXXII. und die Krone a d. Der Bogen besteht wieder aus zwei Theilen a b, a c. Jeden Theil schmiedet der Instrumentenmacher aus einer Stange Stahl, giebt ihm mit dem Hammer eine künstliche Biegung, und läßt in a und c ein vierkantiges stärkeres Stück stehen. Die Feile giebt jedem Theil künstliche Knöpfe und andre Zierathen. An dem Stücke c b feilt er in b einen Zapfen, und giebt ihm Schraubengänge mit dem Schneideeisen. Mit eben diesem Instrument erhält die Grundfläche b des Theils b a eine

 Schrau-

Schraubenmutter, um beide Theile zu vereinigen. Der Zweck dieser Verknüpfung ist, einen beweglichen hölzern Knopf b auf den Zapfen zu stekken, woran der Wundarzt bei der Operation den Bogen bewegt. Unter c ist gleichfalls ein hölzerner und beweglicher Knopf auf einer Angel befestigt. Endlich wird durch das vierkantige Stück a ein Loch senkrecht gebohrt, und mit einem Dorn vierkantig erweitert. Seine Politur erhält der Bogen mit den Oehlsteinen, mit Schmergel, und mit dem Brunirstahl, wie bereits oben gezeigt ist. Seite 19. Die Krone des Trepans, d e, ist ein hohler abgekürzter Kegel an einem Stiel. Seine Seitenfläche hat zwei bis vier und zwanzig scharfe Einschnitte, und auf jedem steht oben in d ein Zahn, gleich den Zähnen einer Säge. Die letztern zerschneiden den Hirnschedel, und die Einschnitte auf der Seite erweitern das Loch. Es ist bekannt genug, daß man mit dem Trepan in den Hirnschedel eine Oeffnung macht, wenn man zum Beispiel das geronnene Blut, welches sich durch einen Schlag oder Fall auf dem Gehirn gesetzet hat, wegschaffen will. Die vormaligen Instrumentenmacher verfertigten die Krone des Trepans aus zwei Theilen, aus dem hohlen abgekürzten Kegel d e selbst, und dem Boden in e an dem Stiel e a. Der Boden wurde eingelöthet. Die Absicht bei dieser Zusammenfügung war, die eigentliche Krone e d desto bequemer auszuhöhlen. Die jetzigen Instrumentenmacher schmieden aber beide Theile von dem besten

Engli-

Englischen Stahl aus einem Stücke. Den Stiel a erhalten sie leicht durch einige Ansätze auf der Ecke des Ambosses, und das Ende desselben wird unter dem Hammer zu einem kleinen vierkantigen Zapfen ausgestreckt, um die Krone in dem viereckigen Loche a des Bogens zu befestigen. Deshalb ist auch an der Seite dieses Lochs eine kleine Schraube in a. Die Feile giebt der eigentlichen Krone ihre Glätte und Rundung, und dem Stiel einige zierliche Knöpfe. Gewöhnlich überliefert der Instrumentenmacher nunmehr die Krone dem Kunstdrechsler, um sie aushöhlen zu lassen. Dieser bohrt in d durch die Achse der Krone auf seiner Drechselbank ein Loch, und erweitert es kegelartig mit dem Dreheisen. Der Instrumentenmacher giebt alsdenn der äußern Seitenfläche d e mit einer dreikantigen Feile etwa 24 Einschnitte, die auf dem Boden e schief stehen. Jeden Einschnitt arbeitet er mit der Feile dreieckig aus, woraus 24 dreikantige Schneiden entstehen, die mit eben dem Instrument eine Schärfe erhalten. Es versteht sich von sich selbst, daß man vorher den Umfang e und d in so viel gleiche Theile mit dem Zirkel abtheilen muß, als die Fläche Einschnitte erhalten soll. Auf jeder dieser Schneiden wird ein Zahn mit der Feile ausgeschnitten, der, wie seine Schneide, eine schiefe Richtung von der Linken zur Rechten hat. Die Zähne sind dreikantig und zugespitzt. Auf dem Boden der Aushöhlung in e wird in die Achse ein Loch mit Schraubengängen ausgebohrt, um hierin eine kleine dreikantige

 Spitze,

Spitze, oder Pyramide Fig. XXXIII. einzuschrauben. Diese ragt um einige Striche vor den Zähnen d hervor, weil sie dem Trepan anfänglich auf dem Hirnschedel Festigkeit geben muß. Sie wird gewöhnlich geschmiedet, und erhält unten eine Schraube a. Die Krone härtet der Künstler nur wenig, damit die Zähne nicht beim Gebrauch ausspringen, die Pyramide aber schon stärker. Der Leser wird sich aus dem obigen noch entsinnen, daß der Stahl weicher wird, wenn man ihn blau anlaufen lässt, hingegen härter bleibt, wenn er bei einer hafergelben Farbe von den Kohlen genommen wird; und hierdurch erhält man die doppelte Härte beider Stücke. So bald aber beim Trepaniren die Zähne der Krone schon etwas eingeschnitten haben, und der Trepan also Festigkeit hat, so wird die Pyramide Fig. XXXIII. wieder abgeschroben. Man bedient sich hierzu eines Schlüssels Fig. XXXIV, der in a ein Loch nach der Gestalt der Pyramide hat. Das Schmieden dieses Schlüssels, und die Ausbildung seines Griffs und der Röhre lässt sich aus dem obigen leicht erklären, und es ist also nur zu bemerken, daß die Oeffnung in der Achse des Schlüssels erst gebohret, und hernach mit einem vierkantigen und zugespitzten Dorn nach der Stärke der Pyramide erweitert wird.

Die übrigen Instrumente, die man zu dieser Operation gebraucht, sollen nur kurz berührt werden. Vor dem Trepaniren entblößt 1) der Wundarzt mit einem Radireisen Fig. XXXV. den Ort, wo er trepaniren

paniren will. Auf einen Griff a b ist eine stählerne Platte c d aufgeschroben, die einen viereckigen, oder runden Umfang hat, womit man die Haut abschabt. Die Platte c d wird daher auf allen Seiten scharf geschliffen, wenn sie, wie die Klinge eines Messers, geschmiedet und gehärtet ist. 2) Der Perforativ Fig. XXXVI. bohrt auf dem Hirnschedel das Loch erst vor, worin die Pyramide soll gesetzt werden, und sein Zapfen a wird beim Gebrauch, wie die Krone des Trepans, auf dem Bogen befestigt. Die Schneide d e ist eine vierseitige Pyramide mit einer scharfen Spitze. Die Verfertigung dieses Instruments lässt sich aus dem vorigen leicht errathen. 3) Mit dem Tirefond, oder Bodenzieher Fig. XXXVII. versucht der Wundarzt, ob sich die Scheibe des Hirnschedels, die der Trepan ausschneidet, schon bewegen lässt, und ob also der Knochen bald durchgeschnitten sey. Die doppelte Holzschraube, a b, deren Verfertigung schon oben gezeigt ist, hat vorne zwei Spitzen, womit man die Scheibe in dem Loche, so der Perforativ gebohrt hat, ergreift, und zu heben sucht. 4) Culter lenticularis Fig. XXXVIII, ein Messer, das seinen Namen von dem linsenartigen Knopfe auf seiner Spitze führt. Der Trepan lässt an dem untern Umfange des ausgebohrten Lochs einen Grath stehen, und dieser wird mit dem genannten Messer abgeschnitten. Um das Gehirn nicht zu verletzen, setzt der Wundarzt beim Schneiden den Knopf a inwendig gegen den Hirnschedel, und die eine Fläche der Klinge muß etwas rund geschliffen seyn, damit sie sich bequem an das rund ausgebohrte Loch anschließe. Außer dem Knopf a, der aus einem stehen gebliebenen Stück Eisen mit der Feile gebildet wird, verfertigt der Künstler dies Instrument, wie alle übrige Messer. 5) Eben so leicht wird man auch aus der XXXIX. Figur die Bearbeitung des Hebeisens (elevatorium) errathen, womit eine zerquetschte Stelle des Hirnschedels wieder zurück gebogen und aufgerichtet wird. 6) Mit dem linsenartigen Knopf des Meningophylax, dessen Gestalt und Verfertigung man leicht aus der XL. Fig. ersiehet, drückt der Wundarzt die Haut des Gehirns (dura mater) im erforderlichen Falle nieder.

d) Zu den bekanntesten Instrumenten der Deutschen Wundärzte muß man auch den Aderlaßschnäpper Fig. XLI. zählen. Die innern Theile werden von einem Kasten umgeben, der aus Messingblech zusammen gesetzt ist, und den ein Schieber Fig. XLII. verschließt. Das Adlerlaßeisen a b hält auf dem Boden des Kastens eine Schraube a fest. Der Künstler schmiedet es aus dem besten Englischen Stahl, arbeitet die Schneide b fein aus, schleift sie, und polirt sie mit Crocus Martis. Eine Feder c d, welcher der Künstler Federhärte giebt, wie allen übrigen Federn des Aderlaßschnäppers, ist gleichfalls mit einer Schraube an dem Seitenbleche des Kastens angeschroben, und hebt im erforderlichen Falle das Aderlaßeisen a b wieder. Auf diesem letztern Eisen ruht ein stärkeres Eisen e f, das in e mit einigen

Schrau-

Schrauben befestigt ist, und in f außerhalb des Kastens einen Wiederhaken hat. Der Wundarzt hebt an diesem Haken das Eisen e f, das in f einen rechtwinkligen Wiederhaken hat, der aber in der Zeichnung nicht in die Augen fällt, weil er unter f liegt. Unter allen diesen Theilen ist auf der äußern Fläche des Bodens g h ein Halter befestigt, den die XLIII. Fig. besonders im Durchschnitt vorstellt, weil er in der vorigen Zeichnung nicht sichtbar seyn konnte. Der eiserne Halter i l ist in k zwischen zwei eingenieteten Lappen durch ein Niet beweglich befestigt. Wenn man ihn in i niederdrückt, so erhebt ihn die Feder l k wieder. In l hat er einen Zapfen, der in das Loch des Bodens m (Fig. XLI. m) passt. Wenn also der Wundarzt das Eisen i l in i niederdrückt, daß der Zapfen das Loch m verlässt, so kann er das Eisen e f Fig. XLI. bis über m erheben. Lässt er aber mit dem Finger in i wieder nach, so wird der Zapfen l Fig. XLIII. wieder in das Loch m durch die Feder i k zurück getrieben, und hält das Eisen e f Fig. XLI. Drückt er aber i l in i nieder, so zieht er den Zapfen m wieder zurück. Das Eisen f e wirkt auf das Aderlaßeisen a b, und das letzte schlägt die Wunde, wenn es gehörig gerichtet ist.

e) Weit künstlicher ist der Schröpfschnäpper, der diesen Abschnitt beschließt. Das Gehäuse dieses Instruments gleicht einem hohlen Würfel, und ist aus Messingblech zusammen gesetzt, wobei man sich aber nicht auf-

aufhalten wird. Jeder Boden hält zwei Seitenbleche Fig. XLIV. XLV, und der letztere wird in eine Falze des erstern eingeschoben, wenn beide Theile verknüpft werden. In der einen Hälfte des Gehäuses Fig. XLIV. ist der Mechanismus angebracht, und in dem Deckelblech a b Figur XLV. sind die Löcher ausgehauen, wodurch die kleinen Schröpfeisen schlagen. Der eiserne Balken c d Fig. XLIV. XLVI. bewegt sich an seinen Zapfen in den Seitenblechen des Kastens, und trägt an einem Ende ein Rad e f Fig. XLIV. oder vielmehr einen Ausschnitt eines Stirnrades, der sich unten in einen Angriff f endet. Die XLVII. Fig. wird die Gestalt dieses Rades begreiflich machen, und f ist der gedachte Angriff. Das Rad wird aus einem geschmiedeten Bleche mit dem Meißel ausgehauen, und der Bogen e g Fig. XLVII. mit einem Zirkel abgemessen. Allein aus einer Ursache, die sich unten ergeben wird, theilt man den Bogen e g wieder in drei oder vier Stücke, und vertieft den Bogen h k mit einem Meißel etwa um $\frac{1}{4}$ Zoll. Jedes Drittel des Bogens e g theilt der Künstler wieder in 5 Theile, und giebt jedem Drittel mit der Feile fünf Zähne. Unter dem Balken c d Fig. XLIV. ist in das Rad ein Zapfen l eingenietet, der sich auf eine breite und gebogene Feder l m n lehnt. In der XLIV. Fig. liegt die Feder mit dem Zapfen hinter, in der XLVI. Fig. aber vor dem Balken c d. Die Feder wird mit dem Hammer aus Stahl geschmiedet und gebogen,

gen, erhält Federhärte, und wird bloß zwischen dem Rade und dem Seitenbleche in den Kasten eingeschoben. Zu jedem Drittel des Bogens e h Fig. XLVII. gehört eine Welle o p. Einzeln wird man eine solche Welle Fig. XLVIII. bemerken. Ihre Zapfen an jedem Ende ruhen in Pfannen auf den beiden messingenen Seitenblechen des Kastens, und in o ist ein halbes Getriebe, das vier Zähne hat, die in die Zähne des Rades e f eingreifen. Die Welle ist nichts anders, als ein viereckiger Stift, dem man beim Schmieden an jedem Ende einen Zapfen giebt, und in o ein stärkeres Stück stehen lässt, woraus das halbe Getriebe mit seinen Zähnen gefeilt wird. Neben dem Zapfen p wird in q mit einem Schneideeisen eine kurze Schraube gebildet. Die beiden äußersten Wellen haben fünf Schröpfeisen r, s, t, u, v, die mittelste aber sechse. Ein solches Eisen w ist nur etwa $\frac{1}{4}$ Zoll lang, und seine Spitze läuft in einem spitzigen Winkel zusammen. Der Instrumentenmacher schmiedet zu allen Schröpfeisen des Schnäppers unter dem Hammer eine schmale und dünne Stange aus Englischem Stahl, schneidet von der Stange mit einer Blechschere nach der Länge eines solchen Eisens ein viereckiges Stück ab, wenn er vorher an einem Ende mit einem Dorn ein viereckiges Loch nach der Dicke der Welle o p durchgeschlagen hat, daß man auch in w bemerken wird. Er rollt ferner um die Welle o p ein dünnes Messingblech, nimmt es aber wieder ab, und schmiedet es in so lange

Röhren,

Röhren, als der Abstand zweier Schröpfeisen o r, rs, st, tu, vq, beträgt. Die kleinen Röhren werden aber lieber etwas länger gemacht, um den Abstand der Schröpfeisen nach den Löchern in dem Deckel a b Fig. XLV. abzumessen, und das überflüssige nimmt die Feile im erforderlichen Falle ab. Der Künstler steckt nunmehr ein solches hohles und vierkantiges Blech o r Fig. XLVIII. auf die Welle o p, hinter diesem das Schröpfeisen r, und auf diese Art lässt er stets eine messingene Röhre und ein Schröpfeisen abwechseln. Zuletzt werden alle diese kleinen Theile mit einer kleinen Schraube q zusammen gepreßt. Nunmehr wird die Welle in den Schraubstock gespannt, und einige Feilstriche geben allen Schröpfeisen zugleich eine spitzwinklige Schärfe. Sie werden hernach wieder abgenommen, gehärtet, und wie die Aderlaßeisen geschliffen und polirt. Dies sind die Theile die auf der einen Seite des offenen Schröpfkastens Figur XLVI. in die Augen fallen. Der Leser mag nun in Gedanken das Instrument umdrehen, so werden die Theile sichtbar, die in der XLIV. Fig. abgebildet sind. e f ist abermals das Rad, und c d der Querbalken. Auf dem Boden des Kastens ist vor dem Angriff f mit einer Schraube in x ein dünnes Eisen x y beweglich befestigt, und gegen dieses Eisen lehnt sich vorne eine Feder. Wenn man also den Angriff f des Rades e f gegen das Eisen x y bewegt, so wird der Einschnitt des Angriffs z Fig. XLVII. auf das

Eisen

Eisen x y gepresst, und dieses durch eine Feder gegen das Rad ef gedrückt, wodurch das Rad e f fest gehalten wird. Das Rad bekommt hierdurch eine schiefe Lage, wodurch zugleich die Welle o p umgedrehet wird, und die Spitzen der Schröpfeisen, die vorher aufrecht standen, neigen sich. So bald man aber das Eisen x y in y zurück drückt, daß es den Angriff f verlässt, so treibt die Feder l m n Fig. XLIV. die vorher auf der innern Ecke in l etwas von dem Zapfen niedergedrückt wurde, das Rad e f vermittelst des Zapfens wieder in seine senkrechte Lage zurück. Die Wellen o p werden also durch das Getriebe o gleichfalls wieder umgedreht, und die Schröpfeisen aufgerichtet, daß sie Wunden schlagen, wenn der Schnäpper gegen die Haut gehalten wird. Alle diese Eisen sollen gleich tiefe Wunden schlagen. Wäre aber der Bogen e g Fig. XLVII. nicht in h k vertieft, so würde natürlicher Weise die mittelste Welle tiefer einschlagen. Damit auch der Wundarzt eine starke und schwache Verwundung hervor bringen kann, so ist auf dem Boden des Kastens Fig. XLIV. XLV. ein eiserner Arm A B an einer Schraube C befestigt, die den Boden durchbohrt. Diese wird in C durch eine Flügelschraube fest gehalten, womit man zugleich den Arm erhöhen und erniedrigen kann. Der Arm hat auf jeder Seite des Kastens einen kleinen runden Lappen, der nur in A B in der Zeichnung sichtbar ist. In jedem Lappen ist eine Schraubenmutter, und durch diese wird der Deckel

Deckel Fig. XLV. vermittelst zweier Schrauben E, F mit dem Arm AB verknüpft. Bewegt man also die Flügelschraube C Fig. XLVI. in die Höhe, so wird der Arm A B, und zugleich der verknüpfte Deckel erniedriget. Drehet man aber die Schraube C hinab, so geschiehet das Gegentheil. Im erstern Falle werden die Schröpfeisen wenig, im letztern aber stärker aus den Löchern auf dem Deckel a b Fig. XLV. vorspringen. Die XLIX. Figur stellt den Arm abgesondert im Durchschnitt dar, und wird alles begreiflich machen.

V. Die Instrumentenmacher und Messerschmide sind in Absicht der Zunft genau mit einander vereinigt, und was von einer Profession gilt, das gilt auch von der andern. Unentgeldlich erlernen ihre Lehrbursche diese Profession in 5 Jahren; sie dürfen aber nur 3 Jahre in der Lehre ausstehen, wenn sie ein Lehrgeld erlegen. Auf der dreijährigen Wanderung erhalten ihre Gesellen in einer fremden Stadt freien Unterhalt auf einige Tage, und ein freiwilliges Geschenk. Beides erlegen die übrigen Gesellen. Zum Meisterstück verfertigen sie ein Paar künstlich ausgearbeitete Tischmesser, ein Speckmesser, das wenigstens eine 10 Zoll lange Klinge hat, und eine Schneiderschere. Die Klinge der Speckmesser ist lang und schmal, und der Messerschmid giebt ihr Federhärte.

Zweiter Abschnitt.

Der Stahlarbeiter.

I. Inhalt. Durch den Namen dieses Professionisten, und durch ein allgemeines Vorurtheil, welches der Stahlarbeiter beim Verkauf sorgfältig bestätiget, werden die mehresten Käufer verleitet, die Galanteriewaaren, die dieser Künstler verfertigt, für Stahl zu halten. Allein nichts weniger, als dies. Der Stahl ist viel zu spröde und hart, als daß der Professionist ihn fein ausarbeiten, und dessen ungeachtet seine Waaren für einen wohlfeilen Preis verkaufen könnte. Er schmiedet vielmehr alle seine Waaren aus Eisen, und giebt diesem Metall nur durch das Cementiren eine Stahlhärte. Dagegen versteht er die Kunst, dem Eisen eine Politur zu geben, die auch das Auge des erfahrensten Käufers täuschen kann. Beim Poliren bedient er sich, außer andern bekannten Werkzeugen, einer Polirscheibe. In Absicht der übrigen Handgriffe hat er nichts vor den vorhergehenden Eisenarbeitern voraus, als etwa, daß er vor vielen andern eine Fertigkeit besitzen muß, die Feile geschickt zu führen.

II. Hieraus erhellet zugleich, daß das Eisen unter den Materialien des Stahlarbeiters an der

Spitze steht. Am brauchbarsten ist zu seinen Arbeiten, so wie überhaupt zu den Waaren der künstlichen Eisenarbeiter, das geschmeidige Schwedische Eisen. Sehr feine Arbeiten kann er zwar aus Stahl schmieden, allein es geschieht selten, und wenn es geschieht, so muß er ihn wenigstens hafergelb anlaufen lassen, sonst ist er der Zerbrechlichkeit zu sehr ausgesetzt. Bei der Verfertigung seiner Werkzeuge ist ihm aber der Stahl unentbehrlich. Zum Poliren verbraucht er Zinnasche, Schmergel, Blutstein, Zinnober, und zum Erwärmen des Eisens Schmiedekohlen.

III. Aus dem Inhalt dieses Abschnitts fließt ferner, daß der Stahlarbeiter die mehresten Handwerkzeuge der Schlösser und der verwandten Handwerker nicht entbehren kann. Ist es aber wohl nöthig, sie von neuen zu nennen? Es hält auch nicht schwer, einzusehen, wenn man nur einiger Maßen die eisernen Galanteriewaaren kennt, daß der Meißel, der Dorn, die Feile, der Bohrer, und die Gesenke vorzüglich die Bearbeitungen dieser Dinge erleichtern müssen. Beim Poliren gesellet sich zu diesen Werkzeugen unter andern noch die Polirscheibe.

A. Der Dorn, worauf die so genannten stählernen Schnallen ihre runde oder viereckige Gestalt erhalten, verdient einige Aufmerksamkeit. Fig. I. Tab. II. Er mag nun rund oder vierkantig seyn, so läuft er vorne etwas spitzer zusammen, und dies ist nöthig, wenn auf einem und eben

eben demselben Dorn Schnallen von aller Größe sollen gebildet werden.

B. Die Bohrer dieses Künstlers haben vorne gleichfalls eine kleine breite Schärfe, wie bei dem chirurgischen Instrumentenmacher, und durch eine Rolle auf der obern Spitze des Bohrers setzt man denselben bekannter Maßen, vermittelst eines Bogens, in Bewegung. Figur II. Die Bohrer, welche auf ihrer Schneide einen Zapfen haben, Figur III. und ihren Gebrauch kennt der Leser schon aus dem vorigen Abschnitt. S. 7. Man kann leicht erachten, daß ein Bohrer, dessen man sich bei dem Eisen bedienen will, nicht nur aus dem besten Stahl muß geschmiedet seyn, sondern daß man ihn auch mit Sorgfalt härten muß. Der Stahlarbeiter nimmt zu diesem Instrument entweder Englischen Stahl, oder alte Degenklingen, und wenn er weiß, daß sein Stahl die gewöhnliche Härte hat, so härtet er ihn in kaltem Wasser, und lässt ihn auf glühenden Kohlen hafergelb anlaufen. Seite 12. Ist ihm aber die Natur seines Stahls nicht bekannt, so prüft er ihn mit einer Feile, deren Wirkung er schon kennt, und diese Feile hebt er bloß zu diesem Zweck auf. Wenn die Feile wenig abnimmt, so ist dies ein Wink, daß er den Bohrer, ungeachtet er schon hafergelb ist, noch etwas länger auf den Kohlen muß liegen lassen. Vorher pflegt man anch schon auf den Bruch zu sehen. Ist dieser fein, so ist der Stahl hart.

C. Außer den gewöhnlichen Hand-, Vor- und Schlichtfeilen, besitzt der Stahlarbeiter eine Menge kleiner Feilen, die kantig, rund, halbrund, und flach sind. Mit diesen wird der ausgeschweifte Umfang, nebst den durchbrochnen Löchern seiner Waaren ausgearbeitet.

D. Nicht selten bedient sich der Stahlarbeiter mit Vortheil der Gesenke, (6te Sammlung S. 28.) z. E. den Knopf und Griff eines Degengefäßes bildet er in zwei besondern Gesenken. Die Folge wird lehren, daß so wohl der Knopf, als der Griff, aus zwei hohlen Hälften besteht, und eine solche Hälfte wird in einem dieser Gesenke geformt. Fig. IV. ist ein Gesenk zu einem halben Knopf, Fig. V. zu einem halben Griff. Jede Hälfte des Knopfs oder des Griffs treibt der Stahlarbeiter mit einem Senkhammer Fig. VI. in das Gesenk hinein. Hingegen werden beide Hälften des Knopfs mit der Unterlage Fig. IV. und mit dem Senkhammer Fig. VII. zusammen geschweißt, so wie die Hälften des Griffs mit der Unterlage Fig. V. und dem Senkhammer Fig. VIII. Die Senkhammer haben daher auf ihrer Bahn eben solche Vertiefung, als ihre Unterlagen.

E. Das beträchtlichste Werkzeug des Stahlarbeiters ist die Schleifmaschine Figur IX. Sie weicht wenig von der Schleifmühle der Steinschneider ab. 4te Sammlung S. 25. Damit sie sogleich bei der Hand sey, so wird sie gewöhnlich an einem Ende des Werktisches angebracht. In diesem ist ein rundes Loch a b ausgehöhlt, worin eine

eine sechs Zoll weite und drei Zoll dicke Polirscheibe läuft, die bei weicher Arbeit nur von Holz seyn darf, hingegen bei gehärtetem Eisen aus einer metallischen Composition bestehet. Der Stahlarbeiter gießt sich die letzten selbst, und verschweigt es sorgfältig, aus welchen Metallen sie zusammen gesetzt ist, wahrscheinlich, damit die übrigen Eisenarbeiter diese feine Art zu poliren nicht nachahmen. Dem Ansehen nach scheint es eine Komposition aus Zinn und Blei zu seyn, ungeachtet der Künstler vorgiebt, daß es eine Mischung von Zinn und Messing sey. Beide Arten der Polirscheiben stecken auf einer eisernen Spille c d, die unten zugespitzt ist. Diese Spitze läuft in einer stählernen Büchse d, welche auf einer Latte e f unter dem Tische mit einer Schraube befestigt ist. Das entgegen gesetzte Ende c der Spille ist ausgehöhlt, und wird von einer zugespitzten Schraube c g gehalten, die sich in einem eisernen Arm h i g in g hinauf- und hinabschrauben läßt. Zur größern Haltbarkeit wird diese Schraube c g noch von einer kleinen Schraube k befestigt. Es fällt sogleich in die Augen, daß man bei dieser Einrichtung der Maschine zum Beispiel die metallene Polirscheibe mit ihrer Spille abnehmen, und dagegen die hölzerne einsetzen kann. Unter der Polirscheibe trägt die Spitze c d noch eine Schnecke l, oder einen Kegel mit Reifen. In eine dieser Reifen wird eine Schnur l m gelegt, die die Schnecke mit einem Schwungrade m n verknüpft, und zugleich mit diesem die Polirscheibe in Bewegung setzt.

setzt. Das hölzerne Schwungrad, welches etwa 16 Zoll im Durchmesser hat, muß daher unter dem Tische liegen, und aus der Benennung erhellet schon, daß hin und wieder Blei eingegossen ist. Eine Spille o p durchbohrt gleichfalls das starke Rad. Ihre unterste Spitze läuft in einer stählernen Büchse o auf der Latte e f. Das obere Ende p der Spille trägt eine Kurbel. Der Bequemlichkeit wegen lässt sich der Ort dieses Rades verändern, wenn etwa die Schnur m n heißt. Deshalb hält ein eiserner Arm q r die Spille in r s. Das Ende r s dieses Arms ist von einander gespalten, wodurch zwei gekrümmte kleinere Arme r, s entstanden, zwischen welchen die Spille o p läuft. Die beiden gekrümmten Arme halten ein Stück Eisen r s, welches die Spille hindert, daß sie nicht aus den Armen r, s nach der Richtung q r fallen kann. Das entgegen gesetzte Ende q dieses eisernen Arms ist umgebogen, und den umgebogenen Theil durchbohrt eine Holzschraube, die in die hohe Kante des Tisches eingeschroben wird. Der Arm lässt sich also, zugleich mit der Spille und ihrem Schwungrade, nach einem andern Ort bewegen, und wenn die Holzschraube angezogen wird, so dringen die gekrümmten Arme r s in den Tisch ein, und der eiserne Arm ist an beiden Enden befestigt. Es ist aber für sich selbst klar, daß so wohl in dem Tischblatt ein langer Einschnitt t u seyn muß, als auch in der Latte. Das letzte ist deshalb nothwendig, damit man die Büchse o gleichfalls auf

der

der Latte e f hin und her verschieben könne. Die letzte kann man wieder mit einer Flügelschraube in o befestigen. In einiger Entfernung von der Polirscheibe a b steht auf dem Tisch ein starker eiserner Stift v, auf welchen im erforderlichen Fall ein Quadrant gesteckt wird. Man kennet dies Instrument schon aus dem Abschnitt des Steinschneiders, und es ist weiter nicht von dem Quadranten dieses Künstlers unterschieden, als daß es ganz von Eisen ist, und daß der Kittstock etwas abweicht. Dieser hat bei dem Quadranten des Stahlarbeiters an dem vordern Ende zwei eiserne Spitzen Fig. X. w x, die sich vermittelst einer Schraube y öffnen, und wieder zusammen schrauben lassen. Den Quadranten braucht der Künstler bloß in dem einzigen Fall, wenn er die kleinen Steine der stählernen Steinschnallen schleift, wie sich weiter unten ergeben wird.

IV. Ein geschickter Stahlarbeiter getrauet sich zwar, alle Galanteriewaaren zu verfertigen, die nur die Mode eingeführt hat, allein der wohlfeile Preis der Englischen Fabrikenwaaren nöthigt ihn, nur bei denjenigen Stücken stehen zu bleiben, die am häufigsten gesucht werden. Zu den letztern gehören stählerne Schnallen, Schlösser an Geldbörsen, Lichtscheren, und Knöpfe. Wenn es aber verlangt wird, so kann er eben so gut, wie die Engländer, Parasolgehäuse, Etuis und dergleichen schmieden und bearbeiten.

A. Die so genannten stählernen Knöpfe sind zwar jetzt aus der Mode gekommen, sie setzen aber doch die Handgriffe des Stahlarbeiters in ein näheres Licht, und daher mögen sie hier schon einen Platz einnehmen. Vielleicht macht sie die Unbeständigkeit der galanten Welt bald wieder bekannt.

a) Zuerst entstehen unter der Hand des Stahlarbeiters eiserne Knopfplatten, die einen hölzernen Unterboden erhalten. Sie werden in dieser Werkstätte beinahe mit eben den Handgriffen zur Vollkommenhzit gebracht, als die messingenen von dem Gürtler. 5te Sammlung Seite 121. Der Künstler schmiedet eine dünne Platte von Schwedischem Eisen, sticht aus dieser mit einem Hauer kleine Scheiben aus, und glättet diese im Groben mit der Feile. Jede Scheibe wird, wie bei dem Gürtler, in der Stanze mit einem Stämpel in eine glatte Schale verwandelt, und der Eisenarbeiter legt bei dieser Arbeit gleichfalls eine kleine Bleischale auf die eiserne Scheibe. Das spröde Metall würde aber bei dem Treiben brüchig werden, wenn man es nicht vorher ausglühete. Bekannter Maßen müssen die Scheiben in dem Feuer der Esse rothwarm werden, und von sich selbst wieder erkalten. Alle eiserne Knöpfe erhalten Facetten, und diese werden im Groben mit der Feile abgestoßen, hernach aber auf der Schleifmaschine polirt. In der ersten Absicht befestigt der Stahlarbeiter jede Knopfplatte auf einem Kittstock, mit einem Kitt von Pech und Ziegelmehl, hält den Kittstock mit dem Schraubstock fest, und feilt die Facetten aus freier Hand aus.

Bei

Bei allen Arbeiten dieses Künstlers muß erst eine grobe Feile die Faßon bestimmen, und alsdenn glättet eine Schlichtfeile die Flächen. Eben dies gilt auch von den Knöpfen. Ehe aber die Knopfplatte kann geschliffen werden, muß man sie vorher härten, und dieses trifft bei allen Waaren dieses Professionisten zu, die auf der metallenen Polirscheibe polirt werden. Es ist bekannt genug, daß ein hartes Eisen eine weit feinere Politur annimmt, als ein weiches. Man wird aber bei einiger Ueberlegung sogleich einsehen, daß man den Rand, der, so wie bei dem Gürtler, in der Stanze entsteht, und die metallene Knopfplatte mit dem hölzernen Unterboden verknüpfet, daß man, sag ich, diesen Rand vor der Härte sichern muß. Gehärtet würde er sogleich zerbrechen, wenn man ihn um den hölzernen Unterboden schlagen wollte. Deshalb setzt der Stahlarbeiter jede Knopfplatte dergestalt in eine Masse von Lehm oder Thon und Ochsenblut, daß der Rand von der gedachten Masse bedecket wird, und daß also nur die äußere Fläche jeder Platte in die Augen fällt. Diese bestreuet er mit einem Cementpulver aus zwei Theilen gebrannten Schuhsohlen, und einem Theil gebrannter Ochsenklaue. Mit diesem Pulver bedeckt, werden die Platen auf der Masse von Lehm und Ochsenblut in einem eisernen Kasten zwei bis drei Stunden ins Jener gesetzt, und nach Verlauf dieser Zeit in kaltem Wasser abgekühlet. Andre Stahlarbeiter nehmen st t des gedachten Cementpulvers bloß gebranntes Sohlleder, wozu sie etwa den zehnten Theil Salz schütten. Nunmehr kann der Professionist die gehärteten Facetten auf der metallenen Polirscheibe Fig. IX. a b abschleifen. Die Polirscheibe wird mit Zinnasche und Wasser bestrichen. Die Zinnasche muß aber vorher auf einer eisernen Platte, vermittelst der Bahn eines Hammers, recht fein gerieben werden. Mit der rechten Hand bewegt der Professionist die Kurbel, und mit der linken hält er die Knopfplatte. Auf diese Art wird eine Facette nach der andern aus freier Hand geschliffen. Die schnelle Bewegung erleichtert freilich das Poliren, und daher kann der Stahlarbeiter seine gehärtete Waaren in kurzer Zeit weit feiner glätten, als die übrigen Eisenarbeiter. Jede Platte wird mit eben den Handgriffen auf den hölzernen Unterboden gesetzt, die man schon bei der Beschreibung des Gürtlers erzählt hat. 5te Sammlung S. 128. Der Festigkeit wegen löthet der Stahlarbeiter in der Aushöhlung der metallenen Platte auch wohl ein Ende Draht an, steckt es durch ein Loch des hölzernen Unterbodens, und nietet es um.

b) Die **Unterbodenknöpfe**, oder die Knöpfe, die einen eisernen Unterboden erhalten, entstehen beinahe auf eben die Art. Wenn beide Hälften des Knopfs in einer Stanze gerundet sind, so setzt man sie zusammen, umwickelt sie mit ausgeglühetem Draht, und vereinigt sie mit Schlagloth, oder auch mit Kupfer. Statt des zerstoßenen Glases macht der Stahlarbeiter das Schnelloth

insge-

insgemein mit Borax flüssig. In den Unterboden bohrt er einige Löcher, und die Oese von Draht setzt er auf eben die Art in den Unterboden ein, als der Gürtler. 5te Samml. S. 120.

c) Die künstlichsten Knöpfe sind diejenigen, die in gravirten Stanzen getrieben werden, und die hierdurch auf ihrer äußern Fläche erhabene Blumen und andre Figuren erhalten. Jede Scheibe muß aber rothwarm mit einem Stämpel in die gravirte Aushöhlung der Stanze getrieben werden. Die erhabenen Blumen schleift der Künstler auf der metallenen Polirscheibe ab, die Vertiefungen bleiben aber matt. Diese pflegt der Stahlarbeiter insgemein mit Goldblättern zu vergolden. In dem nächsten Abschnitt wird sich eine bequemere Gelegenheit zeigen, von dieser Art zu vergolden das Nöthige zu sagen. Knöpfe dieser Art erhalten einen hölzernen Unterboden.

d) Die einfachste Art der eisernen Knöpfe sind diejenigen, die massiv aus Eisen, beinahe wie ein Nagel geschmiedet werden. Der Künstler lässt beim Schmieden unter dem flachen Boden des Knopfs einen Zapfen stehen, steckt diesen in ein Loch eines Gesenks, das einem Nageleisen der Nagelschmide leicht, und bildet hierdurch nicht nur den Zapfen zu der Oese, sondern giebt auch zugleich dem Knopf mit dem Hammer seine förmliche Gestalt. Der gedechte Zapfen wird rund gefeilt, und mit einem Bhrer durchbohrt. Uebrigens werden diese Knöpfe we die vorigen bearbeitet.

Anmerk.

Anmerk. Die bekannten messingenen Knöpfe, so mit Stahl ausgelegt sind, kommen aus England zu uns. Man legt die kleinen Stahlplatten mit in die Gießflasche, und vereinigt sie durch den Guß mit dem Messing. Das Messing wird gewöhnlich vergoldet, und die stählerne Platten werden auf der Polirscheibe polirt.

B. Die Stahlarbeiter verfertigen eine Art Lichtscheren, deren geöffnete Schenkel eine verborgene elastische Feder wieder zusammen zieht. Jeder Schenkel a b, c d Fig. XI. wird besonders an einer Stange Eisen geschmiedet, und die Ringe c, b, nebst dem Stiel c e, b e werden auf eben die Art geschmiedet, und mit der Feile ausgearbeitet, wie bei den feinen Scheren S. 20. Der stärkste Schenkel a b erhält einen Kasten f g d, der schwache d c aber nur einen Lappen, gleich einem halben Zirkel f h d, der bekannter Maßen in den Kasten passet. Dieser Lappen f h d könnte zwar wohl aus einem Stücke mit dem Schenkel c d geschmiedet, und in dem Schraubstock warm umgebogen werden, allein die Kante, wodurch diese beiden Stücke zusammen hangen, wird weit genauer, wenn man den Lappen besonders aus einem geschmiedeten Bleche schneidet, mit ausgeglühetem Draht mit dem Scheukel verknüpft, und mit Schnellloth zusammen löthet. Der Kasten f g d besteht aus eben solchem Lappen, und einem Bogen um denselben. Beide Theile weden gleichfalls unter einander, und mit dem Schekel a b durch Schnellloth vereinigt. Das Kün-

licht

lichste ist aber die Verfertigung der elastischen Feder. Wenn der Schluß beider Schenkel ausgefeilet ist, daß sie an einander, wie bei den feinen Scheren, passen, so bohrt der Stahlarbeiter mit einem Bohrer ein Loch durch das Schild e. Bekannter Maßen wird in diesem Loche ein Niet vernietet, wenn man beide Schenkel verknüpft. Vor der Vereinigung erweitert der Künstler das Loch jedes Schenkels mit einem Frisirbohrer Fig. III, auf der Seite, wo sich beide Schenkel berühren. Hierdurch entsteht um das Loch ein kleiner Kasten, und in diesen wird die Feder eingesetzt. Von der Verfertigung dieser Feder kann man auf der 36ten Seite nachlesen. Der Stahlarbeiter krümmt sie, wie eine Spiralfeder, und in dieser Lage kann er sie bequem in den gedachten Kasten einsetzen. Das eine Ende der Feder wird in dem großen, das andre in dem kleinern Schenkel der Schere vernietet. Wenn also ein Niet beide Schenkel vereinigt hat, so wird die elastische Feder dieses Niet umgeben. Aus der Lage dieser Feder erhellet, daß sie sich zusammen ziehet, wenn man die Lichtschere öffnet. Läßt aber die Hand des Menschen nach, so sucht sich die Feder e wieder auszudehnen, und zieht die Schenkel zusammen. Alle Waaren, die nicht gehärtet sind, werden entweder auf der hölzernen Polirscheibe Fig. IX. a b mit Schmergel und Baumöhl geschliffen; oder wenn die Polirscheibe die Fläche nicht berühren kann, so glättet man sie zwar auch mit Schmergel und Baumöhl, oder mit Zinnasche

und

und Wasser, aber man reibt sie nur mit einem Stück weichem Holze.

C. Die eisernen Schnallen, welche man unter dem Namen der stählernen kennet, sind entweder glatt, oder sie erhalten Steine. In beiden Fällen wird von einer Stange Eisen für jede Schnalle ein dünn ausgeschmiedetes Stück, nach Beschaffenheit ihrer Größe abgeschrotet, und mit dem Hammer zu einem Kreis zusammen gebogen. Die Enden, die vor dem Zusammenbiegen abgeschärft werden, schlagen über einander, und man schweißt sie zusammen. Die runde oder vierkantige Gestalt einer Schnalle erhält dieser Ring auf einem Dorn. Fig. I. Der Professionist treibt ihn rothglühend so weit mit dem Hammer auf den Dorn hinauf, bis sein innerer Umfang die Figur des Dorns angenommen, und die bestimmte Erweiterung erhalten hat. Zugleich muß der Hammer, nach Maßgebung des innern Umfangs und des Modells, den äußern Umkreis bilden. Da aber beide Schnallen, die zu einem Paar gehören, gleich groß seyn müssen, so muß der Stahlarbeiter bei Verfertigung der zweiten Schnalle sein Augenmerk auf die erste richten, und dies gilt auch bei der weitern Ausarbeitung. Im letztern Fall werden sie zum öftern gegen einander gehalten. Die Feile und die Polirscheibe erleichtern diese Bearbeitung. Allein bei dieser Beschäftigung verlangen die glatten Schnallen ganz andre Handgriffe, als die Steinschnallen, und es wird daher nöthig seyn, sie von einander abzusondern.

a) Den

a) Den äußern Umfang der glatten Schnallen schweift der Künstler gewöhnlich mit der Feile aus, und ein Modell oder eine Patrone leitet ihn so wohl bei dieser Arbeit, als bei den durchbrochnen Löchern. Die letztern bohrt er mit einem Bohrer vor. Bei kleinen Oeffnungen bohrt man nur ein Loch, allein bei großen wohl drei bis vier Löcher. Die massiven Stücke, die zwischen den letztern Löchern stehen bleiben, werden mit einem Meißel ausgehauen. Flache, runde und halbrunde kleine Feilen bilden jedes Loch weiter aus, und geben ihm die Figur, die es nach Anleitung des Modells erhalten soll. Gröbere Feilen ebnen die äußern Flächen der Schnallen zuerst, und zuletzt werden sie mit der Schlichtfeile völlig geglättet. Es versteht sich, daß die Schnalle vor dem Befeilen geglühet wird, und daher kann der Professionist nicht nur in der Mitte der erweichten Schnalle die Löcher durchbohren, wodurch ein Niet gesteckt wird, das den Haken mit der Schnalle vereinigt; sondern er kann auch die Schnalle aus freier Hand etwas mit dem Hammer krümmen. Allein diese Biegsamkeit der Schnalle muß wieder durch das Härten weggeschafft werden. Einige Stahlarbeiter härten zwar die ganze Schnalle, allein die geschicktesten unter ihnen haben angemerkt, daß sie alsdann außerordentlich zerbrechlich ist. Daher härten sie die Schnallen nur zur Hälfte. Sie drücken nämlich die unterste Hälfte der Schnalle in die oben genannte Masse von Lehm und Ochsenblut ein, bestreuen

streuen das hervorragende Eisen mit ihrem Cementpulver, S. 57, und setzen sie in einem eisernen Kasten ein. Die gehärtete äußere Fläche der Schnalle muß aber mit vorzüglicher Sorgfalt polirt werden, und hierbei thut die metallene Polirscheibe Fig. IX a b wieder die besten Dienste. Der Professionist bestreicht sie mit Zinnasche und Wasser, und hält beim Poliren die Schnalle bloß mit der Hand gegen die Scheibe. Vertiefungen, die die Scheibe nicht berühren kann, werden entweder mit dem Polirstahl und aufgelöseter Venetianischer Seife, oder mit einem Pulver aus zwei Theilen Blutstein und einem Theil Zinnober polirt. Bei dem letzten Pulver muß man das Metall mit einem Stück weichen Holz reiben.

b) Bei der Verfertigung der Steinschnallen kommt nicht so wohl die Schnalle selbst, als die Steine in Betrachtung. Die Schnalle wird wie die vorigen geschmiedet, geglühet, ausgeschweift, und polirt. Vor der letzten Arbeit müssen die Kasten ausgehöhlt werden, worin der Stahlarbeiter die kleinen Steine einsetzt und befestiget. Der Professionist bohrt für jeden Stein ein Loch durch die Schnalle, und erweitert es auf der äußern Seite mit einem Frisirbohrer Figur III. Wenn alle Löcher auf diese Art ausgehöhlet sind, alsdenn wird die Schnalle gekrümmt, gehärtet und polirt. Es bleibt also nur noch übrig, die Verfertigung der kleinen Steine zu zeigen. Jeden Stein feilt der Professionist besonders aus einem Ende Draht. Die eine Spitze verwandelt die

Feile

Feile in einen Zapfen, und mit diesem wird das Ende Draht auf dem Kittstock befestigt, den der Schraubstock fest hält. Gleichfalls mit der Feile spitzet der Stahlarbeiter das hervorragende Ende Draht zu, und giebt dieser Spitze im Groben kleine Facetten. Hier ist es vorzüglich nöthig, die Facetten auf der Polirscheibe F. IX. ab zu schleifen, und in diesem einzigen Falle bedienet sich der Künstler des Quadranten Fig. X. Die Spitzen wx halten den Stein an seinem Zapfen, und der Quadrant wird mit den Handgriffen auf der Polirscheibe angebracht, die schon bei dem Steinschneider gezeigt sind 4. Samml. 30. S. Daher pflegen die Stahlarbeiter diese Steine auch wohl stählerne Diamanten zu nennen. Jeder Stein muß genau in einen Kasten der Schnalle mit der Feile eingepasset werden, so, daß der Zapfen des Steins in dem Loche unter dem Kasten steckt. Den Zapfen vernietet der Professionist auf der untersten Fläche der Schnalle, und sucht den Kopf des Niets so gut, wie möglich, zu versenken und mit der Feile zu verbergen. Dies verknüpft die kleinen Steine mit der Schnalle.

Der Haken einer Schnalle wird aus zwei Theilen zusammen gefügt, die ein Niet zugleich mit der Schnalle verknüpft, nämlich aus der Zunge, und einem Hintertheile, der keinen besonderen Namen führt. Die Zunge feilt der Stahlarbeiter aus einem Stück Eisen, und hauet mit einem Meißel an einem Ende ein Stück aus, wodurch die beiden Zacken entstehen, die er mit der Feile zuspitzet. An dem entgegen gesetzten Ende wird eine kleine Röhre ausgefeilt, die ein kleiner Bohrer aushöhlt. Den Hintertheil des Hakens hauet der Professionist mit einem Meissel aus einem geschmiedeten Bleche aus, und ein Modell leitet bei diesem Stücke abermahls seine Hand. In der Mitte dieses Hintertheils eines Hakens zu einer Schuhschnalle ist bekannter Maßen ein massives Stück ausgehauen, und man siehet leicht, daß der Meißel gleichfalls angebracht wird. Es bleiben aber beim Aushauen unten zwei Stacheln stehen, die nur spitz gefeilet werden. Weit künstlicher ist die Verfertigung des Gewindes. Das Gewinde grober Haken wird bloß auf einem Dorn umgebogen, doch so, daß die äußerste Ecke des Gewindes nur an den übrigen Theil anschließt. Denn man schweißt das Gewinde nicht mit dem übrigen zusammen, wie in ähnlichen Fällen zu geschehen pflegt, sondern man sucht nur die Zusammenfügung so gut, wie möglich mit der Feile zu verbergen. Hingegen bei feinen Schnallen feilt der Professionist für das Gewinde eine Röhre aus, und durchbohrt sie mit einem Bohrer. Um aber Zeit und Mühe zu sparen, so wird schon vorher das Loch, worin die Röhre der Zunge eingesetzt wird, mit einem Meißel ausgehauen, oder auch mit einer Feile ausgeschnitten. Die Haken pflegt man nicht zu härten, und daher werden sie bloß auf der hölzernen Polirscheibe, oder auch nur mit einem Stück weichen Holz, vermittelst Schmergel und Baumöhl poliret.

D. Viele

D. Viele eiserne Galanteriewaaren überlassen die Englischen Eisenfabriken den übrigen Ländern für einen so wohlfeilen Preis, daß die hiesigen Stahlarbeiter vor Hunger sterben müssten, wenn sie sich mit diesen Stücken abgeben sollten. Wenn die stählernen Degengefäße ziemlich allgemein durch die Mode eingeführt sind, alsdenn wagen sie es zuweilen, einige für die hiesigen Galanteriehändler zu verfertigen. Man wird sogleich aus dem obigen errathen, daß der Mißbrauch ihnen nur den Namen der stählernen Gefäße beigeleget hat, und daß sie nicht mehr und nicht weniger, als die vorigen Stücke, aus gutem Schwedischen Eisen geschmiedet werden. Ein solches Degengefäß wird, wie die silbernen, aus mehreren Stücken zusammen gesetzt. Die Galanteriedegengefäße, die jetzt Mode sind, und wovon man in der Folge jederzeit reden wird, erhalten kein Stichblatt, und daher fehlt ihnen auch die so genannte Hohlbrust, welche das Stichblatt mit dem Griff verknüpft. Sie bestehn daher nur aus dem Degenknopf Fig. XIII. a b, dem Griff b c, der Brust c d, dem Bügel d e b, und aus der Parirstange f, worauf an der äußern Seite ein kleiner Querbügel g h befestigt ist. Der Knopf a b, und der Griff b c werden mit einerlei Handgriffen geschmiedet und ausgearbeitet. Jeder dieser Theile wird aus zwei hohlen Hälften zusammen geschweißt. Eine solche Hälfte höhlet der Stahlarbeiter in einem Gesenk Fig. IV. V. aus einer flachen Platte aus, und giebt ihr hierdurch zugleich die erforderliche Gestalt. S. 52. Beide Schalen müssen nothwendig genau auf einander passen, da sie in einem und eben demselben Gesenke rothwarm geformt sind. Das Gesenk bildet so wohl unter den zusammen gefügten Hälften des Knopfs a b, als des Griffs b c einen Zapfen, und an diesem kann sie der Stahlarbeiter mit der Schmiedezange festhalten. Er giebt ihnen vereinigt Schweißhitze, legt sie in den Untertheil des Gesenks Fig. IV. V. setzt die Senkhammer Fig. VII. VIII. auf das glühende Eisen, und durch einige Schläge des Hammers auf die Senkhammer werden die Hälften zusammen geschweißt. Jedes Stück muß nunmehr die Feile in dem Schraubstock weiter ausarbeiten. Die Mode will es zuweilen, daß der Knopf so wohl, als der Griff glatt bleiben sollen, und alsdann ebenen nur grobe und Schlichtfeilen diese Theile. Die feine Politur erhalten sie nach dem Härten durch Blutstein und Zinnober, S. 64., oder auch auf der metallenen Polirscheibe. Bekommen sie aber Facetten, so werden diese vor dem Härten mit der Feile im Groben abgestoßen, und nach dem Härten auf der metallenen Polirscheibe aus freier Hand geschliffen. Die Brust c d ist ein massives Stück Eisen, das man mit einem Dorne locht, mit der Feile ausarbeitet, hernach härtet und polirt. Auf jeder Seite der Brust wird eine Hälfte der Pariristange f eingeschroben, und deshalb die Schraube nebst ihrer Schraubenmutter mit dem bekannten Schneideeisen geschnitten. Uebrigens

gens ist von der Verfertigung dieser Stücke und des Querbügels g h auf der Paristange nichts zu bemerken, was nicht schon hinreichend bekannt sey. Der Bügel wird mit den gewöhnlichen Handgriffen aufgenietet. Eben so leicht wird man den Bügel d e b übersehen, der in c in die Brust eingeschroben, in b aber in ein schiefgebohrtes Loch des Knopfs a b ohne weitere Befestigung eingesteckt wird. Der oben genannte Zapfen verknüpft den Knopf a b zwar mit dem Griff b c, und durch eben dies Mittel hängt auch der Griff mit der Brust c d zusammen, unterdessen muß doch die Angel des Degens alle drei Stücke erst genau vereinigen, wenn sie auf dem Knopf a b vernietet ist.

E. Die Kunst hat gewisse metallene Parasolgehäuse erfunden, die man zusammenlegen, und mit dem seidenen Ueberzuge in die Tasche stecken kann. Diese verfertigen die hiesigen Stahlarbeiter gleichfalls aus Eisen, wenn es verlangt wird. Der Stiel a b Fig. XII. erhält drei Gelenke, damit er sich im erforderlichen Fall zusammen legen lasse. Die Verfertigung der drei Stücke bc, cd, d a, woraus er zusammen gesetzt ist, lässt sich leicht aus dem vorigen übersehen, und es darf daher nur ihre Zusammenfügung erzählt werden. Das unterste Stück b c erhält in b eine Angel, worauf ein hölzerner Griff befestigt wird, und in c giebt ihm die Feile einen Zapfen. Dieser wird in ein ausgehauenes Zapfenloch des Stücks c d eingepasst, und durch ein Niet werden diese Theile ein Gelenk verwandelt. Damit man aber auch der Stange Haltbarkeit geben könne, so erhält der gedachte Zapfen c des Stücks c b einen Schwanz, der in ein ausgemeißeltes Loch des Theils c d fällt. Der Schwanz ist neben der Zeichnung Fig. XII. in c besonders vorgestellet. Ein messingener Ring, den der Professionist auf einem Dorn aus Messingblech zusammenrollt, und auf der Stange a b zusammenlöthet, hält daher die beiden Theile b c, c d zusammen, wenn er bis auf den gedachten Schwanz c hinab-gestreift wird. Durch eben dies Mittel werden auch die beiden Theile c d, d a vereinigt. In f steckt auf der Stange eine Röhre, die sich verschieben lässt. Der Professionist rollt sie auf einem Dorn aus Eisenblech zusammen, vereinigt die Enden mit Schnellloth, und lässt sie, so wie die nächste Röhre, blau anlaufen. Ueber der Röhre f wird eine eiserne Scheibe h i angelöthet. Auf eben die Art entsteht auch die Röhre g über der vorigen, außer daß sie auf der Stange unbeweglich sitzt, und daß ihre Scheibe k l von Messing ist. Beides, die Röhre g, und die Scheibe k l werden von einer Schraube a fest gehalten, die auf der Spitze des Stücks d a der Stange angebracht ist. Das Schneideeisen bildet diese Schraube mit ihrer Mutter. Auf der Stirn beider Scheiben h i, k l ist mit der Feile ein Reif ausgehöhlt, in welchem ein Draht liegen kann. Dieser Draht hält, wenn er befestigt ist, die Spriegel i m, h n an der Scheibe h i fest. Das Ende h, i dieser schmalen

len geschmiedeten Eisen ist daher durchbohrt, und durch das Loch wird der gedachte Draht, auf der Stirn der Scheibe hi, gesteckt. Jeder Spriegel ist durch ein Niet n, m mit einem Arm ko, lp vereinigt. Ein solcher eiserner Arm gleicht völlig einem Spriegel, außer daß er länger ist und aus zwei Hälften besteht, die in q, r durch ein Gelenk verknüpft sind, damit man den Arm zusammen legen könne. Er ist an der Scheibe kl gleichfalls mit einem Draht befestigt, so wie die Spriegel an derScheibe hi. Unter der Röhre f ist eine kleine Stahlfeder s in das Stück da des Stiels versenkt, die oben einen Wiederhaken hat, unten aber mit einem Niet an dem Stiel befestigt ist. Drückt man nun die Feder s und zugleich ihren Wiederhaken, der die Röhre f hält, zurück, so lässt sich die Röhre f verschieben, und die Spriegel hn, ik mit den Armen ko, lp senken sich gegen den Stiel hinab. Im Gegentheil stehen sie unbeweglich. Alle Theile dieses Parasolgehäuses werden mit der Schlichtfeile, und mit Schmiergel und Baumöhl polirt.

Anmerk. Die Uhrketten gehören zu den Stükken, die die Englischen Eisenfabriken dem Käufer für einen wohlfeilen Preis überlassen können, weil sie sich ihre Arbeit durch Stämpel erleichtern. Man sucht sie daher bei den hiesigen Stahlarbeitern vergebens. Die Fabriken haben für jeden einzelnen Theil der Kette einen Stämpel, womit sie ihn aus einer geschmiedeten Eisenplatte durch einige Schläge des Hammers prägen. Die Ringe, welche diese Theile unter einander verknüpfen, werden aus Draht gemacht. Man wikkelt den Draht um einen Dorn, und schneidet aus jedem Ringel einen Ring. Nach dem Poliren werden die Ringe, bei der Zusammenfügung der Theile, bloß zusammengebogen. Doch verursachen die großen Ringe mehr Mühe, womit die Kette an der Uhr befestigt wird, oder woran man Pettschafte u. d. gl. hängen kann. Sie werden zwar auch aus einem ausgewickelten Draht geschnitten, allein die beiden Enden müssen etwas über einander schlagen. Diese Enden feilt man zur Hälfte dergestalt aus, daß sie zusammengelegt eben so dick sind, als der übrige Theil des Ringes. Giebt man dem Ring Federhärte, so lässt er sich bequem von einander biegen. Die starken Theile der Kette werden gehärtet, und auf der Polirscheibe polirt.

V. Zünftigkeit. Die Profession der Stahlarbeiter ist zu Ende des vorigen Jahrhunderts durch die Französische Kolonie nach Berlin verpfianzet worden. Damahls erhielt sie zwar Privilegien und Zünftigkeit, welches aber dadurch wieder aufgehoben worden, daß sich die mehresten Stahlarbeiter aus Mangel der Nahrung zerstreuten. Deshalb zählen sich die drei Deutschen Stahlarbeiter, die sich jetzt in Berlin befinden, zu den Künstlern. Schon ihre Lehrmeister haben bei den Franzosen die Lehrjahre ausgestanden. Die Lehrburschen lernen insgemein in 5 Jahren die Profession unentgeldlich, und es ist willkürlich, ob sie als Gesellen wandern, oder nicht. Als Künstler verfertigen sie jetzt kein Meisterstück. Da sie aber noch zünftig waren, mussten sie durch ein Degengefäß, ein Paar Schnallen, und ein stählernes Etuis ihre Geschicklichkeit darthun.

Drit=

Dritter Abschnitt.

Die Gewehrfabrik.

Inhalt. In gegenwärtigem Abschnitt muß man weiter nichts erwarten, als was die Gewehrfabriken jedem Reisenden zeigen. Am besten könnte man in diesem Falle die Neugierde zu Sul in der Grafschaft Henneberg, zu Solingen im Herzogthum Bergen, und zu Lüttich (Holländisch Luyck) stillen, denn diese gehören wohl in Deutschland unstreitig zu den berühmtesten Gewehrfabriken. In den beiden ersten werden unter andern Stücken vornehmlich Degen-, Säbel- und Hirschfängerklingen, in der letztern aber Schießgewehre verfertigt. Von den beiden letzten Fabriken ließ man einige Arbeiter unter der Regierung des Königs Friedrich Wilhelm I. nach Spandau kommen, und legte unter den Kanonen dieser Festung mit ihrer Beihülfe eine Gewehrfabrik auf dem Plan an. Die Gewehrfabrik zu Solingen hat zwar in ihrer Gegend einige Stahlhütten, sie muß aber doch den mehresten Stahl aus den Stahlhütten in der Grafschaft Mark nehmen. Man leitet also bloß aus einem Vorurtheil die Güte der Klingen dieser Fabrik von den Vorzügen des Solingischen Stahls ab. Weit wahrscheinlicher ist es, daß diese Güte bloß von dem Fleiß der

der Fabrikanten auf dieser Fabrik abhängt. Einige Geheimnisse ausgenommen, lässt sich die Verfertigung der Gewehre von aller Art leicht übersehen. Die Gesenke und einige Maschinen müssen beinahe alles thun, und daher wird die Beschreibung der Mühlenwerke einen ansehnlichen Theil dieses Abschnitts einnehmen. Zugleich sieht man sich der Kürze und Deutlichkeit wegen genöthigt, in der Beschreibung mit den Werkzeugen und Maschinen die Handgriffe zu verbinden. Vorläufig ist nur noch zweierlei zu bemerken. Die Fabriken zu Solingen und auf dem Plan bei Spandau verbrauchen Schwedisches Eisen, und die erste mehrentheils, die letzte aber beständig Märkischen Stahl. Ueberdem erinnert man hier ein für alle Mahl, daß jeder Professionist in seiner Werkstätte eine Schmiedeesse hat, die nach Beschaffenheit seiner Arbeit groß oder klein ist.

Verfertigung der Klingen, Bajonnette und Ladestöcke.

I. Der Klingenschmid führt zwar seinen Namen von den Degen-, Säbel- und Hirschfängerklingen, er schmiedet aber auch, wenn es verlanget wird, Bajonnette und Ladestöcke zu den Musketen. Von diesen drei Stücken muß also an diesem Orte das nöthige gesagt werden.

A. Im Grunde betrachtet wird die Klinge zu einem Säbel und Hirschfänger nicht anders geschmieschmiedet, als zu einem Degen. Jede Klinge erhält eine eiserne Angel, und ein Stück der Klinge selbst, unter der Angel, ist gleichfalls von Eisen. Je schlechter die Klinge ist, desto länger ist auch dieser eiserne Theil, so daß er bei sehr geringen Klingen wol 2 bis 3 Zoll lang seyn kann, bei feinen beträgt er aber etwa nur einen halben Zoll. Die Angel mit dem Eisen in der Klinge wird aus einem Stück geschmiedet, und die stählerne Klinge selbst schweißt der Klingenschmid besonders aus. Die Gewehrfabriken unterhalten einen kleinen Schwanzhammer, worunter man so wohl das Eisen, als den Stahl zu flachen Schienen oder Zainen ausstrekket; und aus diesen werden nicht nur die Klingen, sondern auch die übrigen Arbeiten der Klingenschmide weiter ausgebildet. Ein solcher Hammer wiegt ungefähr 20 bis 40 Pfund, und er ist in aller Absicht dem Schwanzhammer gleich, der bereits in der 5ten Sammlung Seite 189. beschrieben ist. Wenn so wohl die Angel mit dem obern eisernen Theil der Klinge, als die Klinge selbst gehörig unter einem gewöhnlichen Hammer von dem Klingenschmid ausgestreckt ist, so werden beide Metalle zusammen geschweißt. Alles dies hat weiter keine Schwierigkeit, und es bleibt sich bei allen Klingen gleich; allein die weitere Ausarbeitung der Klingen richtet sich nach ihrer verschiedenen Gestalt. Die Degenklingen sind entweder durchgängig vierkantig, doch so, daß jeder Durchschnitt eine rautenförmige Figur giebt; oder die Kante auf jeder flachen Klinge ist etwas nie-

niedergedrückt; oder sie haben statt dieser Kante unter der Angel eine Hohlkehle; oder sie erhalten endlich unter der Angel eine Parirung. Unter dem letzten Ausdruck verstehet man ein Stück der Klinge neben der Angel, das merklich stärker, als der vordere Theil, und gewöhnlich vierkantig ist. In den beiden ersten und in dem letzten Fall kann der Klingenschmid die Klinge unter dem Hammer aus freier Hand ausbilden, wenn er es der Geschwindigkeit wegen nicht etwa für gut findet, seine Arbeiten durch ein Gesenk zu erleichtern. Hat aber die Klinge unter der Angel eine Hohlkehle, so muß diese nothwendig mit Beihülfe eines Gesenks ausgehöhlet werden. Die Gesenke dieser Art bestehen, wie alle übrige, aus einer Unterlage Tab. III. Fig. I. und einem Senkhammer Fig. III. Beides, so wohl die Bahn der Unterlage, die die Hohlkehle bilden soll, als die Bahn des Senkhammers müssen walzenförmig seyn, und einerlei Größe haben. Diese hängt aber wieder von der Breite und Tiefe der Hohlkehle ab, die man aushöhlen will. Daher hat der Klingenschmid schmale und breite Gesenke dieser Art. beim Gebrauch befestigt der Professionist die Unterlage Fig. I. in einer Falze auf der Bahn eines Ambosses Fig. II. a. legt auf die abgerundete Unterlage die Stelle der rothwarmen Klinge, die er vertiefen will, und setzt gerade über der Unterlage auf die oberste Seite der Klinge den Senkhammer. Einige Hammerschläge auf den Senkhammer bilden zugleich eine Hohlkehle auf jeder

fla-

flachen Seite der Klinge aus. Es müssen sich aber mit dieser Arbeit nothwendig zwei Personen zugleich beschäftigen. Der eine hält den Senkhammer und zieht zugleich die Klinge zwischen den Gesenken nach der Länge, und die zweite Person schlägt mit einem starken Hammer auf den Senkhammer Fig. III. Der Rücken und die Seitenflächen der Säbelklingen werden bloß unter dem Hammer ausgearbeitet, und eben dies gilt von seiner Krümmung. Hingegen müssen die Hohlkehlen abermahls durch ein Gesenk vertieft werden. Jeder Säbel erhält auf der flachen Klinge zwei Hohlkehlen, eine schmale kurz unter dem Rücken, und eine ziemlich breite gegen die Mitte der Klinge, nach der Breite gerechnet. Diese Hohlkehlen sind so lang, als die Klinge selbst, und es versteht sich schon für sich selbst, daß man zu der schmalen Hohlkehle ein dünnes, zu der breiten aber ein starkes Gesenk Figur I. III. wählen muß. Der Hirschfängerklinge giebt der Klingenschmid gewöhnlich eine vierkantige und starke Parirung. Unter dieser erhält die Klinge mit einem Setzhammer einen Ansatz, und nimmt bis an die Spitze stets an Stärke ab. Die Parirung bekommt keine Hohlkehle, aber wohl der vordere Theil der Klinge in der Mitte der Flächen. Dies wird ungefähr das brauchbarste von der Verfertigung der Klingen seyn, in so weit es den Klingenschmid angehet, denn der Härter und die Schleifmühle müssen die geschmiedete Klinge zur Vollkommenheit bringen.

B. Einem Bajonnette Fig. IV. legt man im gemeinen Leben zwei Theile bei, eine Tille abc, und eine Klinge cd. Die Tille besteht aus einer kurzen Röhre ab, und einem dünnen gekrümmten Arm bc. Die ganze Tille nebst dem Hintertheil der Klinge cd werden von Eisen geschmiedet, hingegen ist die Spitze der Klinge cd von Stahl. Die breiteste Seite dieser dreikantigen Klinge ist glatt, aber die beiden schmalen Seiten sind ausgehöhlt. Aus dem Zusammenhange der Beschreibung erhellet ohne Schwierigkeit, daß die Tille abc aus einem Stück Eisen geschmiedet wird, und daß der Klingenschmid die stählerne Spitze der Klinge cd besonders ausschmieden, und mit dem untersten Theil der Klinge an der Tille zusammen schweißen muß. Die Röhre ab wird erst zu einer flachen Platte ausgestreckt, hernach aber um einen runden und starken Dorn, der nach dem Kaliber des Gewehrs abgemessen ist, mit dem Hammer gewickelt, und zusammen geschweißet. Die Beschreibung, wie ein Rohr zu einem Flintenlauf geschmiedet wird, mag dies weiter unten deutlicher ins Licht setzen. Den Arm bc streckt der Professionist unter dem Hammer aus, und krümmt ihn auf einem Sperrhorn. Die Klinge cd kann der Hammer zwar dreikantig schmieden, aber alle Flächen bleiben nur glatt. Oben ist aber schon gezeigt, daß die beiden kleinsten Seiten dieser Pyramide ausgehöhlet werden. Der Professionist macht daher, mit einer starken und runden Finne des Hammers, auf

jeder

jeder dieser beiden Flächen kurz über dem Arm b e in c einen Ansatz, und bringt die Flächen hierauf in ein Gesenk Fig. V. Die Vertiefung a dieses Gesenks ist nach der Gestalt der beiden hohlen Seiten der Klinge zusammen genommen ausgehöhlt, und man darf daher diese Seiten nur in den Einschnitt des Gesenks rothwarm legen, so erhalten sie, durch einige Schläge des Hammers auf die größte Seite der Klinge, ihre Aushöhlung. Alles übrige wird sich weiter unten ergeben.

C. Nichts ist leichter, als die Verfertigung eines Ladestocks. Sein dünner Theil wird aus Stahl geschmiedet, damit sich der schwache Ladestock nicht beim Laden biege, unten wird aber ein starker eiserner Stämpel angeschweißt. Von diesem Stämpel läuft der Ladestock nach und nach etwas spitzer zusammen. Das Hammerwerk liefert dem Klingenschmid zu den Ladestöcken flache Schienen von Stahl, die ziemlich die Dicke des stählernen Theils an dem Ladestock haben. Der Klingenschmid zerschrotet diese Schienen zu kleinern Zainen, und diese schmiedet er unter dem Hammer so gut wie möglich rund. Der eiserne Stämpel wird durchgängig nur aus freier Hand geschmiedet, und mit dem Stahl zusammengeschweißt. Damit aber der stählerne Theil des Ladestocks völlig rund werde, so glättet man ihn in einem Gesenk. Hierzu gehören abermahls zwei Theile, eine Unterlage Fig. VI. die gleichfalls auf der Bahn eines Ambosses Fig. II a befestigt wird, und ein Senkhammer Fig. VII. Auf der

Bahn

Bahn des Hammers und des Gesenkes ist eine Vertiefung a nach einer halben Walze ausgehöhlt, und beide Vertiefungen müssen gleich groß seyn. Ein Klingenschmid legt den Ladestock rothwarm in die Aushöhlung der Unterlage F. VI. setzt die Vertiefung des Senkhammers Fig. VII. gleichfalls auf den Stahl, und zieht den Ladestock in dem Gesenk beständig etwas nach sich. Ein zweiter Arbeiter muß aber zugleich mit einem ziemlich starken Hammer auf den Senkhammer schlagen. Zur Vollkommenheit wird der Ladestock von dem Härter und Schleifer gebracht, und dies leitet zu diesen Professionisten, denn der Klingenschmid übergiebt alle vorher gedachte Stücke dem

II. Härter. Die mehresten unter diesen Professionisten verstehen weiter nichts, als die Klingen und andre Stücke auf eine gute Art in Wasser zu härten. Wenige unter ihnen besitzen überdem noch das Geheimniß, auf Eisen und Stahl Figuren zu ätzen, und diese Metalle zu vergolden. In ihrer Werkstätte steht neben der Esse ein großer Härttrog, und ein Amboß, auf dessen Amboßstock noch eine starke Gabel von Eisen befestigt ist. Ehe der Härter ein Stück härtet, es mag nun eine Klinge, oder ein Bajonnett, oder ein Ladestock seyn, so muß er es prüfen, ob es gerade sey. Er hält es daher vor seinen Augen gegen das Licht, und besieht es von allen Seiten. Findet er ein Stück, daß sich geworfen hat, so schlägt er es entweder mit dem Hammer auf dem Amboß gerade, oder er biegt es in der

oben

oben gedachten eisernen Gabel kalt gerade. Die tauglichen Stücke werden sogleich einzeln in einem langen Feuer rothwarm gemacht, und langsam in den Härttrog gesteckt. Schon in den vorigen Abschnitten ist zum öftern erinnert, daß alle schneidende Geräthe noch dem Härten wieder auf glühende Kohlen hafergelb anlaufen müssen, und daß sie alsdenn abermahls in kaltes Wasser getaucht werden. Dies gilt auch von den Klingen und allen ähnlichen Stücken. Die gehärteten Waaren überliefert der Härter zwar dem Schleifer, er erhält aber nach dem Schleifen und Poliren diejenigen Stücke wieder zurück, die geätzet und vergoldet werden sollen. Beides, das Aetzen und das Vergolden sind Geheimnisse, und wenn sich der Härter mit dieser Arbeit beschäftigt, so vermeidet er sogar die Gegenwart seiner Professionsverwandten, wenn sie nicht um das Geheimniß wissen. Auf jeder Fabrik pflegen auch nur zwei bis drei Personen zu seyn, die das Aetzen, und vorzüglich das Vergolden verstehen, und diese bringen es bloß ihren nächsten Verwandten wieder bei Es ist wahrscheinlich, daß sich diese Professionisten bei dem Aetzen keiner andern Mittel bedienen, als die jedem Schwertfeger bekannt sind. Das Ende der Klinge, worauf Figuren sollen eingeätzet werden, wird mit Wachs, und in den Fabriken vermuthlich nur mit Leinöhl bestrichen. Im letztern Fall muß das Leinöhl erst antrocknen, ehe man mit einem Grabstichel oder einer Radirnadel die Figuren abzeichnen kann. Die vertieften Züge der Figuren werden mit Scheidewasser ausgefüllt, und eben deshalb muß die Fläche mit einer fettigen Materie überstrichen werden, wodurch das Scheidewasser in den Zügen eingeschränket wird. Das Scheidewasser äußert aber seine Kraft desto besser, wenn man die Angel der Klinge warm macht, oder die ganze Klinge nur auf eine warme Stelle legt. Es lässt sich leicht errathen, daß stärkere Züge auch mehr Scheidewasser fassen, als schwache, und daher bestimmt der Grabstichel die Wirkung des Scheidewassers. Wenn dieser starke Spiritus genug gewirkt hat, so schafft man ihn mit Wasser wieder weg, und das Wachs wird gleichfalls abgeschmolzen. Der Leser verliert also in diesem Fall nichts, gesetzt auch, der Härter habe einige kleine Handgriffe, wodurch er sich das Aetzen erleichtert. Allein nach dem Vergolden des Stahls und Eisens im Feuer fragt man noch, wenigstens in unserer Gegend, in den übrigen Werkstätten vergebens. Das Amalgama von Gold und Quecksilber, so man zu dieser Arbeit zubereitet, ist bekannt genug. Die Schwierigkeit liegt aber darin, wie die Härter diese Masse auftragen; denn es ist bekannt, daß das Quecksilber mit dem Eisen und Stahl nicht zusammen hängt. Die Neigung der mehresten Professionisten in den Fabriken, in Kleinigkeiten zurück zu halten, um hierdurch ihrer Person einen Werth beizulegen, macht es wahrscheinlich, daß man dies Vereinigungsmittel nicht

so

so leicht erforschen wird. Es ist nicht zu läugnen, daß diese Arbeit künstlich ist, denn die Härter pflegen nicht nur die Parirung der Klingen zu vergolden, sondern die Fabrik zu Solingen liefert auch seit einiger Zeit Klingen, deren Parirung zugleich schwarzblau angelaufen, und mit vergoldeten Figuren belegt ist, die man vorher geätzt hat. Die übrigen Eisenarbeiter wissen es zum Theil eben so gut, wie man das Eisen blau anlaufen lässt, allein wie mit diesem blauen Anstrich zugleich vergoldete Figuren vereinigt werden, dies verstehen bis jetzt nur eigene Personen auf der Fabrik zu Solingen. Allein es ist Zeit, geheimnißvolle Dinge zu verlassen, und zum

III. Schleifen über zu gehen, wobei zum Glücke keine Schwierigkeit Statt findet. Die vorige Sammlung liefert zwar schon auf der Kupfertafel zum Messerschmid eine Schleifmühle für die Messerfabrik, aber eine Mühle dieser Art auf der Gewehrfabrik muß nicht nur in Absicht des Mühlenwerks stärker seyn, sondern sie hat auch weit mehr Mannigfaltiges. Das erste ist deshalb nöthig, weil hier stärkere und mehrere Steine und Polirscheiben bewegt werden, das letzte aber, damit man Stücke von verschiedener Gestalt abschleifen könne. Es wird daher nicht überflüssig seyn, einen Begriff von einer solchen Schleifmühle zu geben. Eine ähnliche, und nach Beschaffenheit der Umstände noch eine mannigfaltigere Einrichtung, muß eine Schleifmühle haben, die in einer großen Stadt zum Gebrauch der mehresten Ei-

Eisenarbeiter angelegt wird. Die VIII. Fig. wird die Beschreibung der gedachten Schleifmühle erleichtern. Die Welle A B des Wasserrades A trägt zugleich ein starkes Kammrad B, dessen Zähne auf jeder Seite in ein Getriebe C, D greifen. Auf der Spitze der Welle D E steckt ein starker Schleifstein E, der ziemlich einen Fuß dick ist, und worauf die glatten Flächen der Klingen geschliffen werden. Zugleich trägt eben diese Welle ein starkes Schnurrad F, dessen Stirn nicht nur ausgehöhlet, sondern auch so breit ist, daß zwei bis drei Taue darauf neben einander liegen können. Diese werden mit Theer bestrichen, denn sie vereinigen, vermittelst der Rollen G und H, das Schnurrad F mit zwei bis drei kleinen Wellen, und setzen diese zugleich mit dem Schnurrade F in Bewegung. Die gedachten kleinen Wellen G I, H K tragen Schleifsteine oder Polirscheiben I und K, und sie lassen sich aus ihrem Zapfenlager nehmen, um andre dagegen einzulegen. Man bemerkt daher in diesen Schleifmühlen Wellen mit Polirscheiben und Schleifsteinen in ziemlicher Anzahl, die an Größe und Gestalt von einander abweichen. Einige haben zwar auch eine glatte Stirn, bei andern sind aber auf der Stirn sechs bis sieben und mehrere Parallelreifen ausgehauen. Nicht nur die Reifen, sondern auch die Vertiefungen zwischen ihnen sind rund, und beide haben eine verschiedene Größe. Alles, was bis jetzt von diesen Schleifsteinen mit Reifen gesagt ist, wird die IX. Figur

be-

begreiflich machen. Es ist nunmehr nicht nöthig, von dem Schnurrade L, und den kleinen Wellen MN, OP, die das Rad vermittelst der Taue bewegt, etwas zu sagen; denn man braucht hier nur in Gedanken zu wiederholen, was kurz vorher erzählt ist. Neben diesem Mühlenwerk, und überdem noch wohl in den Bohrmühlen, wird ein besonderes Wasserrad Q mit einem Kammrad R angebracht, das durch das Getriebe S einen starken Schleifstein T treibt. Dieser Schleifstein ist unter allen der stärkste, und es werden auf demselben die Röhren zu den Flintenläufen abgeschliffen. Er muß zum öftern geschärft werden. Dieser und alle übrige Schleifsteine laufen in einem hölzernen Troge, in welchen auf jeder Seite des Schleifsteins eine hölzerne Rinne von dem Wassergerinn Wasser herbei leitet. Jede Rinne ergießt zugleich ihr Wasser auf ein Zapfenlager der Welle, und kühlt den Zapfen ab. Diese Beschreibung der Schleifmühle voraus gesetzt, kann man nun leicht das Schleifen der oben genannten Stücke begreiflich machen.

Was bei dem Schleifen der Messer im Kleinen gilt, das trifft auch größten Theils bei den Klingen zu. Die ebenen Flächen dieser Klingen schleift man auf dem großen Schleifstein Fig. VIII. E mit eben den Handgriffen ab, die bei dem Messerschmid schon erzählet sind. Der einzige Unterschied ist, daß bei den Degen-, Säbel- und Hirschfängerklingen oft Hohlkehlen auszuschleifen vorfallen. Allein die Schwierigkeit wird durch die Einrichtung der Schleifmühle völlig gehoben. Der Leser kennt schon die Schleifsteine mit Reifen Fig. IX. und es ist auch bereits gesagt, daß auf ihrer Stirn große mit kleinen Reifen abwechseln. Der Schleifer darf sich also nur einen Reif suchen der in die Hohlkehle passet. Ueberhaupt verlangt man von ihm weiter nichts, als daß er die Klinge gut auf jedem Schleifsteine zu lenken weiß, denn das übrige thut das Mühlenwerk nebst dem Schleifsteine ohne sein Bemühen. Die Polirscheibe, die hier jederzeit mit Leder überzogen ist, richtet sich stets nach dem Schleifsteine. Folglich wird zu den ebenen Flächen eine glatte, zu den Hohlkehlen aber eine Polirscheibe mit Reifen gewählt. Grobe Klingen erhalten ihre Politur nur mit Schmergel und Baumöhl, und beides wird vermischt bloß auf das Leder der Scheibe aufgeschmiert. Soll aber die Klinge eine vorzügliche Glätte erhalten, so bringt man sie, wenn sie geschmergelt ist, noch auf besondere Polirscheiben, die mit zerstoßenem Blutstein, und in manchen Fabriken auch mit Kohlenstaub bestreuet werden. Man sagt, daß das mineralische Wasser, womit die Fabrik zu Solingen ihre Klingen härtet, vieles dazu beitrage, daß die Klingen dieser Fabrik eine vorzügliche Politur annehmen. Alle fertige Klingen müssen eine Probe ihrer Güte ausstehen. Eine Person, die vor andern Kräfte hat, hauet mit der flachen Klinge einige Mahl auf einen Klotz, und wenn die Klinge bei dieser Probe nicht zerspringt,

springt, so wird sie für brauchbar erklärt. Das Rohr an dem Bajonnette Fig. IV. ab steckt der Schleifer beim Schleifen auf einen langen Dorn, der an einem Ende ein Kreuz hat. Das entgegen gesetzte Ende des Dorns wird dergestalt in ein Zapfenlager gelegt, daß das Rohr den Schleifstein berührt. Der Schleifer darf es nur auf dem Schleifstein beständig im Kreise, vermittelst des Kreuzes an dem Dorn, umdrehen. Es wird nur mit einer Schlichtfeile polirt, so wie auch der gekrümmte Arm bc. Die ebene Seite der Klinge cd schleift man auf einem glatten Schleifsteine ab, und auf einer ähnlichen Polirscheibe werden beide Stücke auch mit Schmergel und Baumöhl polirt. Im Gegentheil muß der Schleifer die beiden ausgehöhlten Seiten der Klinge auf einem Schleifstein mit Reifen Fig. IX. ausschleifen, und auf eben solcher Polirscheibe mit Schmergel und Baumöhl glätten. Die Reifen an der Kante des Schleifsteins thun hierbei die besten Dienste, weil der Schleifer auf diesen das Bajonnett am bequemsten dergestalt lenken kann, daß der Stein die hohle Fläche in allen ihren Punkten berührt. Die nur gedachten Steine und Polirscheiben mit Reifen Fig. IX. müssen auch das Schleifen und Poliren des Ladestocks erleichtern. Es wird dem Leser aber bei einiger Ueberlegung sogleich einleuchten, daß man den Ladestock nicht auf einem Reif, sondern nur in einer Vertiefung zwischen zwei Reifen abschleifen kann. Daher sind diese Vertiefungen gleichfalls rund ausgehöhlt. Der Schleifer hat nichts weiter zu thun, als daß er den Ladestock auf dem Schleifstein nach seiner Länge zieht, und ihn zugleich im Kreise umdrehet. Eben dies gilt auch von dem Poliren auf den Polirscheiben, die nur vorher mit Schmergel und Baumöhl bestrichen werden. Die Klingen, Bajonnette, und Ladestöcke hat die Beschreibung nunmehr zur Vollkommenheit gebracht, und man wendet sich daher zu der

Verfertigung des Rohrs zu den Schießgewehren.

I. Die Gewehrfabriken unterhalten in ihrem Bezirk einen starken Prellhammer, unter welchem die Platinen zu den Flintenläufen flach ausgestreckt werden. Es würde aber überflüssig seyn, von diesem Hammer und seinem Gebrauch zu reden, da man schon beides an einem andern Orte (5te Sammlung 192. S.) gezeiget hat. Einige Anmerkungen mögen diese Arbeit nur noch näher ins Licht setzen. Die Arbeiter, die zu dem Prellhammer gehören, wissen schon aus der Erfahrung, wie lang ein Stück Eisen seyn muß, das sie zu jeder Art der Platinen abhauen müssen. Dieses dürfen sie nur nach der Länge und nach der Breite so lange unter dem Hammer bewegen, bis es das festgesetzte Maß hat. Dies einzige haben sie nur zu bemerken, daß sie das eine Ende der Platine, woraus bei dem Gewehre der so genannte Pulversack entsteht, oder das Ende, worin das Zündloch ausgebohret wird, etwas stärker lassen. Alles dies gilt von jeder Platine, sie mag nun zu einem Flintenrohr, oder einem Karabiner oder zu einer Pistole bestimmt seyn. Bei einer Büchse ist aber die Platine durchgängig gleich dick. Bloß die Länge und Stärke der Platinen unterscheidet sie in dieser Absicht von einander. Der Hammer übergiebt die Platinen dem

II. Rohrschmid, der sie auf einem Dorn in ein Rohr verwandelt. Die Fabrik nennt eine Röhre, woraus ein Flinten-, Büchsen-, Karabiner- und Pistolenlauf verfertigt wird, ein Rohr; und da alle diese Röhren mit einerlei Handgriffen geschmiedet, gebohrt, und größten Theils auch geschliffen werden, so wird man sich in dem Verfolge der Beschreibung stets des Ausdrucks Rohr bedienen, und der Leser mag sich also hierbei stets alle Arten der Läufe zu einem Gewehr gedenken. Der Rohrschmid hat schon sein Maß, womit er erforscht, ob eine Platine zu dem Rohr, das er schmieden will, lang und breit genug sey, und er schickt die fehlerhaften dem Hammer zurück. Bei den brauchbaren schärft er zuerst die langen Seiten dergestalt mit dem Hammer ab, daß beider Dicke über einander geschlagen so viel beträgt, als die Stärke in der Mitte der Platine. Er kann alsdenn die Platine rothglühend machen, und sie zwischen zwei starken eisernen Armen, die spitzwinklig gegen einander gestellet sind Fig. X. a, mit der Finne des Hammers so gut, wie möglich, krümmen und zusammenrollen. Das aufgerollte Eisen wird von neuen warm gemacht, und mit dem Hammer um einen starken und langen Dorn Fig. XI. geschlagen. Ein solcher Dorn ist jederzeit nach der Größe des Kalibers jedes Laufs abgemessen, der aus dem Rohr entstehen soll. Hieraus fließt natürlich, daß zu einer Büchse ein andrer Dorn gewählt wird, als zu einer Flinte u. s. w. Unterdessen muß doch der Durchmesser in jedem Zirkel des Dorns etwas kürzer seyn, als der Kaliber des Gewehrs, weil der Bohrer auf der Bohrmühle die Aushöhlung des letzten erweitert. Die abgeschärften Enden der Platine berühren einander, wenn sie bereits um den Dorn geschlagen sind. Diese müssen zusammen geschweißt werden, und das Rohr muß zugleich eine völlige Rundung erhalten. Beide Absichten erreicht der Rohrschmid, wenn er den Haken a des Dorns Fig. XI. gegen den Amboß lehnt, und die Röhre wieder abzieht, dieser aber Schweißhitze giebt, und sie in einem Gesenk beim Zusammenschweißen stets in einem Kreise umdrehet. Der Amboß Fig. X. b vertritt in dieser Werkstätte die Stelle des Gesenks. Daher sind auf seiner Bahn so viel Vertiefungen nach einer halben Walze ausgehöhlt, als es Arten der Läufe giebt. Die Bahn des Ambosses, vorzüglich aber die gedachten Vertiefungen sind etwas nach einer Seite geneigt, damit der Professionist das Rohr bequem in diesen Aushöhlungen halten könne. So bald nun ein Ende der aufgewickelten Platine bis zur stärksten Schweißhitze erwärmt ist, so legt sie ein Rohrschmid in eine Vertiefung auf der Bahn des Ambosses, in welche sie passt, und ein anderer steht schon bereit, den Dorn in aller Eil wieder in das Rohr zu stecken. Dieser ragt auf beiden Seiten aus dem Rohr hervor, und daher kann der erste Rohrschmid das Rohr vermittelst des Dorns halten und lenken. Beide Arbeiter richten ihre starken Hämmer auf die erwärmte Stelle des Rohrs, und zugleich wird dieses beständig in dem Gesenke umgedreht. Hierdurch wird der erwärmte Theil des Rohrs nicht nur zusammen geschweißt sondern auch zugleich geglättet. Man kann aber die Naht des ganzen Rohrs nicht in einer Hitze zusammen schweißen, sondern es geschieht stückweise, und der Rohrschmid muß bei jedem Rohre das Eisen drei Mahl erwärmen. Dessen ungeachtet bleiben nach dem Zusammenschweißen noch hin und wieder unebene Stellen und Splittern stehen, und daher wird das Rohr noch weißglühend, und zuletzt rothglühend mit dem Handhammer in dem Gesenke geebnet. Bei dieser letzten Arbeit misst der Rohrschmid das Rohr, und wenn es zu lang ist, so staucht er es an einem Ende mit dem Hammer auf, bis es die erforderliche Länge hat. Das aufgestauchte Ende legt sich aber natürlicher Weise etwas um, und daher steckt der Professionist die Oeffnung des Rohrs auf einen runden und zugespitzten Widerhaken des eisernen Arms Fig. X. c, und schlägt die Erhöhungen auf der Röhre mit dem Hammer nieder. Zuletzt sieht der Professionist durch das hohle Rohr, um zu bemerken, ob nicht etwa in der Seele des Rohrs Vertiefungen

oder

oder Splittern sind. Bemerkt er Fehler, so muß er das Rohr von neuen auf dem Dorn schmieden. Es bleibt bei dieser Werkstätte nur noch zweierlei zu bemerken übrig. Erstlich, das Eisen wird hier mit Englischen Steinkohlen erwärmt, weil man bei dem Zusammenschweißen den höchsten Grad Schweißhitze hervor bringen muß. Der Dorn muß aber zweitens nie mit in die Gluth gelegt werden, denn man würde ihn sonst mit dem Rohr zusammen schweißen. Aus der Esse des Rohrschmids kommt das Rohr auf

III. Die Bohrmühle Figur XII. Schon aus dem Namen dieser Maschine erhellet, daß sie die Seele des Rohrs ausbohrt, und hierdurch glättet. Das Wasserrad Fig. XII. A dieser vortheilhaften Maschine hängt durch eine gemeinschaftliche Welle mit dem Kammrade B zusammen, und dieses setzt ein Getriebe C in Bewegung, dessen Welle auf den Bohrmühlen gewöhnlich drei Kammräder zu tragen pflegt, und jedes dieser Kammräder gehört zu einer Bohrbank. Da aber alle Bohrbänke völlig einander gleich sind, so liefert die Zeichnung nur Ein Kammrad D mit seiner Bohrbank. Die Zähne des Kammrads D greifen in das Getriebe E, welches den Bohrer F G umdrehet. Jede Bohrmühle hat ihre Esse, worin diese Bohrer aus gutem Stahl geschmiedet, und aufs bestege härtet werden. Ein solcher Bohrer hat an einem Ende einen vierkantigen Zapfen Fig. XIII. a b, womit der Bohrer in einer Büchse F des Getriebes E

Fig.

Fig. XII. befestigt wird. Die Spitze cd F. XIII. des Bohrers läuft vorn etwas spitzer zusammen, und sie muß vierkantig seyn, denn dem Zweck des Bohrers gemäß müssen die Kanten schneiden. Der Bohrer läuft zwischen den beiden hölzernen Wänden HI, KL Fig. XII. der Bohrbank, und in einer Falze läßt sich ein eiserner Schieber MN zwischen den Wänden hin und her schieben. In der Mitte des horizontalen Theils MN dieses Schiebers steht eine starke Stange von Eisen senkrecht O, worin ein vierkantiges Loch ausgehöhlt ist. Auf der Wand KL wird das Auge Zapfen entdecken, die von Eisen sind, und etwa zwei Zoll von einander abstehen. Endlich steht kurz unter dem Schieber MN und dem Bohrer FG ein Trog mit Wasser HL.

Ein Bohrer reicht nicht hin, das Rohr völlig auszubohren, und daher hangen neben der Bank mehrere Bohrer, die an Stärke etwa um eine Linie stufenweise abnehmen. Man wählt aber jederzeit einen Bohrer, dessen vierkantige Spitze zwar nicht leicht, aber auch nicht zu schwer in das Rohr hinein gehet. Der vierkantige Zapfen wird bloß in die Büchse des Getriebes F hinein gesteckt, und das Rohr befestigt man mit einem Keil in dem Loche der Stange O. Die Oeffnung des Rohrs muß genau auf die Spitze des Bohrers treffen, und das Loch der Stange O wird nach diesem Zwecke abgemessen. Der Arbeiter schiebt das Rohr mit dem Schieber MN von G bis H so weit auf den Bohrer hinauf, daß die äußer-

äußerste Spitze des Rohrs die Büchse des Getriebes E berührt, und treibt den Schieber mit dem Hebel Fig. XIV. wieder von G bis H zurück. Er hakt nämlich das gekrümmte Ende dieses Hebels in einen Zapfen auf der Wand KL ein, und lehnt den Arm des Hebels gegen den senkrechten Theil des Schiebers O nach dem Getriebe E zu. Auf diese Art presst er den Schieber und zugleich das Rohr beständig zurück, indem er die Krümmung des Hebels im erforderlichen Fall wieder in einen neuen Zapfen auf der Wand KL einhakt. Während daß der Arbeiter den Schieber MN mit dem Rohr zurück treibt, dreht das Getriebe E den Bohrer FG beständig in dem Rohr um, und glättet hierdurch die Seele des Rohrs. Es würde aber bald durch die starke Reibung glühend werden, und an seiner Dauerhaftigkeit Schaden leiden, wenn man dem Uebel nicht zuvor käme. Der Arbeiter bewegt daher nur mit der linken Hand den Schieber MN, vermittelst des Hebels Figur XIV. und mit der rechten benetzt er aus dem Troge HL unter dem Bohrer das Rohr beständig mit Wasser. Dessen ungeachtet erhitzt sich das Rohr schon dergestalt, daß das aufgegossene Wasser raucht. Diese Beschäftigung setzt man mit einigen Bohrern von zunehmender Stärke fort, und erforscht das Rohr jederzeit, wenn ein Bohrer gebraucht ist, mit einer Kugel. Unter diesem Namen gedenkt man sich auf den Bohrmühlen einen eisernen Cylinder, der etwa $1\frac{1}{2}$ Zoll lang, und so dick ist, als die bleierne Kugel, die aus

dem

dem Gewehr geschossen werden soll. Man lässt sie durch die Seele des Stücks durchfallen. So bald die Kugel ziemlich ohne Hinderniß in der Röhre hinab fällt, so ist es Zeit, die Seele zu poliren. Man nimmt hierzu zwar einen gewöhnlichen aber stumpfen Bohrer, der abermahls wieder etwas weniges stärker ist, als der Bohrer, der das Rohr zuletzt ausbohrte. Allein der Arbeiter steckt auf einer Seite der vierkantigen Spitze des Bohrers zwischen den Bohrer und das Rohr ein kleines Stück weiches Holz, und benetzt es vorher mit Leinöhl. Der Bohrer, vereinigt mit dem Holze, poliret die Seele des Rohrs völlig glatt, wenn man diese Arbeit mit einigen Bohrern von zunehmender Stärke so lange fortsetzt, bis die Kugel gemächlich durch die Seele durchfällt. Daher wird das Rohr abermahls nach dem Gebrauch jedes Bohrers mit der Kugel probirt. Zuletzt hält der Arbeiter das Rohr gegen das Licht, und bemerkt, ob etwa in der Seele eine Vertiefung, oder ein Splitter sey. Findet sich ein solcher Fehler, so bemerkt er die Stelle auf dem Rohr mit Kreide, und der Rohrschmid bekommt es wieder zurück, um es von neuen auf dem Dorn zu schmieden.

IV. Endlich muß die Schleifmühle dem Rohr die Vollkommenheit geben, die es in dieser Fabrik erhält. Man hat den Leser schon oben mit dem starken Schleifstein Fig. VIII. T bekannt gemacht, worauf das Rohr abgeschliffen wird. Neben dem Schleifstein ist ein Zapfenlager, worauf

auf das eine Ende des Dorns ruhet, den man beim Abschleifen durch das Rohr steckt. An dem andern Ende dieses Dorns ist ein Kreuz befestiget, womit der Schleifer den Dorn, und zugleich das Rohr an dem Schleifstein im Kreise umdrehet. Zugleich muß er es auch nach sich ziehen. Der Pulversack der Vogelflintenläufe pfleget gewöhnlich achtkantig zu seyn, und der ganze Lauf der Büchsen ist es beständig. In beiden Fällen hält der Schleifer den Lauf auf dem Dorn mit beiden Händen gegen den Schleifstein, und schleift die kleinen Flächen bloß nach dem Augenmaß aus. Die weitere Bearbeitung des Rohrs gehört zu den Verrichtungen der Büchsenmacher. Es pflegen zwar einige Fabriken auch Arbeiter zu unterhalten, die das Gewehr völlig zu Stande bringen, allein man verspart dies bis zu dem Abschnitte des Büchsenmachers. Es ist freilich wahr, daß man in den Fabriken weit schneller arbeitet, da einige Professionisten bloß die Schlösser zu den Flinten verfertigen, andere den Lauf ausarbeiten, und noch andere das Gewehr verschäften; allein Kenner werden doch eingestehen, daß die Büchsenmacher in den Städten dem Käufer ein weit dauerhafteres und feiner ausgearbeitetes Gewehr überlassen. Man wird daher diese Fabrikanten übergehen.

Verfertigung der Kürasse.

Die fünfte Sammlung wird schon auf der 193 Seite den Leser belehrt haben, daß die Platinen

tinen zu den Kürassen unter einem starken Prellhammer ausgestrecket werden. Es ist auch bereits an dem angeführten Orte erzählet worden, daß man ihnen unter dem Hammer schon ziemlich die flache Gestalt des Kürasses giebt. Der Kürasschmid hat also weiter nichts zu thun, als daß er sie förmlich ausarbeitet. Er behauet mit einem Meißel den ganzen Umfang der Platine, und vorzüglich schweift er mit eben diesem Werkzeuge die beiden Krümmungen aus, in welche die Arme des Reuters passen. Desgleichen werden auch schon jetzt die Löcher ausgehauen, wodurch man die Riemen zieht. Neben seiner Esse steht schon ein Kloß bereit, worin die Krümmung des Kürasses vertieft ausgehauen ist. Auf diese Vertiefung legt man die Platine rothglühend, und treibt sie mit dem Hammer hinein. Hernach muß aber der Küraß auf dem Amboß mit dem Hammer und mit der Feile geebnet werden. Die Kürasse für die gemeinen Kürassier färbt man auf der äußern Fläche mit Leinöhl schwarz (6. Sammlung 51 S.). Im Gegentheil werden die Kürasse für die Officier der Kavallerie auf einem starken Schleifsteine geschliffen, und auf einer Polirscheibe mit Schmergel und Baumöhl polirt. Die Riemen, und was sonst noch zu dem Kürasse gehört, verfertigen die Riemer. Es ist bekannt genug, daß jeder Küraß durch einige Flintenschüsse mit doppelter Ladung probirt wird.

Anmerk. 1) Das Eisen zu einem Kurzgewehr und Sponton besteht aus einem Blatte, einer Hülse

 mit

mit zwei Federn, die in den Schaft versenkt werden, und aus einem Kreuz. Das Blatt wird, wie die Klinge eines Bajonnetts, hinten aus Eisen und an der Spitze aus Stahl geschmiedet, und die Flächen werden beim Abschleifen etwas weniges ausgehöhlt. Es wird auf die Hülse aufgeschroben. Diese schmiedet man erst flach, schweißt die beiden Federn an, und rollt die Hülse selbst um einen Dorn. Die Enden der Hülse schlagen über einander, und werden mit Schlagloth zusammen gelöthet. Auf der Hülse löthet man drei Ringe neben einander an, und hieraus entstehen drei starke runde Stäbe. Das Kreuz wird gewöhnlich geschmiedet, und in die Hülse eingeschroben. Die drei letztern Theile polirt man auf den Fabriken mit den bekannten Mitteln, und in das Blatt der Spontoneisen werden Figuren eingeätzet. 2) Nachstehende Professionisten bringen auf den Gewehrfabriken das Schießgewehr zur Vollkommenheit. Der **Schloßmacher** bearbeitet die Theile des Schlosses zu einem Gewehr so weit, daß sie nur noch dürfen gehärtet und poliret werden. Der **Rohrfeiler** poliret das Rohr mit der Schlichtfeile, verfertigt die Schwanzschraube, und setzt die Hafte nebst dem Richtkorn auf. Der **Messing- und Zeugfeiler** verfertigt den Beschlag, oder die kleinen eisernen und messingenen Stücke, die in den Schaft versenkt werden, und übergiebt alle diese Stücke dem **Schäfter**. Dieser macht bekannter Maßen den Schaft der Flinte. Der **Stecher** gravirt auf dem Lauf den Namen des Königs, u. d. gl. aus. Zuletzt setzt der **Equipeur** alle diese Stücke zusammen. Er härtet die Theile des Schlosses und polirt sie nebst dem Rohr, passt das Bajonnett auf, fügt die Theile des Schlosses zusammen, und vereinigt alle genannte Stücke mit dem Schaft. In den Städten vereinigt der **Büchsenmacher** diese Professionisten sämmtlich in seiner Person, den Büchsenschäfter ausgenommen.

Vier-

Vierter Abschnitt.

Der Schwertfeger und Langmesserschmid.

I. Inhalt. Es giebt in den mehresten Städten Deutschlands eine doppelte Profession, die sich mit der Zusammenfügung der Theile eines Degens beschäftiget. Insgemein legt man diese Arbeit nur dem Schwertfeger bei, allein die Langmesserschmide geben jenem an Geschicklichkeit in dieser Arbeit nichts nach. Beide Professionisten haben nicht nur die wesentlichen Handgriffe mit einander gemein, sondern es ist auch einem so gut, als dem andern eigen, daß die Verfertigung der Klingen gar nicht zu ihrer Arbeit gehört, und daß sich die mehresten sogar die metallenen Degengefäße von den übrigen Metallarbeitern gießen lassen. Unterdessen besitzen doch einige Geschicklichkeit genug, die Gefäße aus edlen oder unedlen Metallen, mit den Handgriffen der Goldschmiede und Messingarbeiter, zu gießen. Die mehresten poliren und verschneiden aber bloß die gegossenen Gefäße, vergolden und versilbern sie nicht nur mit den schon bekannten Mitteln, sondern auch mit Blattgold und Blattsilber, und setzen die Scheide aus hölzernen Spänen und Leder zusammen. Es wird daher nicht nöthig seyn, jeder dieser beiden Professionen einen besondern Abschnitt zu widmen.

II. Hieraus begreift der Leser schon, daß so wohl der Schwertfeger, als der Langmesserschmid folgende Materialien verbraucht.

A. Aus Gold, Silber, Messing und zuweilen auch aus Tomback gießt er die Degengefäße. Bei verschiedenen Vorfällen kann er auch des Schlagloths aus Messing und Zink nicht entbehren.

B. Die gegossenen Gefäße vergoldet er nicht nur mit dem bekannten Amalgama aus Quecksilber und Gold im Feuer, sondern auch mit Goldblättern. Desgleichen versteht er auch die Kunst, auf eine doppelte Art zu versilbern, mit Silber so in Scheidewasser aufgelöset ist, und mit Blattsilber. Von den Gold- und Silberblättern, die der Schwertfeger verbraucht, kann der Leser den ersten Abschnitt der dritten Sammlung nachsehen. S. 24. 26.

C. Die Hirschfänger und Couteaux de Chasse erhalten außer den metallenen Griffen noch Griffe von Ebenholz und andern seltenen Holzarten, desgleichen von Elfenbein, Knochen, Hirschhorn, Schildkröte, und Ochsenhorn. Bei dem letztern ist nur zu bemerken, daß die schwarzen Hörner der Ungarischen Ochsen die besten sind; denn von den übrigen Stücken hat man schon hinreichend bei der Beschreibung des Messerschmids geredet.

6. Samml. 147 S. Alle diese Griffe werden mit Bimsstein, Tripel, und Baumöhl polirt.

D. Die Scheide setzt man aus Spänen von Rothbüchenholz zusammen. Diese Späne werden in den Wäldern vorzüglich zum Gebrauch der Schuster geschnitten. Das Holz wird, vermittelst des Tischlerleims, mit Schafleder, Kalbleder, Pergament, Fischhaut und Chagrin überzogen. Den Beschlag der Scheide schneidet der Professionist größten Theils aus Messingblech.

E. Der wichtigste Einkauf der begüterten Schwertfeger, welche Degen zum Verkauf verfertigen, ist die Klinge. Man sagt zwar, daß die Schwertfeger in ältern Zeiten die Klingen selbst geschmiedet haben, allein jetzt muß man diese Arbeit nicht von ihnen erwarten. Die Gewehrfabrik auf dem Plane unweit Spandau liefert bloß für die Armee des Königs Klingen, und daher gehören alle Klingen für Privatpersonen zu den ausländischen Waaren. Die bekannte Gewehrfabrik zu Solingen im Herzogthum Bergen liefert unserer Gegend alle neue Klingen. Eine weitläuftige Beschreibung der verschiedenen Klingen würde hier an einem unschicklichen Orte stehen, da jetzt nicht von dem Klingenschmid die Rede ist. Unterdessen werden doch einige kurze Nachrichten dem Leser nicht unangenehm seyn. 1) Die bekanntesten Degenklingen sind ungefähr nachstehende. Vordem rühmte man vor allen andern die Spanischen Degenklingen. Sie sind unter allen die längsten, und, wie alle Stoßdegen, steif. Zum Unterschiede von den übrigen steht auf der Klinge der Name einer Spanischen Stadt, ein Kreuz, oder ein antiker Kopf. Die hiesigen Schwertfeger kaufen sie nur alt auf, weil sich zu ihnen jetzt selten Käufer finden. Die Solinger Fabrik pflegt alle berühmte Klingen nachzuahmen, und eben dies gilt auch von den Spanischen Klingen. Allein die Spanischen Klingen, die zu Solingen verfertigt sind, kann man leicht von den echten unterscheiden, denn jene können zum Stoß und Hieb zugleich gebraucht werden. Eine Klinge dieser Art ist unter der Angel breit, und etwa von der Mitte der Klinge an läuft sie spitzer zusammen. Die stärkere Hälfte heißt bei den Kunstverständigen die Parirung. Die Schilfklingen sind bekannter Maßen dreikantig, leicht, und steif, denn sie gehören zu den Stoßdegen. Jede Fläche ist hohl ausgeschliffen, und unter der Angel haben sie gleichfalls eine Parirung. In den Peeußischen Landen sind sie, ihrer Schädlichkeit wegen, verboten. Diese und alle übrige Klingen, die wir täglich an der Seite der wehrlosen Stände sehen, kommen aus Solingen zu uns. Auf der Klinge steht der Name desjenigen Fabrikanten, der sie zu Solingen verkauft, und jetzt hat sich Abraham Berg in unserer Gegend durch seine Klingen am berühmtesten gemacht. Die biegsamsten Solinger Klingen nennt man Wolfsklingen. Sie sind ziemlich dünn, und beinahe ovalrund. Man sagt, daß

daß sie diese Benennung von ihrem Erfinder, Namens Wolf, führen, und ihr Unterscheidungszeichen ist bis jetzt noch ein geätzter Wolf. Insgemein glaubt der Käufer, daß die Biegsamkeit oder Steifigkeit einer Klinge von den verschiedenen Graden des Härtens herrühre; allein hiervon wissen Kunstverständige nichts. Sie sind steif, wenn sie massiv geschmiedet, und wenig ausgeschliffen werden. Das Gegentheil lässt sich hieraus leicht errathen. Ueberdies lassen die hiesigen Schwertfeger noch Hohlklingen und kantige Klingen aus Solingen kommen. Die letztern haben auf der flachen Seite eine Kante, bei den erstern aber ist unter der Angel statt der Kante eine Hohlkehle ausgeschliffen. 2) Die Säbelklingen übertreffen an Länge und Breite die Degenklingen. Ueberdies sind sie etwas gekrümmt, haben einen breiten Rücken, und werden unter dem Rücken etwas hohl ausgeschliffen. S. 77. Die mehresten dieser Eigenschaften geben dem Säbel beim Hiebe einen Nachdruck. Wer weiß in unsern Gegenden nicht, daß die Türkischen, und besonders Damascener Klingen alle andere an Güte übertreffen sollen? Sie führen zum Zeichen einen halben Mond, oder auch Sonne, Mond und Sterne. Die letztern sind aber insgemein unter der Hand eines Solingischen Klingenschmids entstanden. Diese wissen ihren nachgemachten Klingen äußerlich ein gewässertes Ansehen zu geben, wodurch sie Unerfahrne hintergehen. Bis jetzt ist die Güte dieser

Klingen eben so zweifelhaft, als ihre Verfertigung. Einige glauben, daß sie aus Eisen und Stahl vermischt geschmiedet werden, andere aber, daß man sie zur Winterszeit in einer kalten Zugluft härte. Außer andern Gründen, scheint ihre massive Gestalt und ihr marmorirtes oder gewässertes Ansehen das Geheimniß zu verrathen. Der Türke schmiedet sie wahrscheinlich aus einer Sammlung alter Messer und anderer kleinen schneidenden Geräthe, weil es ihm an Stahlhütten fehlet. Es ist natürlich, daß durch die Verwickelung dieser Stücke die Klinge gewässert wird, und da sie sehr massiv ist, so braucht sie gar nicht gehärtet zu werden. Sie zerfällt daher leicht im Feuer in Stücke, und bleibt krumm, wenn man sie abschleift, und hernach bieget. Der größte Fehler dieser Klingen ist, daß sie insgemein eine schwache Angel haben. Der Säbel wird in unserer Gegend selten, außer von den Husaren, geführet. Im erforderlichen Fall bekommt der Schwertfeger diese Klingen gleichfalls aus Solingen, wo auch die mehresten Polnischen Säbel geschmiedet werden, die sich nur von den übrigen durch einen sehr einfachen Griff unterscheiden. 3) Die Hirschfängerklingen sind weit kürzer als die Säbelklingen, und ungleich schmaler. Insgemein laufen sie in gerader Linie fort, und ein guter Hirschfänger wird vor allen andern Klingen aus gutem Stahle geschmiedet. Die gekrümmten Hirschfängerklingen nennt man Pandurenklingen. Beinahe alle sehr feine Hirschfänger- und Degenklingen haben eine blau angegelaufene Parirung, worauf Jagdstücke eingeätzet sind. 4) Die Dolche sieht man in unserer Gegend selten. Bekannter Maßen haben sie die kürzeste Klinge, die vordem nach Art der Schilfklingen, jetzt aber wie kleine Hirschfänger verfertigt wird. 5) Die Rappierklingen sind bekannt genug. Sie werden aus dem besten Stahl geschmiedet, und gut gehärtet. 6) Die Weidemesser der Jäger sind ganz von Eisen und Stahl, und ihre Klingen übertreffen alle übrige an Breite. Sie werden von den hiesigen Langmesserschmiden mit den Handgriffen der Messerschmide verfertigt. Die Güte aller Klingen kann man bloß durch das Biegen erforschen. Sie sind am besten, wenn sie sich stark biegen lassen, und dessen ungeachtet sogleich wieder gerade springen. Der Klingenschmid härtet viele in einem Bunde zugleich, unter welchen die mittelsten die besten zu seyn pflegen, denn die äußersten sind insgemein zu hart, weil man sie beim Härten der Glut am mehresten aussetzet. Die hiesigen Schwertfeger beschäftigen sich weiter mit den Klingen nicht, als daß sie dieselben im Nothfall auf der Parirung mit Blattgold vergolden, und mit dem Gefäß durch die Angel verknüpfen. Angelaufene und verrostete Klingen lassen sie gewöhnlich von dem Messerschmid wieder poliren.

Anmerk. Fischhaut ist die getrocknete Haut von dem Seefische Roggen. Chagrin wird von den Türken aus der Haut im Rücken eines Esels, oder, nach der Meinung anderer, eines Kamels zubereitet.

III. Da das Gießen und die Bearbeitung der metallenen Gefäße die gewöhnliche Arbeit der Schwertfeger und Langmess'rschmide ist, wie der Inhalt besagt, so versteht es sich schon für sich selbst, daß sie die Werkzeuge der Messingarbeiter besitzen müssen, die hierbei nothwendig erfordert werden. Hierzu gehören, der Windofen nebst den nöthigen Schmelztiegeln und Gießflaschen, der Schraubstock, Feilen von aller Art, Bohrer, Schabemesser, und vorzüglich Grabstichel und Bunzen. Die beiden letztern Stücke nennt der Schwertfeger Meißel. Von allen diesen Stücken reden die Abschnitte mit mehrern, die dem Goldschmid und den Messingarbeitern in der dritten und fünften Sammlung gewidmet sind. Nachstehende Instrumente haben aber nur in der Werkstätte der Schwertfeger ihren Nutzen.

A. Die Theile der Degengefäße werden beim Verschneiden auf zwei besondern Kittstöcken befestigt. Auf dem ersten hölzernen Kittstock Tab. IV. Fig. I. liegt bei der gedachten Arbeit das Gehäuse oder das Kreuz des Gefäßes. Im Voraus ist zu bemerken, daß man unter diesen beiden Ausdrükken den massiven Theil zwischen dem Stichblatt und Griff, nebst der Parirstange und dem Bügel versteht. Der hölzerne Kittstock muß daher nach der Gestalt des Bügels gekrümmt seyn. Auf dem einen Ende liegt das gedachte massive Stück des Gehäuses, welches man die Brust nennt, und an d esem Ende wird auch das Gehäuse auf dem Kittstocke befestigt. Deshalb

ist

ist ein eiserner Arm Fig. I. abc angebracht, dessen senkrechte Theile c und a auf den Seiten des hölzernen Kittstocks dergestalt eingefalzet sind, daß sich der ganze Arm abc hinauf und hinab schieben lässt. Dies letzte bewerkstelligt man mit einer Schraube d, welche den horizontalen Theil b des eisernen Arms und zugleich den Kittstock durchbohrt. Die beiden senkrechten Theile a und c ragen etwas über dem Kittstock hervor, und in die vorstehenden Stücke kann ein Stift ac eingeschroben werden. Beim Gebrauch bewegt man, vermittelst der Schraube d, den eisernen Arm abc in die Höhe, und nunmehr kann man die Brust des Kreuzes unter den Stift ac stecken, und der Bügel kommt von e bis f zu liegen. Die Spitze g der Schraube d hat ein Loch, und durch dieses, zugleich aber auch durch eine Oeffnung in der Brust wird ein eiserner Stift gesteckt. Wenn man also die Schraube d wieder anzieht, so bewegt sich der Arm abc hinab, und das Gehäuse des Degengefäßes wird hierdurch auf dem Kittstock festgehalten, die Spitze des Bügels aber in f mit einem Bande angebunden. Den ganzen Kittstock spannt der Professionist beim Verschneiden in den Schraubstock. Auf dem zweiten Kittstock Fig. II. liegt beim Verschneiden das Stichblatt. Er ist gleichfalls von Holz, und eine eiserne Schraube ab durchbohrt ihn in seiner Achse. Das Stichblatt hat bekannter Maßen in der Mitte ein Loch, und vermittelst dieses Lochs kann man es auf die Spitze b der Schraube ab schieben.

Durch

Durch ein Loch in dieser Spitze wird über dem Stichblatt ein Stift gesteckt, und man begreift leicht, daß dieser Stift das Stichblatt festhält, wenn die Flügelschraube a angezogen wird. Beinahe eben die Gestalt und Einrichtung hat der hölzerne Stock, worauf die Stichblätter geschabet werden. Die Spitze b hat nur einen vierkantigen Kopf, womit sie das Stichblatt festhält. Der Kitt der Schwertfeger wird, wie gewöhnlich, aus Pech und Ziegelmehl zusammen geschmolzen, und beim Gebrauch wieder erwärmet. Soll er aber geschmeidig seyn, so muß zu dem Pech und Ziegelmehl noch etwas Talg hinzu gefügt werden.

B. Das Zwirnrad Fig III. findet man selten in dieser Werkstätte, sondern vielmehr in den Fabriken. Es wird hiermit der Messing- und Silberdraht gezwirnt. Die Zähne eines kleinen eisernen Stirnrades a b, das, wie der Augenschein in der Zeichnung lehrt, in einem Gehäuse c d läuft, greifen in ein kleines eisernes Getriebe e. Die Welle dieses Getriebes durchbohrt auf einer Seite das Gehäuse, und steht um einige Zolle vor dem Gehäuse vor. Die Spitze dieses vorstehenden Theils ist zu einem Haken gekrümmt, worauf die Enden Draht, die man zusammenwickeln will, befestigt werden. Die Kurbel auf der Welle des Rades a b lässt sich, nebst dem Rade selbst, rechts und links umdrehen, und daher kann man auch zwei Enden Draht rechts und links zwirnen.

C. Der

C. Der Zweck der eisernen Griffwinde Fig IV. ist, den gezwirnten Draht auf den hölzernen Griff eines Degengefäßes zu wickeln. Die beiden senkrechten Wände a b, c d des Gehäuses tragen in der Mitte eine eiserne Spille e f, und auf dieser steckt ein Sperrrad g h. In die Zähne dieses Sperrrades greift, wie bei allen Rädern dieser Art, ein Sperrkegel d. Beim Gebrauch wird die Wand a b zurück gebogen, damit man den hölzernen Griff auf die Spille e f in e aufstecken könne. Es muß also vorher schon durch die Achse des hölzernen Griffs mit der Angel der Klinge ein Loch gebrannt seyn. Das Sperrrad g h hat nur alsdenn seinen Nutzen, wenn sich die beiden Enden Draht, die man zugleich auf dem Griff windet, verwickeln, damit das aufgewickelte nicht wieder von dem Griffe ablaufe, wenn man mit dem Aufwickeln anhält. Eine Person drehet den hölzernen Griff auf der Spille e f, vermittelst der Kurbel i um, und die andere hält und lenkt die beiden Enden Draht, die man aufwickelt. Beim Gebrauch wird die Winde in den Schraubstock gespannet.

D. Die Riffelfeile Figur V. hat an einem gekrümmten Stiel einen cylindrischen Kopf, worauf Feilenhiebe gehauen sind. Mit dieser Feile werden vertiefte Flächen ausgefeilt, und insbesondre das glatte Stichblatt an einem Officierdegen, weil es mit einem Rande umgeben ist.

E. Die VI. Figur stellt ein Stück Blutstein oder Jaspis vor, welches auf einem hölzernen Heft befestigt ist. So wohl der Blutstein, als der

der Jaspis hat eine flache und ovalrunde Spitze, und mit beiden wird die Blattvergoldung polirt. Bei diesem Gebrauche zieht man den schwarzen oder eisenfarbigen Blutstein dem rothen vor.

F. Fig. VII. ist eine kleine eiserne Goldzange, womit die Schwertfeger die Blätter von Gold oder Silber bei der Blattvergoldung auftragen.

G. Die Scheidepresse Figur VIII. besteht aus einer klei..n messingenen Walze, die zwischen einer Gabel läuft. Der Stiel dieser Gabel hat ein hölzernes Heft. Auf der Stirn der gedachten Walze sind mit dem Grabstichel einige erhabene Figuren ausgeprägt, denn mit dieser Presse werden die schwarzen Scheiden bunt gemacht.

IV. Es würde eine sehr überflüssige Arbeit seyn, alle Degengefäße aufzusuchen, die die Nothdurft oder die Mode in jedem Zeitraume eingeführet hat. Die Beschreibung wird schon weitläuftig genug ausfallen, wenn sie nur von den Gefäßen Rechenschaft giebt, die wir jetzt täglich sehen.

A. An der Spitze mag die Verfertigung und Zusammenfügung der Theile eines Galanterie- oder Kammerdegens stehen, wobei man, wie bei allen übrigen Beispielen, auf zwei Stücke zu sehen hat, auf das Gefäß, und auf die Zusammenfügung der Scheide.

a) In einer der vorigen Sammlungen ist bereits von der Bearbeitung eines Degengefäßes von

von Gold oder Silber die Rede gewesen (dritte Samml. 178. S.), unddeshalb wird man sich jetzt bloß auf die Gefäße einschränken, die aus den unechten Metallen gegossen werden. Wenn sich der Schwertfeger mit der Verfertigung der goldenen und silbernen Gefäße abgiebt, so bedient er sich hierbei eben der Handgriffe, die bereits an dem angeführten Orte erzählet sind. Im voraus wird es aber gut seyn, den Leser mit der Benennung der Theile eines Gefäßes bekannt zu machen. Die vollständigsten Degengefäße werden aus nachstehenden Theilen zusammen gesetzt. Fig. XII. a heißt der Degenknopf und b der Griff. Den massiven Theil c zwischen dem Griff und Stichblatt g h nennt man die Brust, womit die Stützen d, die Parirstange e, und der Bügel f a ein Ganzes ausmachen. Dies Ganze, das, wie gesagt, aus der Brust, den Stützen, der Parirstange, und dem Bügel besteht, heißt bei dem Schwertfeger das Gehäuse, oder das Kreuz. Eben diese Benennungen werden auch bei dem Säbel- und Hirschfänger gebraucht. Die Mode hat aber jetzt bei den mehresten Galanteriedegen das Stichblatt und die Stützen abgeschafft. Dagegen wird auf der äußern Seite der Parirstange ein gekrümmter Querbügel aufgelöthet. Fig. IX. g h. Alle übrige Theile der Galanteriedegen behalten die angeführte Benennung. Bei den Gefäßen des Pallasches, Säbels und Hirschfängers kommen noch einige besondere Theile vor, die an ihrem Orte sollen genannt werden. Der Sprachgebrauch

brauch macht es nothwendig, daß man sich in der folgenden Beschreibung aller dieser Benennungen bedienen muß.

A. Die einzelnen Theile eines messingenen oder tombackenen Degengefäßes gießen zwar einige Schwertfeger und Langmesserschmide selbst, allein die mehresten überlassen diese Arbeit dem Messingarbeiter. Geben sie sich aber hiermit ab, so bedienen sie sich des Gießsandes in den Gießflaschen, und diese Arbeit ist schon bei ähnlichen Fällen deutlich genug ins Licht gesetzet. 5. Samml. 95. S. Gewöhnlich wird der Knopf F. XII. a, wie auch der Griff b in zwei Hälften gegossen, die man mit Schlagloth zusammen löthet. Unterdessen kann man sie doch auch, nach Art der Rothgießer, über einem Kern von Lehm gießen. Die Brust c, die Stützen d, die Parirstange e, und der Bügel f a werden durch den Guß vereinigt, und in die Brust c wird ein Kern von Thon oder Lehm gelegt, wodurch ein Loch für die Angel der Klinge entstehet. Das Stichblatt g h gießt man gleichfalls massiv. Nur die schlechtesten Degengefäße werden nach dem Guß bloß durch das Poliren zur Vollkommenheit gebracht, z. B. die Gefäße an den Säbeln der gemeinen Infanteristen. In diesem Fall kennt der Leser schon die Mittel, wodurch das Messing eine Politur erhält. Fünfte Samml. 99. S. Allein weit gewöhnlicher ist es, daß die Gefäße durch den Guß Figuren von erhabener Arbeit erhalten, und diese müssen mit dem Grabstichel und den Bunzen verschnitschnitten werden. Das letzte verrichten die Schwertfeger und Langmesserschmide jederzeit selbst, und sie rühmen sich, daß sie es in dieser Beschäftigung allen übrigen Metallarbeitern zuvor thun. Es lässt sich hören, da es ihre tägliche Arbeit ist, wodurch sie nothwendig eine Fertigkeit erhalten. Allein es lässt sich von dieser Arbeit keine nähere Beschreibung geben, da hierbei alles auf eine Geschicklichkeit im Zeichnen, auf ein gutes Augenmaß, und vorzüglich auf eine geübte Hand beruht. Man muß es daher bei einer allgemeinen Beschreibung bewenden lassen. Der Grabstichel und die Bunzen nehmen allen Auswuchs des Gusses ab, und mit eben diesen Instrumenten arbeitet man auch den Umriß der Figuren, die innern Züge, die Erhöhungen und Vertiefungen weiter aus. Die Schwierigkeiten bei dieser Arbeit werden aber um ein merkliches gemindert, da der Guß, in den mehresten Fällen, schon die Hand des Professionisten leitet, wie er den Grabstichel und die Bunzen führen soll. Aus der Beschreibung der Werkzeuge wird der Leser ersehen haben, daß die Theile des Gefäßes beim Verschneiden auf den Kittstöcken Figur I. II. mit Kitt von Pech und Ziegelmehl befestiget werden (Seite 106.). Wird das Gefäß nicht vergoldet oder versilbert, welches doch selten geschiehet, so darf es nur noch mit den schon bekannten Mitteln poliret werden. 5. Samml. 99. S.

Aufmerksame Beobachter der galanten Welt werden, außer den glatten und verschnittenen Gefäßen, noch eine doppelte Art bemerkt haben. Einige Gefäße sind durchbrochen, und andere haben einen hölzernen und mit Draht umwundenen Griff. Die Löcher der durchbrochnen Gefäße entstehen in allen ihren Theilen schon durch den Guß. Der Schwertfeger darf die Löcher nur noch weiter ausbohren, und auf dem Kittstock, vermittelst der Bunzen und Grabstichel, zierlich verschneiden. Die Mode will es jetzt, daß diese Gefaße entweder ganz glatt bleiben, oder doch nur ganz flache verschnittene Figuren erhalten. Statt des metallenen Griffs Fig. XII. b bekommen diese Gefäße jederzeit, zuweilen aber auch die übrigen, einen hölzernen Griff, der mit Draht bewunden ist. Die Schwertfeger kaufen den Messingdraht schon vergoldet und versilbert, aber den Silberdraht pflegen sie sich selbst auf einer Ziehbank zu ziehen (3. Samml. 136. S.). Den hölzern Griff schneidet der Professionist aus Weißbüchenholz mit einem Messer zurechte, und arbeitet ihn mit einer Holzraspel weiter aus. Die Angel der Klinge wird durch den hölzernen Griff gesteckt, und deshalb muß in seiner Achse mit der Angel ein Loch durchgebrannt werden. Daher kann man ihn auch auf die eiserne Spille der Griffwinde Fig. IV. ef stecken, wenn er mit Draht soll bewunden werden. Aus dem obigen erhellet, daß dieser Draht aus zwei zusammen gewikkelten Enden bestehet, und daß die Schwert-

fe-

feger sich bei dieser Arbeit selten der Zwirnwinde Fig. III. bedienen, sondern die Enden Draht aus freier Hand zusammen winden. Dies einzige ist nur noch hinzu zu fügen, daß sie zwei Enden gezwirnten Draht zugleich aufwickeln, wovon das eine Ende dünn und das andere dick ist, so wie auch das eine Ende rechts, das andere links gezwirnt wird. Der Professionist befestigt die beiden Spitzen des Drahts in einem Loche des hölzernen Griffs. Das übrige ist bei der Beschreibung der Griffwinde bereits gezeiget (S. 109). Die durchbrochenen Degen mit einem hölzernen mit Draht bewundenen Griff werden jetzt, der Mode wegen, vor andern gekauft, und vielleicht nennt man sie auch aus dieser Ursache Französische Degen. Man überzieht sie mit Blattgold und Blattsilber vermischt, und dies giebt ihnen ein ziemlich buntes Ansehen, welches einem Käufer von Geschmack wohl nicht gefallen möchte, wenn er sich nicht durch die Mode und durch den Namen hinreißen lässt. Bei gegenwärtiger Beschreibung haben sie wenigstens die gute Eigenschaft, daß sie den Uebergang zum Vergolden und Versilbern der Degengefäße erleichtern.

Die Schwertfeger vergolden zwar auch mit dem bekannten Amalgama von Quecksilber und Gold, so wie sie sich auch auf das Versilbern verstehen, wozu man feines Silber in Scheidewasser aufgelöset nimmt. Allein von dem ersten ist bereits in der dritten Samml. S. 159 das nöthige gesagt worden, und von dem letztern in der fünften Sammlung S. 125. Dessen ungeachtet muß man hier bei dem Vergolden und Versilbern noch etwas stehen bleiben; denn der Schwertfeger hat dies vor den übrigen Metallarbeitern voraus, daß er auch mit Gold- und Silberblättern vergoldet und versilbert. Das erste heißt die Stein- oder Blattvergoldung, und das letzte die Blattversilberung. Man wird sich bei dieser Arbeit um so viel kürzer fassen können, da sich die Hangriffe beim Vergolden und Versilbern dieser Art durchgängig gleich bleiben. Das Metall, so man mit Gold- oder Silberblättern belegen will, wird nicht polirt oder verschnitten, sondern es bleibt so, wie es aus den Gießflaschen kommt, weil die Gold- und Silberbläter auf den scharfen Kanten der verschnittenen Figuren zerreißen würden. Bloß der Auswuchs des Gusses wird weggeschafft, und die Fläche, die man vergolden oder versilbern will mit Bimsstein geschliffen. Durch das letzte wird zugleich der Zusammenhang mit den Gold- und Silberblättern erleichtert, weil die Flächen hierdurch etwas scharf werden. Nach dem Abschleifen legt der Professionist das Metall auf glühende Kohlen, läßt es braunglühend werden, und trägt alsdenn die Gold- oder Silberblätter mit der Goldzange Fig. VII. auf. In eben dem Augenblicke reibt er die Blätter mit dem Jaspis oder Blutstein F. VI. an, und legt das Metall wieder auf glühende Kohlen. Auf diesen muß es so lange liegen, bis etwas Baumwolle braun wird, wenn man es gegen die Vergolgoldung hält. Alsdenn wird es abgenommen, und die Blätter werden mit eben der Baumwolle in die Fugen aufs genaueste eingedrückt. Der Professionist spannt zuletzt das Metall in den Schraubstock, und giebt der Vergoldung und Versilberung durch das Reiben mit dem Jaspis und zuletzt mit dem Blutstein Fig. VI. einen Glanz. Auf diese Art lassen sich alle Metalle vergolden, und daher pflegt auch der Schwertfeger zuweilen die Parirung der Klingen mit Gold- oder Silberblättern zu überziehen. Im Gegentheil besitzen bloß die Klingenschmide das Geheimniß, wie man das Amalgama aus Gold und Quecksilber auf Eisen oder Stahl aufträgt. Kurz vorher hat man erwähnt, daß die Französischen Degen mit Gold- und Silberblättern zugleich vergoldet werden. In diesem Falle wird erst der Grund auf die beschriebene Art durchgängig von Silberblättern gemacht, und auf diese legt der Schwertfeger hin und wieder einige kleine Stücke Blattgold. Zuletzt polirt er diese Vermischung von Gold- und Silberblättern mit dem Jaspis und Blutstein. Hat aber das Gefäß, worauf man die Vergoldung oder Versilberung anbringet, erhabene Figuren, so werden diese mit den Bunzen polirt, und man giebt einigen Stellen mit diesen kleinen Instrumenten einen stärkern Glanz, als andern. Der Professionist sagt daher, er habe das Gefäß matt oder Glanz verziert. Die Bunzen, welche in diesem Falle eine ovale Spitze haben müssen, werden bei dieser Arbeit auf die aufgetragenen Gold- und Silberblätter gesetzt, und mit dem Hammer getrieben.

Die verschiedenen Stücke, woraus ein Gefäß zusammen gesetzt wird, verknüpft man unter einander bloß durch die Angel der Klinge. Die Brust Fig. XII. c erhält durch den Guß in ihrer Achse eine Oeffnung, so wie auch das Stichblatt g h, der Griff b und der Knopf a sind aber hohl. Folglich kann man die Angel durch alle diese Theile durchstecken, auf der Spitze des Degenknopfs a vernieten, und hierdurch die Theile des Degengefäßes zusammen treiben. Dies gilt nicht nur von dem Degen, sondern auch von dem Pallasche, dem Säbel, und Hirschfänger. Bekommt das Gefäß ein Stichblatt Fig. XII. gh, so wird die Brust mit dem Stichblatte, vor der Vereinigung der Theile des Gefäßes, vermittelst eines Zapfens an der Brust verknüpft. Dieser Zapfen der Brust c wird zugleich mit gegossen, und er muß, wie die Brust, hohl seyn. Den Zapfen setzt der Schwertfeger von oben in das Loch des Stichblatts ein, steckt von unten in den hohlen Zapfen einen vierkantigen und zugespitzten Dorn, treibt den Dorn mit einem Hammer in das Loch hinein, und hierdurch schließt sich der hohle Zapfen fest in dem Loche des Stichblatts an. Der Querbügel Fig. IX. g h wird im Gegentheile nur auf der Parirstange, vor der Zusammensetzung der Theile des Gefäßes, angelöthet.

B. Die Verfertigung der stählernen Gefäße gehört zwar besonders zu der Arbeit der Stahlarbeiter S. 67, und der Schwertfeger vereinigt sie nur mit der Klinge. Unterdessen lassen sich doch auch die Schwertfeger zuweilen Gefäße dieser Art von einem Eisenarbeiter schmieden, und arbeiten sie mit der Feile weiter aus. Es geschieht dies in dem Falle, wenn sie auf dem Gefäße Gold- oder Silberblätter einschlagen wollen. So bald das Gefäß auf das beste mit zerstoßenem Blutstein polirt ist, so zeichnet sich der Professionist auf demselben Figuren ab; denn das ganze Gefäß bedeckt man nicht mit den gedachten Blättern, sondern nur die abgezeichneten Figuren. Innerhalb des Umrisses der Figuren hauet der Professionist mit einem kleinen Meißel Kreuzhiebe, und mit solchen Hieben bedeckt er den ganzen Raum, der durch den Umriß begränzet wird. Dies heißt, den Grund hauen. Nach Maßgebung des Umrisses schneidet er aus Gold- oder Silberblättern Figuren aus, und legt sie auf den gehauenen Grund. Die Vereinigung der Gold- oder Silberblätter mit dem Eisen beruhet in diesem Falle bloß darauf, daß man jene in die Hiebe des Grundes hinein treibt, und dies geschieht mit einem Grundmeißel. Dieser kleine stählerne Stab hat auf derjenigen Grundfläche, die das Gold berührt, kleine Vertiefungen, und mit einem solchen Instrumente wird das Gold- oder Silberblatt in die Hiebe des Grundes hinein getrieben, oder versetzt. Man siehet leicht, daß der Grundmeißel mit dem Hammer muß getrieben werden. Das Gold bleibt matt, der Stahl ist aber schon, wie gesagt, vorher aufs beste mit Blutstein polirt worden.

b) Nebst dem Degengefäß beschäftigt auch die Scheide auf der Klinge den Schwertfeger. Bekannter Maßen wird eine Scheide aus Spänen von Rothbüchenholz und Leder zusammen gesetzt. Man legt die Klinge auf den Span, zeichnet auf dem Holze zwei Stücke nach dem Umfange der Klinge ab, und schneidet diese mit einem Messer aus. Soll die Scheide inwendig gefüttert werden, so klebt der Schwertfeger mit Tischlerleim auf die innere Seite jedes Spans Flanell, am liebsten aber Parchen auf, und schneidet das Ueberflüssige, wenn alles trocken ist, ab. Beide Späne werden gehörig auf die Klinge gelegt, und mit Bindfaden zusammen gezogen, bis sie sich an den Seiten berühren. In die Fugen schmiert man zwischen dem Bindfaden Tischlerleim, und vereinigt hierdurch beide Späne. Wenn der Leim völlig trocken ist, so wird der Bindfaden abgewickelt, und die hölzerne Scheide mit einer Holzraspel geglättet. Zuweilen klebt man auch in die Oeffnung der Scheide Tuch oder Sammet mit Leim ein. Der Beschlag der Scheide kann entweder auf dem Holze, oder auf dem Leder befestigt werden, und jetzt wird man von dem ersten reden. Es gehören zu einem solchen Beschlage drei Stücke, das Mundstück Fig. IX. i, der Haken k, und das Ohrband l. Der Haken k wird massiv in den Gießflaschen gegossen, polirt oder verschnitten, und mit starkem Tischlerleim auf das

Holz

Holz aufgeklebet, wenn die Scheide bereits mit Leder überzogen ist. Hingegen das Mundstück i und das Ohrband l schneidet man bloß aus Messingblech. Der Professionist nimmt zu beiden mit einem Stück Papier auf der hölzernen Scheide Maß, und zeichnet nach dem Maße jedes Stück besonders auf Messingblech ab. Er wickelt das Blech um die Scheide, und löthet die Enden mit Schnelloth zusammen. In der Spitze des Ohrbandes l wird überdies noch ein kleiner Knopf eingelöthet, den man aus starkem Messingdraht mit der Feile ausarbeitet. Das Mundstück so wohl, als das Ohrband befestigt man gleichfalls mit starkem Leim auf dem Holze. Nunmehr kann die Scheide mit Leder überzogen werden, wozu man gewöhnlich Kalbleder, zuweilen aber auch Schafleder nimmt. Es ist leicht zu begreifen, daß das Leder so breit, als beide Späne zusammen genommen seyn muß, und man schneidet es lieber etwas schmäler, als breiter; denn wenn man es mit Mühe auf die zusammen gefügten Späne ziehen muß, so wird es desto glätter. Dies zu verstehen, muß der Leser bemerken, daß das Leder nicht auf dem Holze, sondern vor der Vereinigung zusammen genähet wird. Bei dieser letztern Arbeit bedient sich der Schwertfeger bloß einer Nähnadel, und der Zwirn wird mit Wachs bestrichen. Damit aber das Leder desto besser beim Ueberziehen nachgebe, so weicht man es in warmen Wasser ein. Beim Ueberziehen selbst wird durch das zusammen genähte Leder flüssiger Leim

 ge-

gegossen, und die Späne werden gleichfalls mit Leim bestrichen. Wenn das Leder auf das Holz hinauf gestreift ist, so streicht man es mit einem Wolfszahn an. Zuweilen behält das Leder seine natürliche braune Farbe; häufig wird es aber auch schwarz angestrichen, und dies geschieht gewöhnlich, wenn es schon auf den Spänen angeleimt ist. Es wird mit Eisenschwärze überstrichen, die bekannter Maßen alsdenn entsteht, wenn schwaches Bier einige Tage auf verrostetem Eisen steht. Nach dem Färben wird die Scheide von neuen mit einem Wolfezahne gerieben. Bloß schwarze Scheiden pflegt der Schwertfeger zuweilen mit der Scheidepresse Fig. VIII. bunt zu machen. Die messingene Walze muß auf glühenden Kohlen heiß werden, und wenn man mit der erwärmten Walze auf der ganzen Scheibe hin und her rollt, so drücken sich die Figuren, die der Grabstichel der Stirn der Walze eingeprägt hat, auf dem Leder aus. Die feinsten Scheiden, und vorzüglich die Scheide zu einem Säbel für die Husarenofficier werden, vermittelst Leim, mit Chagrin überzogen. Der Schwertfeger färbt ihn gleichfalls mit Eisenschwärze, bestreicht den trocknen Chagrin mit einer Zwiebel, und reibt ihn mit einer Bürste. Das letzte giebt dem Chagrin einen Glanz, den man aber häufig mit einem Lackfirniß erhöhet. Alles dies gilt zum Theil nur von den braunen und schwarzen Scheiden, allein die Mode setzt jetzt den Schwertfeger in die Nothwendigkeit, die Scheiden auch weiß zu überziehen.

Spa-

Sparet der Käufer die Kosten, so nimmt man hierzu weißes Schafleder, allein das Schreibepergament und die Fischhaut geben einen dauerhaftern und zierlichern Ueberzug dieser Art. Der braune Leim würde aber durchschlagen, wenn hiermit der weiße Ueberzug aufgeklebt würde, und daher nimmt man statt dessen Buchbinderkleister. Uebrigens werden alle diese Häute mit den schon beschriebenen Handgriffen über den Span gezogen. Nur dies einzige ist noch zu bemerken, daß man die Narben der Fischhaut oft mit Bimsstein und Baumöhl abschleift. Bei Kinderdegen und Couteau de Chasse wird die Fischhaut auch wohl grün gefärbt. Man lässt sie deshalb in heißem Wasser mit Grünspan und Salmiak, wozu zuweilen noch Kupferwasser geschüttet wird, etwa 48 Stunden liegen.

Gleichfalls der Mode muß man es zuschreiben, daß die feine Welt jetzt ihre Degen nach Art der Husarensäbel trägt. Der Beschlag wird nämlich über dem Leder der Scheide befestigt, und statt des Hakens bringt man in der Mitte der Scheide ein Blech an, welches das Mittelstück F. XII. k heißt. Auf diesem Bleche so wohl, als auf dem Mundstücke i wird ein Ring angelöthet, und mit diesem Ringe ist der Degen an dem Degengehäng befestiget. Alle Theile eines solchen Beschlages der Scheide werden zwar auch auf der Scheide aus Blech zusammen gebogen und gelöthet, weil sie aber in die Augen fallen, so sucht man ihnen ein gefälliges Ansehen zu geben. Ihr Umfang

fang wird daher mit einer Blechschere ausgeschweift, und die sichtbare Fläche gravirt, oder ciselirt, und, nach Beschaffenheit des Gefäßes, vergoldet oder versilbert Die Ringe auf dem Mundstuck i und dem Mittelstück k werden, nebst ihren Oesen, aus Messingdraht zusammen gebogen, und zusammen gelöthet. Durch eben dies Mittel befestigt man auch die Oese auf dem Beschlage.

B. Die Verfertigung der Degengefäße und Scheiden der Officier bei der Infanterie Fig. X. weicht wenig von den vorigen Gefäßen ab. Ihr Kreuz erhält gewöhnlich keine Stützen, sondern die Parirstange e berührt das Stichblatt unmittelbar. Das letzte ist insgemein glatt, und hat einen Rand, daher wird die Vertiefung, wie bereits gesagt ist, mit der Riffelfeile Fig. V. poliret. Der Griff b ist von Holz, und wird mit Draht umwikkelt. Uebrigens werden sie entweder vergoldet oder versilbert, nachdem es die Uniform jedes Regiments mit sich bringt. Die Scheide auf allen Klingen der Infanterie wird mit Kalbleder überzogen, und hat noch einen abgesonderten Ueberzug gleichfalls von Kalbleder, der bloß zusammengenähet wird.

Der Säbel der gemeinen Infanteristen ist bekannter Maßen breit und kurz, er hat aber einen breiten Rücken. Den Knopf und Griff des Gefäßes gießt der Schwertfeger oder Gelbgießer über einem Kern von Lehm, und das ganze Gefäß wird bloß poliret, und mit der Klinge durch die Angel vereinigt. Weil der Säbel einen breiten

Rücken

Rücken hat, so muß die Scheide aus drei Spänen zusammen geleimet werden. Sie wird zwar nur mit Schafleder überzogen, erhält aber noch einen abgesonderten Ueberzug von Kableder. Alles übrige erhellet schon aus dem vorigen.

C. Der Pallasch eines Officiers bei der Kavalerie Fig. III. geht schon weiter von dem Gefäß der gewöhnlichen Degen ab. Ihr hölzerner Griff ist gewunden, und wird mit Leder vermittelst Leim überzogen. In die Windung ist um das Leder Draht gewickelt. Das Kreuz besteht aus der Brust, die in der Zeichnung bedeckt ist, der Parirstange a, und dem Bügel bc. Alle diese Stücke werden gleichfalls im Ganzen gegossen. Es fehlt aber bei diesem Gefäße das Stichblatt, und statt dessen ist ein massives Schild angebracht, das man die Muschel oder den Korb d g nennt. Dieses Stück bedeckt beim Gebrauch des Pallasches die Hand des Kavaleristen. Er wird mit den Stangen d und e, die man wegen ihrer Gestalt Esstangen nennt, im Ganzen gegossen, und er erhält durch den Guß erhabene Figuren, z. B. einen Preußischen Adler, die der Schwertfeger verschneidet. Der Korb wird mit der Brust, und die Esstangen d, e mit dem Bügel bc durch Schlagloth vereinigt. Auf dem Rücken des hölzernen Griffs liegt die Kappe f g, die zwar unten in g nur schmal ist, sich aber in f zu einem starken Kopf erweitert, dem man insgemein die Gestalt eines Adlerkopfs giebt. Die Kappe wird gewöhnlich gegossen und verschnitten.

ten. Ihr Zapfen in g wird in ein Loch der Parirstange eingesetzt und verlöthet. Den Bügel bc befestigt der Schwertfeger, wie bei allen übrigen Degen, vermittelst eines Zapfens, den er in ein schief gebohrtes Loch in dem Kopfe der Kappe in d steckt. Die metallenen Theile des Gefäßes werden stark im Feuer vergoldet, und dies, nebst der feinen Ausarbeitung, unterscheidet bloß den Officierpallasch von dem Pallasche der gemeinen Kavaleristen. Die Scheide hat nichts besonders. Außer dem Dienst tragen aber die Officier der Preußischen Kavalerie einen gewöhnlichen starken Degen, den sie den Interimsdegen nennen.

D. Das Gefäß an dem Säbel der Officier von den Husaren Fig. XI. hat beinahe eben die Einrichtung, denn es fehlt ihm nur der Korb. Es erhält also bloß eine Brust a, mit der Parirstange b, und dem Bügel cd, so gleichfalls durch den Guß vereinigt werden, und überdies eine Kappe be, die in b in die Parirstange eingezapft und verlöthet wird. Der Griff f ist gleichfalls von Holz, gewunden, und mit Leder und Draht überzogen. Dies einzige hat es vor dem Gefäße eines Pallasches der Kavalerie voraus, daß unter der Brust noch ein halbrundes Stück Metall hervor ragt, welches man die Feder g nennt. Sie wird zugleich mit der Brust gegossen, und ihr Zweck ist, die starke Scheide auf der Klinge fest zu halten. In der Zeichnung wird man daher bemerken, daß sie den Beschlag der Scheide unmittelbar berührt. Alle diese Theile sind

größ-

größten Theils glatt, außer daß sie etwa durch den Guß einige Hohlkehlen und glatte Stäbe nach der Länge erhalten, die die Feile ausarbeitet. Der Kopf e der Kappe be wird zu einem Adlerkopf verschnitten. Die Scheide dieser Säbel hat aber vor allen übrigen etwas besonders. Weil sie sehr stark seyn muß, so wird statt der Späne von dem Tischler eine Scheide von Holz verfertigt, die der Schwertfeger bei den Officierdegen nur mit schwarzem Chagrin überzieht. Der Beschlag der Scheide besteht aus drei Stücken, dem Mundstück h, dem Mittelstück i, und dem Ohrbande k. Die Stücke werden aus Blech geschnitten, wie bereits S. 123. gezeigt ist. Diesen Beschlag so wohl, als die metallenen Stücke des Gefäßes vergoldet der Schwertfeger stark im Feuer.

Das Gefäß und die Scheide des Säbels der gemeinen Husaren bekommt zwar eben die Theile, aber nur von Eisen. Der Schwertfeger läßt das Gefäß von einem Eisenarbeiter schmieden, und arbeitet es selbst mit der Feile aus.

E. Von allen diesen Gefäßen weicht das Gefäß eines Hirschfängers um ein merkliches ab. Der Jäger pflegt zwar insgemein ein metallenes und übergoldetes Gefäß zu wählen, und bei diesem ist nichts weiter, als einige abgeänderte Namen zu bemerken; allein die feinen Hirschfänger, die in der galanten Welt unter dem Namen der Couteaux de Chasse bekannt sind, erhalten einen Griff von Holz, Elfenbein, Knochen, Horn, Schildkröte, und Email. In beiden Fällen

füh-

führen die Theile einerlei Namen. Der Hirschfänger, den die Zeichnung Fig. XIV. liefert, hat, wie der Augenschein lehret, einen Griff von Hirschhorn, und bei diesem wird man zuerst stehen bleiben, alsdenn aber die Abweichung der übrigen kurz hinzu fügen. Die Theile eines Gefäßes der Hirschfänger führen folgende Namen: Das Kreuz bestehet abermahls aus der Brust Fig. XIV. a b, der Parirstange c, und dem Bügel b d. Der Zapfen des Bügels in d ist in einer Einfassung befestigt, die man die Kappe e nennt. Statt des Stichblatts erhält der Hirschfänger eine Muschel f, die ihrer Gestalt nach diesen Namen in der That führt. Sie bedeckt bei dem Hirschfänger der Jäger die Schale eines Messers, das in einer kleinen Scheide neben der größern steckt. Die Muschel hängt mit einer kleinen Platte unter der Brust a b zusammen, die man das Kränzchen nennt. Endlich pflegen einige Hirschfänger noch über der Brust a b eine Einfassung zu erhalten, die der Zwinger heißt. Er fehlt aber bei dem gezeichneten Hirschfänger. Durch diese Einfassung wird die Zusammenfügung der Brust und des Griffs g versteckt, und wenn sie mangelt, so versenkt der Schwertfeger das unterste Ende des Griffs in eine kleine Zarge der Brust. Die Brust, nebst der Parirstange und dem Bügel, oder mit Einem Worte, das Kreuz, gießt der Professionist auch hier in Einem Stücke, und der Parirstange und dem Bügel giebt er einige erhabne und verschnittene Figuren, der Brust aber nur einige

einige Hohlkehlen und glatte Stäbe. Diese werden bloß mit der Feile ausgearbeitet. Die Muschel f bekommt insgemein durch den Guß erhabne Figuren, die man aber verschneiden muß. Sie wird durch Niete an dem Kränzchen unter der Brust befestigt. Dieses kann entweder gegossen, oder auch nur aus Messingblech geschnitten, und in der Mitte mit dem Meißel ein Loch für die Angel der Klinge ausgehauen werden. Die Kappe e ist jederzeit gegossen, und man gravirt oder verschneidet sie, hingegen wird der Zwinger aus Messingblech zusammen gerollt, und mit Schlagloth zusammen gelöthet. Diese Theile können sämmtlich auf die eine oder andere Art, wie oben angezeigt ist S. 115. vergoldet oder versilbert werden. Alles dies hat wenig Schwierigkeit, wenn die vorhergehenden Beschreibungen bereits voraus geschickt sind, aber bei dem Griff g fällt noch etwas zu bemerken vor. Der Griff des gezeichneten Hirschfängers bestand, wie gesagt, aus einem Stücke Hirschhorn. In diesem Fall wird nur ein Stück von dem Geweihe eines Hirsches mit einer Säge abgeschnitten, und beide Enden werden mit der Raspel in die metallene Fassung eingepasst. Durch die Axe des Griffs bohrt man ein Loch, und wenn das Horn in seiner Mitte Markröhren hat, so wird bei der Zusammenfügung der Theile des Gefäßes die Angel der Klinge glühend gemacht, und in das Loch des Griffs eingebrannt. Die Angel verniedtet man endlich auf der Kappe e. Der Hirschfänger ist nun zur Vollkommenheit gediehen, wenn das Hirschhorn seine natürliche braune Farbe behalten soll. Die Schwertfeger verstehen aber die Kunst, das Horn schwarz zu beizen. Sie kochen es in dieser Absicht erst in Lauge, und hernach mit Brasilienholz, Galläpfeln, und Schmack (Sumach) in Wasser. Galläpfel, Brasilienholz, und Schmack werden hierzu in gleichen Theilen genommen.

Nunmehr lässt sich das nöthige von den übrigen Griffen der Hirschfänger mit wenigen Worten nachholen, denn die metallenen Theile bleiben, wie bei dem vorigen Beispiel, außer daß einige Couteaux de Chasse keinen Bügel haben. Im voraus ist aber noch zu erinnern, daß der Griff zuweilen aus zwei Hälften besteht. Dieserhalb wird an der Brust ab eine messingene Angel angegossen, die so lang und breit, als der Griff, ist. Will man diese Angel mit Hirschhorn belegen, so wird ein Stück Horn nach der Länge von einander gesägt, und der Umfang der beiden Hälften nach der Gestalt der flachen Angel mit der Raspel faßonnirt. Die Angel der Klinge ist alsdenn gleichfalls flach, und wird bloß in ein Loch, in der Mitte der messingenen Angel, eingeschoben. Es müssen aber einige Löcher durch diese Angel gebohrt werden, wodurch man sie vermittelst einiger messingenen Niete an den Schalen befestigt. Auf eben die Art werden auch die Schalen auf der messingenen Angel befestigt. Es mag nun der Griff ein Ganzes seyn, oder in zwei Hälften auf einer messingenen Angel angenietet werden, so schneidet man ihn erst mit einer

ner Säge aus Ebenholz, Elfenbein, Knochen, oder Horn von Ungarischen Ochsen, und faßonnirt ihn hernach mit der Raspel und zuletzt mit der Feile. Alle diese Griffe werden erst mit Bimsstein geschliffen, und mit Tripel und Baumöhl, vermittelst eines Filzes, polirt. Die feinste Politur erhalten sie aber, wenn sie zuletzt mit dem Ballen der flachen Hand gerieben werden. Die emailnen Griffe fasst der Schwertfeger bloß. Vordem pflegte man auch die Griffe mit Schildkröte zu überziehen. Der Griff selbst ist alsdenn von Holz, und dieses wird mit Schildkrötentafeln überzogen, die man in heißem Wasser erweicht, mit Hausenblase anleimet, und zuletzt auf die vorher beschriebene Art poliret. Gewöhnlich erhalten jetzt die Couteaux de Chasse einen Griff von Elfenbein der die Gestalt eines Kegels hat. Um den Kegel schlinget sich aber eine Windung, in welche man Draht und Lahn wickelt. Man nennt sie Französische Griffe. Der Schwertfeger arbeitet den Kegel mit seiner Windung aus freier Hand mit der Raspel aus, und giebt ihm bloß ein Kreuz ohne Bügel.

Anmerk. Die Dolche sieht man selten in unserer Gegend. Sie erhalten ein Kreuz ohne Bügel, und einen Griff von Holz, Elfenbein oder Horn, dem die Raspel einige Knöpfe giebt. Zuweilen lassen die Schwertfeger aber auch diese und die runden Griffe der Couteaux de Chasse von dem Kunstdrechsler drechseln. Dem Rappier giebt man ein ähnliches Kreuz, und einen Griff von Eisen. Die Schwertfeger verstehen auch die Kunst, Elfenbein, Knochen und Horn zu färben. Doch hiervon hat man bereits bei dem Messerschmid geredet 6. Sammlung 198. S. Man läßt aber gewöhnlich diese Griffe schon gefärbt von Solingen kommen.

F. Der Langmesserschmid hat dies vor dem Schwertfeger voraus, daß er zum Meisterstück ein Jäger- oder Weidmesser Fig. XV. verfertigen muß, denn diesen besondern Fall ausgenommen, mag dies Stück wohl selten von einem Käufer verlangt werden. Das ganze Messer ist von Eisen, und der hergebrachte Gebrauch dieser Profession will es, daß sein Griff erhabene Figuren haben soll. Desgleichen muß die Scheide mit Eisen überzogen seyn, das gleichfalls erhabene Figuren erhält. Es steht aber dem Langmesserschmid frei, das Messer bei einem Messerschmid schmieden zu lassen, und das Gewerk ist zufrieden, wenn er nur die künstlichen Figuren selbst mit dem Grabstichel schneidet. Der Griff a b und die Klinge b c werden in der Esse aus einem Stücke geschmiedet, hingegen die Stange oder das Kreuz d e befestigt man besonders an dem Griff mit Nieten. Der Griff a b wird zuerst ausgeschmiedet, und man läßt in a einen starken Kopf stehen, woraus der Grabstichel und Meißel an dem gezeichneten Weidemesser einen Löwenkopf gebildet hat. In b wird zur Zierde ein vierkantiges Loch ausgehauen, und überdem noch unter diesem ein vierkantiger Ausschnitt, worin der Langmesserschmid in der Folge eine kleine eiserne Platte

durch

durch eine Falze befestigt, und die Zusammenfügung mit der Feile verbirgt. Der Griff ist von Eisen, und für die Klinge b c bleibt an dem Griff ein schmales Stück Eisen stehen, woraus der Rücken der Klinge entstehet. An diesem Eisen wird die eigentliche stählerne Klinge angeschweißt, die man übrigens mit den Handgriffen der Messerschmide schleift und polirt. Die Klinge ist etwa 3 Zoll breit, und das ganze Messer 15 Zoll lang. Der Augenschein lehrt in der Zeichnung, daß das Kreuz d e unter dem Hammer an jedem Ende etwas gekrümmt wird, und überdem noch einen Kopf in d und e erhält. Um es mit dem Griff zu vereinigen, hauet man es in der Mitte von b bis e von einander, und meißelt von b bis h ein Loch aus, worin ein Zapfen des Griffs a b passet. Wenn die beiden Hälften b e erwärmt von einander gesperret werden, so kann man die Stange auf den Griff aufschieben, und alsdenn mit einigen Nieten die Hälften des Stücks h e wieder vereinigen. Auf eben diese Art wird die Stange auch mit dem Griff verknüpft. Alles dies ist das leichteste bei der Verfertigung des Weidemessers. Die mehreste Mühe machen die erhabenen Figuren, und zu dieser Arbeit giebt man einem angehenden Meister ein halbes Jahr Zeit. Es versteht sich für sich selbst, daß hierbei die erste Beschäftigung des Langmesserschmids diese seyn muß, die Figuren, die er ausschneiden will, auf dem Griff abzuzeichnen. Den Rachen des Löwenkopfs a hauet er mit einem Meißel aus, und mit eben diesem Instrument muß er auch neben dem Umriß der Figuren etwas Eisen ausmeißeln, damit die entworfenen Figuren erhöhet im Groben da stehen. Bei der Ausbildung dieser Figuren muß die geübte Hand und eine Fertigkeit im Zeichnen, mit Beihülfe des Grabstichels und der Bunzen, alles thun. Eben dies gilt auch von den erhabenen Figuren auf der Stange c d. Alle diese Figuren haben eine Beziehung auf die Jagd. Die Scheide wird zwar gewöhnlich von Holz zusammen gesetzt, aber theils werden neben der großen Scheide fünf kleinere i k angebracht, theils wird um die ganze Scheide geschmiedetes Eisenblech geschlagen, und die Enden werden zusammen gelöthet. Auf diesem eisernen Ueberzug der Scheide schneidet der Langmesserschmid gleichfalls einige Jagdstücke aus. In den gedachten kleinern Scheiden i k stecken drei Messer, eine Gabel, und ein Pfriem. Der Griff aller dieser Stücke wird im Kleinen eben so ausgearbeitet, wie der Griff des Weidemessers, und man giebt ihm auch eben die Gestalt. Die Spitze des Pfriems ist vierkantig, und hat ein viereckiges Loch, wodurch der Jäger Garn ziehet, wenn er seine Jägernetze ausbessern will.

V. Die Eifersucht der bekannten Professionisten gegen einander ist bekannt genug, allein bei einigen ist sie vorzüglich sichtbar. Der letzte Fall findet gerade bei dem Schwertfeger und Langmesserschmid Statt. Jede dieser beiden Professionen behauptet, daß sie die älteste sey, und legt den

Gliedern der andern den Namen der so genannten Fuscher bei. Zum Glück kann es dem Käufer sehr gleichgültig seyn, ob er seinen Degen bei einem Schwertfeger oder Langmesserschmid kauft, denn der eine verfertigt ihn nicht besser als der andre, wenn beide sonst gleich geschickt sind. Beide Professionen erlernt ein Lehrbursche in vier Jahren, wenn er Lehrgeld erlegt, ohne dies muß er aber fünf bis sechs Jahre ausstehen, Die Gesellen der Schwertfeger rechnen es sich zur großen Ehre, wenn sie viele fremde Gegenden gesehen haben, und dies läßt sich um so viel leichter thun, da sie allenthalben Professionsverwandte finden, und da diese jedem ankommenden Gesellen 1 Rthlr. 8 Gr. zum Geschenk reichen. Unterdessen müssen die Gesellen der Langmesserschmide doch auch die gewöhnlichen drei Jahre wandern, und man giebt ihnen in jeder Stadt gleichfalls das gedachte Geschenk. Ein Schwertfeger verfertigt zum Meisterstück zwei Gefäße zu einem Degen, und ein Gefäß zu einem Hirschfänger. Der Langmesserschmid zeigt seine Geschicklichkeit zwar nur durch ein Degengefäß, aber er muß dagegen seinem Gewerke das oben beschriebene Weidemesser vorzeigen. Bei beiden Professionen ist der angehende Meister gehalten, die Patronen zu den Degengefäßen selbst zu verfertigen.

Fünfter Abschnitt.

Der Büchsenmacher.

I. Inhalt. Die Gewehrfabrik überliefert das Rohr zu einem Flintenlauf dem Büchsenmacher ohne Schwanzschraube, Zündloch, Richtkorn, und ohne Politur. Unter der Hand des Büchsenmachers muß es also erst in einen Flintenlauf verwandelt werden. Zuweilen bohrt man es noch von neuen in dieser Werkstätte aus; soll es aber gezogen werden, so gehört dies gänzlich zu der Arbeit des Büchsenmachers. Das letzte gilt auch von dem Schlosse zu allen Schießgewehren, dessen Theile, die Federn ausgenommen, welche von Stahl seyn müssen, aus Eisen geschmiedet, mit der Feile ausgearbeitet, und zuletzt aufs beste polirt werden. Man rühmt es den Büchsenmachern nach, daß sie zu den Eisenarbeitern gehören, die dem Eisen die beste Politur geben können. Giebt sich dieser Professionist auch mit der Verfertigung der Windbüchsen ab, so muß er die Kunst verstehen, die Metalle auf der Drehbank abzudrehen.

II. Es ist kaum nöthig, die Materialien des Büchsenmachers zu nennen. Denn er verbraucht weiter nichts, als Schmiedekohlen, zähes Schwedisches

disches Eisen, Kölnischen oder Märkischen Stahl, und zum Poliren Schmergel, Zinnober und Baumöhl, Dinge, die beinahe schon bis zum Ueberdruß in einer Reihe von Abschnitten genannt sind. Man wird daher sogleich zu den

III. Werkzeugen dieses Professionisten übergehen, und diese werden das Regīster derjenigen Instrumente ansehnlich vermehren, womit man in den Werkstätten die Härte des Eisens überwindet. Einige darf man nur nennen, und der Leser wird sich ihrer sogleich erinnern. Hierzu gehören, die Esse mit ihren Geräthen zum Schmieden, der Schraubestock, das Schneideeisen, der Meißel, die Feile. Bei dem letzten Stück ist hier nur das einzige zu erinnern, daß der Büchsenmacher die Riffelfeilen vor allen Eisenarbeitern häufig gebraucht. An dem Schloß eines Gewehrs sind verschiedene Vertiefungen, die sich nur mit diesen Feilen ausarbeiten lassen. 6. Samml. 167. S. Außer diesen ist aber noch in der Werkstätte der Büchsenmacher eine ansehnliche Menge Werkzeuge zu bemerken.

A. Die Bohrbank Tab. V. Fig. I. dieses Professionisten hat im Kleinen die Theile der Bohrmühle auf der Gewehrfabrik. S. 92. Sie wird nur vermittelst eines Rades durch die Hand des Menschen bewegt. Das Gestelle ist aus zwei Schragen a b, c d, wie ein Kreuz zusammen gesetzt, und ruhet auf Füßen. Der größte Schragen c d ist höchstens $5\frac{1}{2}$ Fuß lang, und 1 Fuß breit, und der zweite a b ist nur etwas kleiner.

Zwischen den Latten des längsten Schragens c d läßt sich ein hölzerner Schieber e f verschieben, auf welchem eine starke eiserne Stange g senkrecht stehet. In einem vierkantigen Loch in der Mitte dieser Stange, die der Büchsenmacher den Bock nennt, wird das Rohr, das man ausbohren will, vermittelst einer Schraube in g befestigt. Damit aber die Schraube den Lauf nicht beschädige, so steckt der Professionist zwischen die Spitze der Schraube und das Rohr ein Eisenblech. Auf der einen langen Latte c h dieses Schragens stehen eiserne Zapfen, denn der Schieber wird, wie auf der Bohrmühle, mit einem starken hölzernen Hebel bewegt, den man bei dieser Arbeit gegen die gedachten Zapfen lehnt. S. 94. Der kleinere Schragen a b trägt ein hölzernes Rad, dessen Welle auf jeder langen Latte durch einen eisernen Bügel unbeweglich gehalten wird, damit das Rad nicht wanke. In der Zeichnung ist statt des Rades ein Kreuz, i k angebracht, weil der Büchsenmacher kurz vorher ein Rohr zu einer Windbüchse ausgebohret hatte. Er wählt in diesem Fall statt des Rades ein Kreuz, weil der Schwung des Rades bei dem dünnen Lauf der Windbüchse zu stark ist. Auf der Welle des Rades so wohl, als des Kreuzes steckt an einem Ende eine Kurbel l, an dem andern aber eine stählerne Büchse m, die eine vierkantige Aushöhlung hat, worin der Zapfen des Bohrers gesteckt wird. Der Bohrer hat, wie in der Fabrik, außer dem gedachten vierkantigen Zapfen, eine viereckige Spitze, die vorne etwas

was spitzer zusammen läuft, und mit ihren Kanten in der Seele des Rohrs schneidet. Der Büchsenmacher gebraucht gleichfalls Bohrer, die an Größe stufenweise etwas abnehmen.

B. Unter der Saite Fig. II. versteht der Professionist einen hölzernen Bogen a b, nebst einer Darmsaite a c. Er erforscht hiemit ein Rohr, ob es sich etwa geworfen hat; und da er bei dieser Beschäftigung die Saite a c durch die Seele des Rohrs ziehen muß, so ist sie an einem hölzernen Zapfen angeknüpft, der in ein Loch des hölzernen Bogens eingesteckt wird. Findet man bei dieser Probe, daß sich das Rohr geworfen hat, so legt man es in die walzenartigen Vertiefungen des Richtstocks Fig. III. a, b, und biegt die Krümmungen in dem Schraubestock gerade. Man sieht leicht, daß der Theil des Rohrs, der sich geworfen hat, zwischen den beiden erhöhten Hölzern a, b, zu liegen kommt, damit er sich von dem Schraubstock zurück treiben lasse.

C. Ob die äusserste Fläche eines Rohrs unebene Stellen habe, erforscht der Büchsenmacher mit dem Rohrzirkel Fig. IV. Die beiden Schenkel a b, b c, dieses Zirkels, aus einer dünnen eisernen Stange, stehen etwa 2 bis $2\frac{1}{2}$ Zoll von einander ab. Bei dem Versuch steckt der Büchsenmacher den Schenkel b c in die Seele des Rohrs bis an das äusserste Ende, und die Feder c d erhält ihn in dem Rohr senkrecht. Bei dieser Stellung des Schenkels b c nähert man die Schraube

Schraube e dem Rohr dergestalt, daß ihre Spitze etwa nur um eine Linie von der äußern Fläche des Rohrs abstehet. Drehet nun der Professionist den Zirkel beim Herausziehen aus dem Rohr beständig im Kreise um, so stößt die Schraube e an, wenn sie auf eine erhöhete Stelle trifft, und zeigt dem Büchsenmacher, wo er noch etwas mit der Feile abnehmen muß.

D. Fig. V. ist ein rundes Holz, welches nach der Sprache der Werkstätte ein hölzerner Kolben heißt. In der Mitte eines solchen hölzernen Kolbens ist in das Holz eine 2 Zoll lange und ½ Zoll breite Stahlplatte a b versenkt, die auf ihrer äußern Fläche schräge Hiebe, oder deutlicher zu reden, kleine schräge Schneiden hat. Der Büchsenmacher schraubt den Kolben mit der Schraube c auf eine Stange, und fährt mit demselben in der Seele des Laufs hinauf und hinab. Zugleich muß er ihn aber auch etwas umdrehen, wenn er einmal hinauf gezogen, oder hinab gestoßen ist. Die Schneiden der stählernen Platte a b feilen alles unebene in der Seele ab. Der Kolben muß aber stets, aus einer großen Anzahl, nach der Weite der Seele eines Rohrs ausgewählet werden.

E. Ist aber die Seele des Rohrs conisch ausgebohrt, so wird sie mit dem gespaltenen Kolben Fig. VI. geglättet (gekolbt). Dieser hat vorne zwei Zacken a b, die zusammen gepreßt beinahe einem abgekürzten Kegel gleich sind. Sie haben gleichfalls auf ihrer äußern Fläche schräge Hiebe.

Wenn

Wenn der Kolben in die Seele des Rohrs gesteckt wird, so pressen sich die elastischen Zacken a b gegen die Seele, und wenn die Seele sehr weit ist, so steckt man in b noch einen kleinen Keil zwischen die Zacken.

F. Der bleierne Kolben F. VII. ist ein bleierner Cylinder, der über einer dünnen eisernen Stange gegossen ist, die an beiden Enden hervorragt. Man kann also mit diesen vorstehenden Enden den Kolben auf einem Stab befestigen, wenn hiermit die Seele eines Rohrs soll geschmergelt werden. Bei einer glatten Seele des Rohrs braucht der Kolben gleichfalls nur glatt zu seyn, bei gezogenen Büchsenläufen ist er aber gewunden, wie in der VII. Fig.

G. Die Ziehbank Fig. VIII. ist unstreitig das künstlichste Instrument dieser Werkstätte, und sie verdient nicht nur aus dieser Ursache alle Aufmerksamkeit, sondern auch weil die gezogenen Läufe, die vollkommensten in ihrer Art, auf dieser Maschine verfertigt werden. Alle Theile dieses Werkzeuges sind auf einem Brett a b angebracht, das etwa 12 Fuß lang, und 1 Fuß breit ist. Beim Gebrauch legt man es auf ein Fußgestelle. Zu den wichtigsten Theilen der Ziehbank gehöret das Mundrohr c d, ein gewöhnlicher, aber starker Büchsenlauf, der in der Seele vier gewundene Reifen, und also auch eben so viele Vertiefungen hat, die noch nicht einen viertel Zoll tief sind. Man wird sich diese Reifen, die der Büchsenmacher giralle Linien, oder Drallen, oder auch Schnek-

Schneckenlinien nennt, unter dem Gewinde einer Schraubenmutter vorstellen können. Die Büchsenmacher halten in unsern Tagen diejenigen girallen Linien in einer gezogenen Büchse für die besten, die erst nach zwei Fuß in die Linie der Seele wieder zurück kommen, worin sie ihren Anfang nahmen. Die girallen Linien des Mundrohrs müssen die girallen Linien in der Büchse, die man ziehet, bestimmen, und daher winden sie sich bei diesem Rohr gleichfalls nur nach zwei Fuß einmal herum. Am besten kann man sich diese Windungen oder Drallen bei dem bleiernen Cylinder oder Kolben c c vorstellen, der aus dem Mundrohr hervor ragt. Das Auge wird in der Zeichnung auf dem Kolben die nur beschriebenen Windungen bemerken, denn der Kolben c e läßt sich aus dem Mundrohr c d, wie eine Schraube aus ihrer Schraubenmutter heraus winden. Der Kolben entsteht, wenn man das Mundrohr mit flüssigem Blei ausfüllt, vorher aber genau in der Axe des Mundrohrs eine eiserne Stange e f befestiget. Das Kreuz f drehet diese Stange um. Der Büchsenmacher darf also die Zugstange e f mit dem Kreuz f nur nach der Richtung f m von sich stoßen, und wieder zurück ziehen, so drehet sich durch den Stoß und Zug der Kolben c e in dem Mundrohr d c um, und windet sich aus dem Mundrohr heraus, und wider hinein. Das Mundrohr hat in c und g runde Zapfen, die in einem Zapfenlager liegen, das man die Schleuse nennt. Eine solche Schleuse besteht

aus

aus zwei senkrechten eisernen Säulen h und i, zwischen welchen sich in einer Falze zwei starke Bleche, die die Schleusenblätter heißen, verschieben lassen. Aus beiden Blechen ist an der Seite, wo sie sich berühren, ein rundes Loch ausgeschnitten, worin der Zapfen des Mundrohrs ruht. Auf die Spitzen der Säulen h und i wird ein Riegel h i aufgeschoben, den eine Flügelschraube auf dem äußersten Ende jeder Säule befestigt, wodurch zugleich die Schleusenblätter zusammen gepreßt werden. Der Zweck dieser Schleusen ist, das Mundrohr zu befestigen, und genau nach der Mündung des Rohrs, das man ziehen will, zu richten. Auf der Spitze e der schon genannten Zugstange e f steckt eine hölzerne Schraube; denn auf die Stange wird ein hölzerner Kolben aufgeschroben, der so dick ist, als die Seele des Rohrs, das man ziehen will. kl stellt in der Zeichnung das Rohr vor, das soll gezogen werden, aus welchem der hölzerne Kolben m l m hervor ragt. Er gleicht völlig dem Kolben F. V. und hieraus fließt schon, daß er in o Fig. VIII. eine kleine versenkte stählerne Platte hat, deren schräge Schneiden vor dem hölzernen Kolben l m etwas hervor ragen, und in der Seele des neuen Rohrs l k die girallen Linien ausschneiden. Die Schneide o ist aber etwas schmaler, als bei dem Kolben Fig. V. Wenn also der Büchsenmacher eine giralle Linie in der Seele des neuen Rohrs l k ausschneiden will, so stößt er mit dem Kreuz f die Zugstange beständig vor sich hin, und zieht sie

wieder

wieder zurück. Hiedurch windet sich nicht nur der bleierne Kolben e c aus dem Mundrohr c d heraus, sondern er drehet auch zugleich den hölzernen Kolben l m in die Mündung k des neuen Rohrs k l hinein. Die Schneide o auf dem hölzernen Kolben l m wird in die Seele des neuen Rohrs eine Vertiefung einschneiden; und da der Gang dieser Schneide o durch die girallen Linien des bleiernen Kolben e c und des Mundrohrs c d bestimmt wird, so muß die Schneide nothwendig in dem neuen Rohr eben solche giralle Linie ausschneiden, als sich in dem Mundrohr c d befindet. Man hat bereits oben gezeigt, daß diese Windung erst nach zwei Fuß herum kommt. Der Büchsenmacher zieht die Zugstange so lange vorwärts und wieder zurück, bis er merkt, daß die Schneide o nicht mehr angreift. In diesem Fall nimmt er die Schneide o von dem hölzernen Kolben l m ab, und legt ein Stück starkes Papier unter. Man begreift leicht, daß die Schneide o nunmehr die giralle Linie weiter aushöhlen wird, und man legt so oft ein Papier unter die Schneide, bis die giralle Linie tief genug ist. Allein die gezogenen Büchsen erhalten nicht eine, sondern wenigstens drei, höchstens aber zwölf giralle Linien, die jederzeit gleich weit von einander abstehen. Es fehlt also noch das wichtigste Stück der Ziehbank, wodurch der gleichmäßige Abstand der girallen Linien bestimmt wird. Zu diesem Zweck steckt auf dem äußersten Ende des Mundrohrs c d eine eiserne Theilscheibe p, welche

welche nebst ihren Theilen, die IX. X. und XI. Fig. begreiflich machen wird, weil sie in der VIII. Fig. nicht deutlich genug in die Augen fallen. Auf einer solchen Theilscheibe Fig. VIII. p. und Fig. IX. schlägt man bei der Verfertigung in gleicher Entfernung acht Parallelzirkel, und theilt die kleinste Zirkellinie in fünf gleiche Theile, die nächste in sechs u. s. w. Folglich wird die achte Kreislinie in zwölf gleiche Theile getheilt. In jedem Theilungspunkte der Kreislinien wird durch die Scheibe ein Loch gebohrt. Den Zweck dieser Löcher wird man erst alsdenn zeigen können, wenn das letzte Stück dieser Maschine beschrieben ist. Es ist aus einem Bügel (Fig. VIII. d.) Fig. X. und einer Feder Fig. XI. zusammen gesetzt. Die letzte liegt auf dem Bügel in q r F. X. Dieser hat in dem Arm q eben so viel Löcher mit Schraubengängen, als auf der Theilscheibe Parallelkreise sind, und in dem Arm r ist ein langer Einschnitt. Gesetzt nun, ein Rohr soll fünf giralle Linien in seiner Seele erhalten, so schraubt man die Feder Fig. XI. a in dem Loche s Fig. X. an. Der Zapfen b der Feder Fig. XI. fällt in den Einschnitt des Bügels r Fig. X. und zugleich in ein Loch des kleinsten Parallelkreises der Theilscheibe Fig. IX, der fünf Löcher in gleicher Entfernung hat. Hierdurch wird die Theilscheibe (Fig. VIII. p) und zugleich das Mundrohr, (Fig. VIII. c d) das mit der Theilscheibe zusammen hängt, unbeweglich befestigt, und der Professionist schneidet die erste giralle Linie in dem neuen Rohr auf die oben beschriebene Art aus. Soll nun die zweite giralle Linie gezogen werden, so biegt der Büchsenmacher die Feder Fig. XI. in b so weit zurück, daß ihr Zapfen das Loch der Theilscheibe verlässt. Diese drehet er bis zum nächsten Loch in eben dem kleinsten Parallelzirkel um, zugleich also auch das Mundrohr, (Fig. VIII. cd) und lässt den Zapfen b der Feder Fig. XI. in das gedachte Loch der Theilscheibe fallen. Die Scheibe so wohl, als das Mundrohr, sind nun wieder befestigt, und die zweite giralle Linie wird gerade, wie die erste ausgeschnitten. Der kleinste Parallelzirkel ist in fünf gleiche Theile getheilt, folglich wird auch die Schneide (Fig. VIII. o) in einer Entfernung von der ersten girallen Linie in die Seele des neuen Rohrs (lk) einschneiden, die den fünften Theil des ganzen Umfangs der Seele dieses Rohrs beträgt. Alles dies gilt auch in diesem Fall von den übrigen drei girallen Linien. Soll das Rohr aber sechs giralle Linien bekommen, so wird die Feder Fig. XI. nur auf dem Bügel in dem zweiten Loche r Fig. X. angeschroben, und der Zapfen Fig. XI. b greift alsdenn in ein Loch des zweiten Parallelzirkels der Theilscheibe, der sechs Löcher in gleicher Entfernung hat. Alles übrige lässt sich nun, nicht nur bei diesem Parallelzirkel der Theilscheibe, sondern auch bei den übrigen, leicht errathen. Es bleibt nur noch die einzige Frage übrig, wie man mit einer Theilscheibe, deren kleinster Parallelzirkel fünf Löcher hat, einem

Rohr

Rohr, drei oder vier giralle Linien geben kann? Allein die Schwierigkeit fällt bei einigem Nachdenken sogleich weg. Drei giralle Linien erhält ein Rohr, wenn man in dem Parallelkreise der Theilscheibe, welcher sechs Löcher hat, jederzeit ein Loch übergehet, und vier giralle Linien entstehen, wenn der Professionist bei dem Parallelkreise mit acht Löchern gleichfalls auf die nur gedachte Art verfährt.

Anmerk. Zuweilen gehen die Züge in einem gezogenen Rohr nach geraden Linien, und der Professionist sagt alsdenn, die Büchse habe einen geraden Zug. In diesem Fall hat der bleierne Kolben Fig. VIII. e c gleichfalls Reifen nach einer geraden Linie. Was von der Theilscheibe bei den girallen Linien gesagt ist, gilt hier gleichfalls. Herr J. G. Leutmann hat in seiner Nachricht von gezogenen Büchsen eine Ziehbank bekannt gemacht, womit man giralle Linien von jeder beliebigen Windung ausschneiden kann. Sie ist aber in den Werkstätten noch nicht eingeführt, weil sie den Professionisten nicht dauerhaft genug zu seyn scheint.

h. Das Zündloch eines Schießgewehrs wird in unsern Tagen conisch gebohrt, so, daß die größte Oeffnung gegen die Seele gekehrt ist. Nur noch vor wenigen Jahren erweiterten die Büchsenmacher das gewöhnlich gebohrte Zündloch mit einem kleinen Meißel, oder einem andern feinen Instrument, an der innern Oeffnung so gut, wie möglich. Jetzt kann man es aber mit dem Zündlochsenker Fig. XII. weit bequemer conisch ausbohren. Das eiserne Gehäuse trägt ein Stirnrad

rad a b, und über diesem drei kleine Getriebe a, c d über einander, die, wie so gleich in die Augen fällt, von dem Stirnrad in Bewegung gesetzt werden Das oberste Getriebe d hat auf seiner kleinen Welle, außerhalb des Gehäuses, einen kleinen stählernen Senkkolben, oder eine Pyramide, und dieser stählerne Zapfen ist so lang, als das Metall des Rohrs dick zu seyn pflegt. Soll nun das gebohrte Zündloch nach dem Innern zu conisch erweitert werden, so spannt man den Zündlochsenker an seiner Angel e in den Schraubstock, und steckt den Lauf auf den schmalen Theil d a des Gehäuses. Der stählerne Senkkolben auf der Welle des Getriebes d muß in das gebohrte Zündloch fallen, und durch die Kurbel f wird das Stirnrad a b in Bewegung gesetzt, welches die drei kleinen Getriebe, und durch diese den gedachten stählernen Kolben umdrehet. Dieser bohrt das Zündloch conisch aus. Das Zündloch ist bekannter Maßen etwas von der Mündung des Pulversacks entfernt, und daher müssen die drei kleinen Getriebe in dem Theil des Gehäuses d a die Bewegung bis zu dem Zündloch fortsetzen.

J. In die unterste Mündung eines Laufs wird, wie bekannt ist, eine Schwanzschraube eingeschroben, und daher müssen in dieser Mündung Schraubengänge eingeschnitten werden. Der spitzige Schraubenbohrer Fig. XIII. a bohrt das Loch vor, und damit sich diese starke Schraube bequem umdrehen lasse, so steckt man beim Bohren auf ihren vierkantigen Zapfen c ein Wind-

eisen

eisen c d. Das letzte gilt auch von dem kalibermäßigen Bohrer Fig. XIII. e, womit die Schraubenmutter für die Schwanzschraube völlig geschnitten wird. Der letzte Bohrer muß daher, wie die Schwanzschraube, durchgängig gleich dick seyn. Diese wird aber mit der starken Schraubenmutter Fig. XIII. f geschnitten, in welche die Schraube e genau passt. Die Schraube e mit ihrer Schraubenmutter f machen also zusammen ein starkes Schneidezeug aus.

K. Auf dem Schloßblecheisen Fig. XIV. wird das Schloßblech, worauf alle kleine Theile eines Schlosses befestigt werden, angeschroben, wenn man es abfeilen will. Das starke Blech a b hat unten eine Angel c, womit das Instrument in den Schraubestock gespannt wird. Der Professionist bohrt durch das neue Schloßblech das größte Loch durch, worin der Zapfen der Nuß steckt, und durch dieses Loch steckt er die starke Schraube d des Schloßblecheisens, die auf diesem Instrument das Schloßblech fest hält.

L. Das Pfanneneisen Fig. XV. ist eine kleine eiserne Schraubenzwinge, worin der Professionist die Pfanne des Schlosses unter der Schraube a spannt, wenn er die Pfanne mit der Feile ausarbeiten will. Der Schraubstock hält dies kleine Instrument beim Gebrauch gleichfalls fest.

M. Die Vertiefung der Pfanne, worin das Schießpulver aufgeschüttet wird, reibet man mit dem Pfannenkolben Fig. XVI. aus. In einer star-

starken eisernen Röhre, a b lässt sich eine Spille von Stahl c d umdrehen. Das Ende d dieser Spille ist vorne abgerundet, und hat Feilenhiebe. Der Pfannenkolben wird an der Röhre a b in den Schraubstock gespannt, und der Professionist setzt den Fuß auf die Latte unter seinem Werktisch, damit er auf das Knie ein Stück Holz legen könne, worauf die Pfanne in einer Vertiefung liegt. Er kann bei dieser Stellung die Pfanne mit dem Knie dergestalt dem Pfannenkolben nähern, daß die Spitze d in der Vertiefung der Pfanne zu liegen kommt. Wenn er mit der Kurbel c die Spille c d umdreht, so ebnet die Spitze d die gedachte Vertiefung der Pfanne.

N. Der Pfannendeckel der Commißgewehre wird beim Abfeilen an einem eisernen Arm Fig. XVII. mit der Schraube a angeschroben, und der Arm in den Schraubstock gespannt. Dieser Arm heißt ein Deckeleisen. Gehört aber der Deckel zu dem Schloß an einer Vogelflinte, das man feiner ausarbeitet, so wird er auf der Platte a des Löthnagels Fig. XVIII. mit Schnellloth angelöthet, und der Nagel an seiner Angel b in dem Schraubstock befestigt.

O. Die Federn in einem Schlosse haben zwei Schenkel, die nach einem spitzigen Winkel gegen einander geneigt sind. Man biegt sie zu dieser Gestalt aus einem geraden Stücke Stahl, auf dem Federeisen Fig. XIX. um. Die Schlagfeder wird auf dem Ende a, die Deckelfeder aber auf dem Ende b umgeschlagen, und jedes Ende

muß

muß nach dem Winkel abgeschärft seyn, in welchem sich die Schenkel der Feder gegen einander neigen, die darauf soll umgeleget werden.

P. Der Schraubenkopf der Schraube, so den Hahn am Schloßbleche befestigt, muß, wie alle breite Knöpfe der Schrauben, genau anschließen, und daher glättet und ebnet man die unterste Fläche mit einem Instrument, welches der Büchsenmacher den Kaliber nennt. Fig. XX. Es ist eine starke stählerne Platte, mit Feilenhieben auf einer ihrer großen Flächen bedeckt. Sie hat einige Löcher, und in ein Loch wird die Schraube eingesteckt, die man mit einem Schraubenzieher so lange umdrehet, bis die unterste Fläche des Kopfs der Schraube, die die Fläche des Kalibers mit den Feilenhieben berührt, völlig eben ist.

Q. Soll aber der Kopf der Schraube genau anschließen, so muß auch die Stelle auf dem Hahn, oder auf einer andern Fläche, worauf der Kopf lieget, völlig eben seyn, und dies erreicht man durch den stählernen Abdrehnagel Fig. XXI. Er ist nicht weiter von einer starken Schraube verschieden, als daß auf der untersten Fläche des Kopfs Feilenhiebe sind, die man auch in der Zeichnung angezeiget hat. Der Abdrehnagel wird in das Loch gesteckt, worin man eine Schraube einschrauben will, und wenn man ihn in dem Loche mit einem Schraubenzieher einige Mal umdrehet, so ebnen die Feilenhiebe, unter dem Kopf des Nagels den Umfang des Lochs.

R. Die Nuß in dem Schlosse hat an jeder Seite einen Zapfen, und beide Zapfen müssen eine gemeinschaftliche Achse haben, wenn sich die Nuß in dem Schlosse gerade bewegen soll. Daher werden die Zapfen mit dem Nußeisen Fig. XXII. geschnitten, wie sich weiter unten ergeben wird. Ein solches Instrument besteht aus einem starken stählernen Kasten a b c d, in welchen eine Stahlplatte e f genau passet. Die Platte e f kann man dem Boden b c des Kastens durch zwei Schrauben in e und f nähern, und wieder entfernen. Auf der innern Fläche des Bodens b c sowohl, als der Platte e f, sind schräge Hiebe oder Schneiden, und überdem hat man noch einige Löcher durch diese beiden Stücke gebohrt, aber so, daß ein Loch in der Platte e f genau über einem Loche des Bodens b c lieget. In zwei solcher Löcher, die zusammen gehören, werden die Zapfen der Nuß eingesetzt, wenn man sie mit diesem Instrument beschneiden will, und da der eine Zapfen der Nuß kleiner ist, als der andere, so sind auch die Löcher in der Platte e f kleiner, als die in dem Boden b c. Der Gebrauch dieses Instruments wird sich bei der Beschreibung der Nuß füglicher zeigen lassen.

S. Auf einen Zapfen der Nuß wird der Hahn aufgepresset, und auf den andern eine eiserne Platte mit einem Fuße, welches man zusammen die Studel nennt. Wenn nun die Nuß mit diesen beiden Stücken und dem Schloßblech soll vereiniget werden, so wird auf den Theil des Zapfens

fens der Nuß, der aus dem Hahn hervor ragt, ein Instrument gesteckt, das der Professionist die Nonne nennt, und auf den entgegen gesetzten Zapfen der Nußring. Mit diesen beiden Ringen bringt man die Nuß mit dem Hahn und der Studel in den Schraubstock, und presst die beiden letztern Stücke auf die Zapfen der Nuß. Die Nonne und der Nußring müssen also diese Stücke auf die Zapfen hinauf treiben. Die Nonne Fig. XXIII. ist eine starke Hülse, die auf den stärksten Zapfen der Nuß passt, der Nußring F. XXIV. ist aber bloß ein massiver Ring.

T. Mit dem zugespitzten oder stumpfen Ende des stählernen Senkkolbens Fig. XXV. werden die Löcher conisch ausgebohrt, worin ein Schraubenkopf, der gleichfalls conisch ist, soll versenket werden. Es ist für sich klar, daß das Loch schon vorher mit einem gewöhnlichen Bohrer muß vorgebohret seyn.

U. Die Spannung der Federn in einem Schlosse hindert, daß man die Theile nicht aus einander nehmen kann, und daher muß man in diesem Fall ihre Federkraft hemmen. Mit der Federschraube Fig. XXVI. kann der Deutsche Büchsenmacher so wohl die Schlagfeder, als die Deckelfeder zurück biegen. Man muß hierbei nur im voraus bemerken, daß der eine Schenkel dieser Federn zwar auf dem Schloßbleche befestigt ist, daß aber der andre seine Kraft frei äußert, und dieser wird durch das genannte Instrument von den übrigen Theilen des Schlosses abgebogen. Der Arm b c des eisernen Gehäuses a b c hat in c einen Wiederhaken, und über diesem Arm lässt sich auf dem Gehäuse ein Schieber d e durch die Schraube in a hinauf und hinab bewegen. Die Schraube a hängt in d mit dem Schieber durch einen Hals zusammen, gerade wie der Schieber und die Schraube bei den Siegelpressen (6. Samml. 140. S.). Der Schieber muß daher aus zwei schmalen Platten mit kleinen Schrauben zusammen gesetzt seyn, weil man sonst den Hals der Schraube a in dem Schieber nicht anbringen könnte. Zwischen dem Arm c b, und dem Theil d des Schiebers ergreift der Büchsenmacher mit dem Federhaken die Schlagfeder, bewegt den Schieber d e mit der Schraube a hinab, und presst den beweglichen Schenkel der Feder gegen den unbeweglichen. Die kleinere Deckelfeder fasst er aber zwischen dem Wiederhaken des Gehäuses in f und dem Schieber in e. Aus dem obigen erhellet, daß der Schieber etwas vor dem Gehäuse vorspringt. Weit schneller lässt sich aber die Schlagfeder mit dem Federhaken Fig. XXVII. zurück pressen, der nebst dem nächsten Werkzeuge von den Französischen Büchsenmachern erfunden ist. Man legt den Haken dergestalt gegen den beweglichen Schenkel der Feder, daß die gekrümmte Spitze a auf dem äußersten Ende der Feder zu liegen kommt, und spannt die Feder mit dem Federhaken in den Schraubstock. Die gekrümmte Spitze a biegt alsdenn die Feder zurück. Mit gleicher Geschwindigkeit hemmt man die Federkraft der

Deckel-

Deckelfeder mit dem Deckelfederhaken Fig. XXVIII. Der Haken a b hängt mit der Stange c d durch das Gelenk in b zusammen. Setzt man nun den Arm c unter den befestigten Schenkel der Deckelfeder, und ergreift mit dem Haken a b den beweglichen, so lässt sich dieser mit dem Federhaken von dem Pfannendeckel abbiegen.

V. Der Kolbenzirkel F. XXIX. hat unter einem Schenkel statt der Spitze einen starken zugespitzten Zapfen, den der Büchsenmacher einen Kolben nennt. Dieser Zirkel lässt sich alsdenn vortheilhaft gebrauchen, wenn man aus einem gebohrten Loche eine Entfernung abmessen, oder einen Bogen schlagen will. Der Schenkel mit dem Kolben wird in diesem Fall in das Loch gesetzt. Die Metalldicke eines Rohrs, oder die ganze Dicke des letztern misst der Büchsenmacher mit einem Taster, und ein gewöhnlicher Zirkel ist ihm gleichfalls unentbehrlich.

W. In dem zweiten Abschnitt der vorigen Sammlung S. 31. steht schon die Beschreibung einer sehr einfachen Schneidekluppe, womit die Schrauben geschnitten werden. Allein weit künstlicher und sicherer ist die Schneidekluppe Fig. XXX. der Büchsenmacher In einem eisernen Gehäuse a b sind zwei stählerne Platten c d und d e befestigt, die gemeinschaftlich eine Schraubenmutter in f bilden. Die Platte e d sitzt in einer Falze des Gehäuses a b, und lässt sich durch die Schraube g von der Platte c d entfernen. Der Büchsenmacher schneidet in dieser Kluppe die stählernen

nen Schrauben zu seinem Schneidezeuge, und da sich der Schieber d e durch die Schraube g verschieben lässt, wodurch das Loch f größer wird, so kann er mit diesem Werkzeuge Schrauben von verschiedener Stärke schneiden.

X. Zu jeder Büchse gehört eine besondere Kugelform, Fig. XXXI. worin der Käufer kalibermäßige Kugeln gießen kann, und die er mit der Büchse von dem Büchsenmacher ersteht. Die Kugelform selbst ist im gemeinen Leben bekannt genug, und man wird daher nur mit wenigen ihre Verfertigung zeigen. Das Schmieden und die weitere Bearbeitung dieses Stücks lässt sich leicht aus den Abschnitten der vorigen Sammlung erklären, und daher wird man jetzt nur dabei stehen bleiben, wie die beiden Vertiefungen a ausgehöhlet werden, worin man die Kugeln gießt. Es ist bekannt genug, daß jede Vertiefung nach einer halben Kugel muß ausgedreht werden, und dies geschieht mit dem Kugelknopf Fig. XXXII. Den ganzen Knopf dieses Instruments bedeckt man durch die Kante einer Feile mit Einschnitten, gleich Feilenhieben, und diese müssen die kugelartigen Vertiefungen der Kugelform aushöhlen. Die Büchsenmacher, die keine Drehbank besitzen, stecken den Kugelknopf in die Leier des Pfannenkolbens, statt des Kolbens d Fig. XVI, und ergreifen den Knopf zwischen den Kneipen a der Kugelform Fig. XXXI. Hierdurch drehet sich der Knopf l in jede Kneipe der Form zur Hälfte hinein. Allein in weit kürzerer Zeit wird die Vertiefung ausgehöhlt, wenn

wenn man den Knopf wie einen Bohrer auf der Drehbank bewegt. Der Büchsenmacher muß aber zu jedem Kaliber einer Büchse einen besondern Kugelknopf haben. Wenn der Knopf dieses Instruments geschmiedet nnd gefeilt ist, so giebt man ihm in einer kalibermäßigen Vertiefung eines Kalibers Fig. XXXIII. seine bestimmte Größe. Der scharfe Umfang einer solchen Vertiefung schneidet den Knopf kalibermäßig ab.

Y. Beschäftigt sich ein Büchsenmacher mit der Verfertigung der Windbüchsen, so kann er der Drehbank des Mechanikus nicht entbehren, wenn er diese Büchsen ohne alle Beihülfe zur Vollständigkeit bringen will. Die Beschreibung dieser Drehbank selbst verspäret man bis zur nächsten Sammlung, wo der gedachte Künstler gleichfalls seinen Platz finden wird. Es sollen daher nur mit wenigen diejenigen Dreheisen berührt werden, die auf der Kupferplatte stehen. Fig. XXXIV. ist ein gewöhnliches Dreheisen. Mit dem scharfen Schraubeneisen Fig. XXXV. werden die scharfen und mit dem flachen Schraubeneisen Fig. XXXVI. die flachen Schraubengänge einer Schraube ausgedrehet. Das erste hat daher auf seiner Spitze scharfe, das letzte flache Zacken. Bei dem Muttereisen müssen aber die Zacken auf der Seite stehen, wenn man das Eisen in der hohlen Schraubenmutter anbringen will. Fig. XXXVII. ist ein scharfes, und Fig. XXXVIII. ein flaches Muttereisen. Bei den Schrauben an einer

Wind-

Windbüchse werden diese Eisen häufig gebraucht.

IV. Mit Beihülfe dieser Werkzeuge arbeitet der Büchsenmacher den Lauf einer Flinte, Büchse Pistole und Windbüchse aus, und verfertigt zu allen diesen Schießgewehren das Schloß und die Beschläge. Von allen diesen Stücken soll hinter einander das nöthigste beigebracht werden.

A. Den ersten Platz mag eine Jagd- oder Vogelflinte einnehmen, denn die Commißgewehre werden nur mit flüchtiger Hand bearbeitet.

a) Daß der Büchsenmacher das Rohr zu einem Flintenlauf von der Gewehrfabrik bekommt, erhellet aus dem dritten Abschnitt dieser Sammlung. Der Professionist überliefert der Fabrik ein Kalibermaß, so er aus einem starken Blech nach dem Durchmesser des Kalibers eines Rohrs schneidet, und nach Maßgebung dieses Kalibermaßes wird das Rohr geschmiedet, und im groben ausgebohrt. Das überschickte Kalibermaß ist aber schon so abgemessen, daß der Professionist die Seele auf seiner kleinen Bohrbank noch einmal ausbohren, und völlig ebnen kann. Es ist dies um so viel nöthiger, da die Seele der mehresten Vogelflinten conisch ausgebohrt wird, wobei man unstreitig den Zweck hat, das Schrot desto besser zusammen zu halten. Den Lesern zum besten, denen der Ausdruck, die Seele wird conisch ausgebohrt, nicht verständlich seyn möchte, muß man erinnern, daß die Mündung einer solchen Seele in dem stärksten Ende,

Ende, oder in dem Pulversack, weiter ist, als die vorderste Mündung, und daß also die Seele nach und nach gegen die vorderste Mündung zu schmaler zusammen läuft. Unterdessen ist doch auch bei einigen Vogelflinten die Seele durchgängig gleich weit, und alsdenn sagt der Büchsenmacher, sie sey kugelgleich. Im letzten Fall hat der Professionist weiter nichts zu thun, als daß er mit einigen Bohrern von zunehmender Größe die Seele auf der Bohrbank Fig. I. so oft ausbohrt, bis sie die erforderliche Weite hat, und dies bestimmt, so wohl bei den Flinten, als bei den Büchsen, der Wille des Käufers. Weil aber die Seele sich nicht gut schmergeln lässt, wenn alle Kanten des Bohrers schneiden, indem diese das Eisen rauh und uneben machen, so steckt der Büchsenmacher zwischen eine Seite des vierkantigen Bohrers und das Rohr ein Stück Holz, daß also nur zwei Kanten ganz ungehindert schneiden. Soll aber das Rohr conisch ausgebohrt werden, so muß man mehrere Bohrer von zunehmender Dicke anbringen. Aus der obigen Beschreibung einer solchen conisch ausgebohrten Seele erhellet, daß die Mündung des Pulversacks mit dem stärksten Bohrer muß ausgehöhlet werden, und daß man zum öftern kleinere Bohrer in die Büchse m Fig. I. der Bohrbank stecken muß, bis endlich die vorderste Mündung mit dem kleinsten Bohrer erweitert wird. Hierbei werden aber nothwendig an den Stellen der Seele Ringel entstehen, wo ein Bohrer aufgehöret hat,

einzu-

einzuschneiden. Die Folge wird lehren, wie diese Ringel weggeschafft werden. Da aber kein Rohr gehärtet wird, so trifft es sich zuweilen, daß es sich unter der Bearbeitung krümmt. Der Professionist erforscht dies mit der Saite Fig. II. Er zieht die Saite a c durch die Seele des Rohrs, steckt den Zapfen c wieder in sein Loch in dem Bogen a b, und lässt diesen nach seiner eigenen Schwere hinab hangen. Er hält bei dieser Arbeit das Rohr gegen das Licht, und sieht durch die Seele. Kann er an einer Stelle zwischen dem Rohre und der Saite durchsehen, so ist dies ein Zeichen, daß sich das Rohr hier geworfen hat. Diese Krümmungen werden mit dem Richtstock Fig. III. wieder weggeschafft. Man legt das Rohr dergestalt in die runden Vertiefungen a, b dieses Holzes, daß die fehlerhafte Stelle zwischen dem Zapfen a und b zu liegen kommt, und spannt das Rohr neben dem Stock in die Kneipen des Schraubstocks. Der Schlüssel des letztern darf nur etwas angezogen werden, so ist die Biegung des Rohrs weggeschafft. Unterdessen ist doch ein wiederhohlter Versuch mit der Saite anzurathen. Die Gewehrfabrik schleift zwar die äußere Fläche des Rohrs ab, sie überläßt es aber dem Büchsenmacher, sie völlig zu poliren. Die gedachte Fläche wird daher mit einem so genannten Hobel abgehobelt. Man muß sich aber durch den Namen dieses Instruments nicht irre machen lassen, denn es ist weiter nichts, als eine starke stählerne Platte, die auf einer ihrer breitesten Seiten Feilenlenhiebe hat, etwa wie der Kaliber Fig. XX. Uebrigens regiert der Büchsenmacher das Instrument eben so auf dem Flintenlauf, wie der Tischler den Hobel, und hierdurch werden alle Vertiefungen auf dem Laufe weggeschafft. Die Schlichtfeile muß ihn aber nach dem Behobeln völlig glätten. Um hierbei aber sicher zu gehen, so prüft der Professionist das Rohr mit dem Rohrzirkel Fig. IV. S. 139. Man bedienet sich aber dieses Rohrzirkels nicht bloß bei dem runden Theil des Rohrs, sondern auch bei dem achtkantigen Pulversack und bei eckigen Büchsen. Der Büchsenmacher weiß dem Eisen und Stahl vor vielen andern Eisenarbeitern eine feine Politur zu geben, und dies trifft auch bei der Politur der Flinten- und Büchsenläufe zu. Der pulverisirte Schmergel wird durch ein leinenes Tuch gesiebet, und mit dem groben Ueberrest im Tuche schmergelt man das Metall, ehe es gehärtet wird. Das Rohr einer Flinte wird zwar nicht gehärtet, allein man ist gesonnen das Poliren der Büchsenmacher hier in seinem ganzen Umfange zu erzählen. Den Schmergel trägt der Büchsenmacher mit Baumöhl auf das Eisen auf, und reibt dieses mit einem Stück hartem Holz aus allen Kräften. Das Eisen erhält durch das Härten eine harte Rinde, die nur einige Linien tief ist, und Stücke dieser Art schmergelt man so lange mit grobem Schmergel, bis die Schwärze der Rinde weggeschafft ist. Alsdenn nimmt der Professionist den feinen Schmergel mit Baumöhl vermischt, und reibt das Eisen mit

 einem

einem Stück weichem Holz so lange, bis es eine blaue Farbe erhält. Den völligen Glanz bekommt es aber erst, wenn es mit zwei Theilen zerstoßenem Blutstein, und einem Theil Zinnober polirt wird. Bei diesem Pulver nimmt man zum Reiben eine Schlichtfeile von weichem Holz. Alles dies lässt sich nun leicht auf den Flintenlauf anwenden. Zu mehrerer Verschönerung pflegt man das Rohr auch wohl blau anlaufen zu lassen, und dies kann auf eine doppelte Art geschehen. Der Büchsenmacher reibet entweder das Rohr mit einem Baumöhllappen ab, damit die Asche, die er durch ein leinenes Tuch aufstreuet, auf dem Rohr hangen bleibe, und legt alsdenn das Rohr so lange auf glühende Kohlen, bis es blau anläuft. Allein am besten läuft das Rohr alsdenn blau an, wenn man nach dem Poliren einen glühenden Dorn, den der Professionist einen Kolben nennt, in die Seele steckt, und das Rohr mit Blutstein reibet, so bald es durch die Hitze des Dorns anläuft. Die äußere Fläche ist nunmehr polirt, allein eben dies muß bei der Seele wiederhohlet werden, denn man hat bereits im vorher gehenden angemerkt, daß die Seele nach dem Bohren noch rauh ist. Die Seele der Flinten ist insgemein conisch, und daher muß sie mit dem gespaltenen Kolben Fig. VI. gekolbt oder geebnet werden, und dies nimmt alle Ringel weg, die durch das Bohren entstehen. S. 160. Das Zündloch bohrt der Büchsenmacher erst mit einem gewöhnlichen Bohrer von außen durch, und erweitert

tert es hernach inwendig conisch mit dem Zündlochsenker Fig. XII. S. 147. In die Mündung des Pulversacks wird statt des Bodens eine Schwanzschraube eingeschroben. Die Gestalt dieser Schraube kann der Leser am besten aus der XXXIX. und XL. Fig. kennen lernen. In der XXXIX. Fig. ist die Schwanzschraube b c bereits in einem Büchsenlauf b f eingeschroben; in der XL. Fig. wird man sie abgesondert bemerken. Der Hammer und die Feile geben ihr ihre Gestalt; und wie die äußere Fläche polirt wird, hat man nur kurz vorher gesehen. Die Schraube F. XL. schneidet man mit der Mutter eines starken Schneideeisens Fig. XIII. f, und das Loch in dem eigentlichen Schwanz F. XXXIX. d mit dem Schraubenbohrer eines gewöhnlichen Schneideeisens. Die lange Kreuzschraube, die durch dieses Loch d in den Schwanz eingeschroben wird, und den Lauf auf dem Schaft befestigt, schmiedet der Professionist, gleich allen übrigen Schrauben, wie einen Nagel, feilt den Kopf rund, und giebt ihm mit dem Feilbogen (6. Samml. 31. S.) oder auch nur mit der Feile einen Einschnitt, worin der Schraubenzieher fasst, wenn man die Schraube abnehmen will. Die Schraubengänge dieser Schraube werden mit einem gewöhnlichen Schneideeisen geschnitten. Der Leser weiß es schon, daß man den Kopf der Schrauben insgemein zur Zierde blau anlaufen lässt; es ist aber auch schon gesagt, wie dieser Anstrich hervor gebracht wird. S. 36. Die Schraubenmutter in der Mündung des Pulversacks eines Rohrs, Fig. XXXIX. b, worin die Schwanzschraube eingeschroben wird, schneidet man erst mit dem spitzigen Schwanzschraubenbohrer vor, Fig. XIII. a, und mit dem kalibermäßigen Schwanzschraubenbohrer c wird sie völlig ausgeschnitten. Ein Windeisen c d bewegt bei dieser Arbeit beide Schraubenbohrer. Der Lauf wird zwar hinten durch die Schraube in dem Loche d Fig. XXXIX. mit dem Schaft vereinigt. Allein hierdurch ist er noch nicht in der Mitte und vorne befestigt. Es werden daher unter jedem Lauf drei starke Ringe angelöthet oder eingeschoben. Der Büchsenmacher nennt diese Ringe Hafte F. XXXIX. e. Die Verfertigung hat keine Schwierigkeit, wie sich denn auch das Anlöthen mit Kupfer leicht aus den vorigen Abschnitten erklären lässt. Allein wie man diese Hafte einschiebet, dies muß noch kurz bemerkt werden. Der Büchsenmacher macht mit der Feile an der Stelle des Laufs, wo er einen Haft befestigen will, eine Nuthe, und jedem Haft giebt er einen Zapfen, den er durch die Feile in eine Falze verwandelt. Man begreift nun leicht, daß die Falze des Hafts in die Nuthe des Laufs eingepresst wird. Zuletzt löthet der Büchsenmacher das Richtkorn f auf dem fertigen Rohr an. Er feilt es gewöhnlich aus einem Stück Messing, befestigt es mit ausgeglühetem Draht auf dem Lauf, und löthet es mit Schlagloth an. Den Ort dieses Richtkorns bestimmt er nach dem Schwanz b c der Schwanz-

schraube,

schraube, und der Mündung a. Es muß genau in der verlängerten Mittellinie des Schwanzes b c, bei Flinten eine Hand breit, und bei Büchsen einen Daum breit von der Mündung a zu liegen kommen. Man hat oben vergessen, zu bemerken, daß der neue Flintenlauf vor der völligen Ausarbeitung so gut, wie möglich, in einem alten Schaft befestigt wird, um mit demselben einen Probeschuß zu thun. Schießt er noch nicht genau, so muß er von neuen ausgebohret werden. Das Rohr ist nunmehr in einen Flintenlauf verwandelt, und die Beschreibung kann zu dem

b) Schlosse übergehen. Die Verfertigung dieses wichtigen Stücks an einem Schießgewehr läßt sich aber nicht gut eher zeigen, bis die Theile nebst dem Mechanismus vorläufig zergliedert sind. Zur bessern Einsicht steht auf der Kupferplatte eine dreifache Zeichnung des Schlosses Fig. XLI. stellt das Schloß nach derjenigen Seite dar, die in die Augen fällt, wenn es an einer Flinte angeschroben ist, Fig. XLII. aber die innern Theile. Allein weil in einem Schlosse die Nuß, ein wichtiger Theil, von der Studel bedecket wird, so hat man in einem abgebrochenen Stücke des Schlosses Fig. XLIII. die Nuß so vorgestellet, wie sie in die Augen fällt, wenn die Studel abgenommen ist. Die äußern Theile eines Schlosses an dem Schloßbleche Fig. XLI. a b sind jedermann bekannt, c d heißt der Pfannendeckel, oder die Batterie. Sein Schwanz d ruht auf der Deckelfeder e b f, die den Deckel, wenn er auf der

Pfanne g h liegt, fest aufdrückt, damit das aufgeschüttete Pulver nicht von der Pfanne abfalle. i k m ist der Hahn, der aus dem Hahn selbst k m, und aus dem Maul k l bestehet, das ein abgesondertes Stück ist, und von der Schraube i hinauf und hinab bewegt wird. Bekannter Maßen dient dies, den Flintenstein anzuschrauben. Der Hahn sitzt unbeweglich auf einem vierkantigen Zapfen o der Nuß Fig. XLIII. p q. Es folgen also nun die innern Theile des Schlosses Fig. XLII. XLIII. Die Nuß hat an jeder Seite einen Zapfen. Beide lassen sich bei der besonders gezeichneten Nuß der Büchse Fig. XLIV. o, r deutlich bemerken, und auf dem vierkantigen Theil des Zapfens s, den man an dem untersten Zapfen der gedachten Figur bemerken wird, steckt der Hahn. Die Bewegung der Nuß und des Hahns ist also unmittelbar mit einander verbunden. Die Nuß muß sich in dem Schlosse wie ein Rad an seiner Achse bewegen, und daher läuft ein runder Theil t des nur genannten größten Zapfens in dem Schloßbleche, der kleinere Zapfen r Fig. XLII. aber in dem Lappen der Studel s t. Diese Studel hat einen Fuß, der auf dem Schloßbleche angeschroben ist, womit der Lappen s t einen rechten Winkel macht. Er bedeckt in der XLII. F. die Nuß völlig. Diese erhält in p F. XLIII. einen Arm, in q und u aber zwei Einschnitte. p heißt bei dem Professionisten die Vorder - u die Mittel - und q die Hinterrast, oder man nennt sie auch schlechthin Ruhen. Auf

der

der Vorderrast p ruhet die gekrümmte Spitze (die Krappe) der Schlagfeder v w s Fig. XLII. XLIII. und in die Mittel- und Hinterrast Fig. XLIII. u und q greift im erforderlichen Fall die Stange x z y, die in y mit einer Schraube auf dem Schloßbleche befestigt ist, und in z einen stark hervor ragenden Zapfen hat. Auf der Stange liegt die Stangenfeder x y, welche die Stange in den Rasten der Nuß fest hält.

Nunmehr lässt sich der Mechanismus mit wenigen Worten zeigen. Bei einer abgeschossenen Flinte ruhet der Hahn i k m Fig XLI. auf seiner Lage. Zieht man ihn nun zurück, so wird zugleich die Nuß Fig. XLIII. p q nach der Richtung z p etwas umgedrehet, und der Arm x der Stange x y z schleift sich auf der Stirn der Nuß bis in die Mittelrast u. Die Stangenfeder x y hindert, daß die Stange die Rast nicht wieder verlassen kann, und die Schlagfeder v w s wird schon etwas von der Vorderrast p gespannt. Man sagt in diesem Fall, der Hahn sey in der Mittelruhe. Zieht man aber den Hahn weiter zurück, und treibt hierdurch die Vorderrast p der Nuß weiter hinauf, so wird nicht nur die Schlagfeder v w s stark gespannet, sondern die Spitze x der Stange x y z fällt auch in die Hinterrast q. Der Hahn ist alsdenn gespannet. Unter einer Flinte ist bekannter Maßen ein Abzug, womit das Gewehr abgedrückt wird. Die oberste Spitze dieses Abzugs lehnt sich gegen den Zapfen der Stange x y z auf der Seite z. Fasst man nun den Abzug an, so drückt dieser den Zapfen z hinab, und die Stange x y z verlässt die Hinterrast q. Hierdurch wird die Ruhe der Nuß p q auf dieser Seite unterbrochen, und die gespannte Schlagfeder v w s kann ihre ganze Kraft auf die Vorderrast p äußern. Sie drehet daher die Nuß nach der Richtung p z um, und hierdurch wird zugleich der Hahn gegen den Pfannendeckel geschlagen. Das übrige weiß der Leser, und man eilt daher zur Verfertigung des Schlosses.

A, Natürlicher Weise muß das Schloßblech Fig. XLI. XLII. a b zuerst verfertiget werden; weil alle übrige Theile daran befestiget sind. Bei dem Schmieden bleibt auf der innern Fläche des Blechs ein vorspringendes Stück stehen, woraus der Büchsenmacher die vierkantige Stulpe Fig. XLII. $\beta\gamma$ feilet. Sie hat weiter keinen Zweck, als daß sie das Schloßblech, in der Aushöhlung des Schafts für das Schloß, von dem Holz entfernet; und damit das Schloß gerade liege, so muß die Pfanne auf dieser Seite eben so weit vorspringen, als die Stulpe. Es wird nöthig seyn, sogleich einige Anmerkungen voraus zu schicken, die sich auf alle Theile des Schlosses anwenden lassen. Jeder Theil wird erstlich aus zähem Schwedischem Eisen geschmiedet, die Federn ausgenommen, die von gutem Stahl seyn müssen. Der Hammer kann aber zweitens den verschiedenen Stücken in der Esse nur eine unförmliche Gestalt geben. Daher muß der Meißel und die Feile noch vieles abnehmen, und über dies jedes

Stück

Stück zur Vollkommenheit bringen. Dies gilt vorzüglich von den äußern Theilen des Schlosses, die kleine gebrochene Flächen, und über dies noch wohl einen vorspringenden Rand erhalten, weil sie in die Augen fallen. Der Meißel muß alle diese Flächen im Groben aushauen, ehe die Feile sie ebnen und ausarbeiten kann. Uebrigens feilt man gleichfalls zuerst mit den groben Feilen, und zuletzt mit der Schlichtfeile. Die glatten Feilen lassen sich aber bei Vertiefungen nicht jederzeit anbringen, und daher müssen sie mit Riffelfeilen von aller Art bearbeitet werden. In der XLI. Fig. wird man an dem Umfange der äußern Fläche des Schloßbleches einen Rand bemerken, der aus einem starken runden Stabe, und aus einem kleinen glatten Stabe an jeder Seite des ersten besteht. Der Meißel hauet dieses Gesimse erst im Groben aus, und eine Riffelfeile glättet es. Wenn der Professionist das Gesimse des Schloßblechs abfeilet, so hat er schon alle Löcher durchgebohrt. Er steckt daher durch das Loch für den Zapfen o der Nuß die Schraube d des Schloßblecheisens Fig. XIV, und schraubt es in den Schraubstock, damit er bequem die äußere Fläche des Schloßbleches abfeilen könne.

B. Die Pfanne Fig. XLI. XLII. g h wird beim Schmieden in einem Gesenke gebildet, und die Vertiefung, worin das Schießpulver zu liegen kommt, mit einem runden Aushauer ausgehöhlt. Zwischen der Pfanne selbst Fig. XLI. g h und dem vierkantigen Theil, in dem Innern des Schlosses

Fig. XLII. g h, höhlt man mit dem Meißel und der Feile eine Nuthe aus, womit die Pfanne auf das Schloßblech a b aufgeschoben wird. Alle Verzierungen, und vorzüglich die Stäbe unter der Pfanne in h, Fig. XLI. die etwas vorspringen, und der Schirm genannt werden, muß der Meißel und die Feile ausbilden. Wie die Aushöhlung auf der Pfanne, worin man das Pulver aufschüttet, mit dem Pfannenkolben Fig. XVI. geglättet wird, ist bereits oben gesagt S. 149. Eine Falze in g Fig. XLII, die in eine Nuthe der Studel $\beta\gamma$ eingeschoben wird, und eine Schraube neben h befestigen die Pfanne auf dem Schloßbleche.

C. Den Pfannendeckel c g d Fig. XLI. schmiedet der Büchsenmacher aus einem Stück, verstählt den Lappen c g, und biegt ihn auf der Kante des Ambosses um. Von der Bearbeitung des Deckels mit der Feile gilt eben das, was bereits bei den beiden vorigen Stücken erinnert ist. Beim Befeilen wird er von dem Deckeleisen Fig. XVII. in dem Schraubstock festgehalten, wenn er zu dem groben Schloß einer Kommißflinte gehört. Weil aber dieses Werkzeug den Deckel nicht unbeweglich befestiget, so löthet man ihn bei feinen Gewehren auf den Löthnagel F. XVIII. an.

D. Alle Federn, und also auch die Deckelfeder Fig. XLI. f b e, werden erst aus einem Stück Stahl gerade ausgestreckt, hernach aber auf einer Spitze des Federhakens Fig. XIX nach einem spitzigen Winkel umgebogen. Der Schenkel einer Feder,

Feder, welcher seine Federkraft äußern soll, muß sich frei hinauf und hinab bewegen können, hingegen wird der andre auf dem Schloßbleche befestiget. Bei der Deckelfeder ist der Schenkel e b unbeweglich, allein der Schenkel f b kann frei spielen. Der Hammer giebt daher jedem befestigten Schenkel einer Feder an einem Ende einen Lappen, und also auch der Deckelfeder in e, und gegen b bleibt unter dem Schenkel e b ein vorspringendes Stück stehen. Durch den Lappen e wird ein Loch gebohrt, denn eine Schraube hält die Feder an diesem Ende auf dem Schloßbleche fest. Auf dem vorspringenden Stück unter der Feder feilt der Büchsenmacher einen kleinen Zapfen, der in ein Loch des Schloßblechs gesteckt wird. Die Feder ist also an beiden Enden unbeweglich befestigt. Alles dies gilt auch von der Schlagfeder. Jede Feder erhält durch das Abbrennen Federhärte. Der Büchsenmacher erwärmt die Feder erst nur so stark, das der Talg, womit er die Feder härtet, schmelzet, (denn die ganze Feder wird mit Talg bestrichen,) und hält sie so lange über glühende Kohlen, bis der Talg durchgängig brennet. Keine Feder wird aber in kaltem Wasser abgekühlet, weil sie sonst zu hart wird. Eben so allgemein ist es, daß man jede Feder insgemein blau anlaufen läſſt. S. 36.

E. Den Hahn Fig. XLI, i k l arbeitet der Büchsenmacher nach dem Schmieden eben so zierlich aus, als die Pfanne und den Deckel. An der rechten Seite des Zapfens k feilt er einen Ansatz aus, worauf das Maul k l ruhet. Wie die Schraube i verfertigt, und die Löcher, worin sie sich bewegt, ausgeschnitten werden, lässt sich schon aus ähnlichen Fällen errathen. In o steckt der Hahn auf einem vierkantigen Zapfen der Nuß, und daher muß hier mit einem vierkantigen Dorn ein Loch viereckig erweitert werden, wenn es vorher mit einem Bohrer durchgebohret ist. Eine besondere Schraube o hält den Hahn auf dem Zapfen der Nuß fest. In der Achse dieses Zapfens muß daher eine Schraubenmutter mit dem Schraubenbohrer ausgeschnitten werden, worin die Schraube o passt, die mit dem Schneideeisen geschnitten wird. Wie die unterste Fläche des Schraubenkopfs mit dem Kaliber Fig. XX. und die Stelle des Hahns, die der Kopf berührt, mit dem Abdrehnagel Fig. XXI. müssen geglättet werden, wenn sich beide Flächen genau an einander schließen sollen, mag der Leser auf der 151. Seite nachlesen. Unter den innern Theilen macht wohl die

F. Nuß Fig. XLIII. p q dem Büchsenmacher am mehresten zu schaffen. Wenn sie nach dem Schmieden mit der Feile aus dem Groben gebracht ist, so muß der Professionist dafür sorgen, daß ihre beiden Zapfen F. XLIV. o und r auf einer gemeinschaftlichen Achse zu stehen kommen, wenn sich die Nuß gerade in dem Schlosse bewegen soll. Bloß in diesem einzelnen Fall thut das Nußeisen Fig. XXII. seine Dienste. An dem größten Zapfen o Fig. XLIV. wird vorher der hinterste

terste Theil ² mit der Feile gerundet, weil der Zapfen hier in dem Schloßbleche läuft, und das vorderste Ende ³, worauf der Hahn sitzt, feilt der Büchsenmacher vierkantig. Diesen Zapfen setzt er in ein Loch der Platte b c des Nußeisens Fig. XXII. worin er passt, und nähert die Platte e f der Nuß mit den Schrauben e und f. Da nun über dem Loche, worin der erste Zapfen der Nuß steckt, in der Platte e f gleichfalls ein Loch ist, so wird dieses auf den obersten Zapfen der Nuß treffen, und wenn dieser Zapfen durch das letzte Loch beschnitten ist, so kann der Büchsenmacher versichert seyn, daß beide Zapfen der Nuß genau in einer Achse stehen. Der größte Zapfen der Nuß ragt unter dem Nußeisen etwas hervor, und dieser vorstehende Theil wird in den Schraubstock gespannt. Drehet also der Professionist das Nußeisen an dem Griff d im Kreise um, und nähert beständig die Platte e f mit den Schrauben e und f der Nuß, so wird der oberste Zapfen von dem Loche der Platte e f beschnitten. Zugleich werden auch die beiden größten Flächen der eigentlichen Nuß von den Feilenhieben auf der innern Fläche der Platten b c und e f geebnet, daß sie bei der Zusammensetzung an das Schloßblech und die Studel genau anschließen. Die Mittelrast Fig. XLIII. u schneidet man mit der Kante einer Feile aus, die schon die bestimmte Größe hat, so dieser Einschnitt erhalten soll. Sie wird schief und ziemlich stark eingeschnitten, weil sie den Hahn in Ruhe erhält. Hingegen darf die Hinterrast

q nur

q nur wenig und gerade mit einer dreikantigen Feile ausgeschnitten werden, damit das Abfeuern des Gewehrs leicht von Statten gehe. Die Vorderrast p wird bloß mit der Feile ausgearbeitet.

G. Der Lappen s r Fig. XLII. der Studel lässt sich leicht auf der Ecke des Ambosses umbiegen, und mit einem Setzhammer (Setzstämpel) völlig bilden. Mit der Feile werden an dem Lappen einige willkührliche Figuren ausgeschnitten. Den Fuß der Studel befestigt eine Schraube unter h auf dem Schloßbleche.

H. Die Schlagfeder v w s verfertigt der Büchsenmacher gerade wie die Deckelfeder Seite 170. Für die Krappe s schlägt man nach der gehörigen Länge ein Stück mit dem Hammer um, und biegt es auf dem Hahnbieger krumm, einem Werkzeuge, daß der starken Finne eines Hammers gleicht.

I. Bei der Verfertigung der Stange Figur XLIII. x y z ist weiter nichts zu erinnern, als daß der Zapfen z auf der Ecke des Ambosses beim Schmieden umgebogen, und die Stange in y mit einer Schraube auf dem Schloßblech angeschroben wird.

K. Es bleibt nur noch die Stangenfeder α b y übrig. Sie entsteht zwar gerade so, wie die vorigen beiden Federn, sie ist aber bloß mit der Schraube α befestigt. Daher lässt sie sich von der Stange abmachen, wenn man mit einem Schraubenzieher die Schraube α etwas löset.

Alle

Alle diese Theile sind größten Theils von Eisen, und sie müssen daher gehärtet werden, wenn sie eine feine Politur annehmen sollen. So bald man sie also geschlichtet und geschmergelt hat, so werden sie mit gebrannter und pulverisirter Ochsenklaue worauf der Büchsenmacher nach Gutdünken Heringslake gießt, in einem eisernen Kasten eingesetzt. Wenn sie mit diesem Pulver eine Stunde in glühenden Kohlen gestanden haben, so kühlt man sie im kalten Wasser ab. Von dem Poliren hat man schon oben weitläuftig geredet. S. 161.

Die verfertigten Theile setzt der Professionist in folgender Ordnung zu einem Schlosse zusammen. Die Pfanne wird durch ihre Nuthe auf das Schloßblech aufgeschoben, und mit einer Schraube befestigt, so wie auch der Deckel nebst der Deckelfeder. Wenn die Nuß in ihr Loch des Schloßblechs eingesetzt ist, so presst man mit dem Mönch Figur XXIII. und dem Nußring Fig. XXIV. den Hahn und die Studel, in dem Schraubstock, jedes Stück auf seinen Zapfen der Nuß hinauf. Nunmehr kann die Schlagfeder mit dem Federhaken Figur XXVI eingesetzt, und ihre Spitze auf die Vorderrast der Nuß gelehnet werden. Zuletzt lässt sich auch die Stange mit ihrer Feder auf dem Schloßbleche anschrauben.

c) Es fehlen nur noch einige kleine Stücke, die an dem Schaft der Flinte befestiget werden, und die man zusammen den Beschlag nennt. Der Abzug Fig. LIX. a, womit das Gewehr abgedrückt

drückt wird, ist bereits oben genannt. Er läuft auf einem Stift in dem Schafte, über dem eisernen Abzugblech b c, der unter dem Schlosse in dem Schaft versenkt wird. Den Abzug umgiebt ein Bügel b c d, der aus Messing gegossen ist, und auf dem Schaft angeschroben wird. Gleichfalls aus Messing wird die Vorder = e Mittel = f und Spitzröhre g gegossen, und mit Nieten auf dem Schafte befestiget. Eben dies gilt auch von dem messingenen Seitenblech h. Alle diese Stücke werden zuweilen von dem Messingarbeiter, oder auch von dem Büchsenmacher gravirt oder verschnitten. Unter dem Kolben der Flinte wird eine messingene Kappe i angeschroben. Alle diese Stücke durften nur genannt werden.

B. Der Lauf der Büchse ist zwar stärker, aber kürzer, als ein Flintenlauf, und man schleift ihn auf der Fabrik insgemein achteckig ab. Die XXXIX. Fig. stellt also eigentlich den Lauf einer Büchse vor. Das wichtigste Unterscheidungszeichen der Flinten und Büchsen ist, daß die letztern gewöhnlich gezogen sind, und daß ihre Seele daher kugelgleich seyn muß. Es ist aber nicht nöthig, dieser Arbeit von neuen zu gedenken, da die Deutlichkeit schon verlangte, daß das nöthige bei der Beschreibung der Ziehbank Seite 141. mußte beigebracht werden. Ehe ein Rohr gezogen wird, muß es mit dem hölzernen Kolben Fig. V. gekolbt, und mit einem glatten bleiernen Kolben Fig. VII. geschmergelt werden. Den

Schmer-

Schmergel schmiert der Büchsenmacher mit Baumöhl auf den bleiernen Kolben. Alsdenn wird das Rohr sogleich auf die Ziehbank gebracht. Wie viel gerade Züge, oder giralle Linien (Drallen, Schneckenlinien) ein Rohr in seiner Seele erhalten soll, hängt zwar von der Willkür des Meisters ab, er muß aber hierbei auf die Größe des Kalibers sehen. Ist dieser weit, so kann man dem Rohr schon einige Züge mehr geben, als wenn er klein ist. Nach dem Ziehen wird Blei über einer eisernen Stange in das Rohr gegossen, und mit der Stange kann man den bleiernen Kolben F. VII. der hieraus entstehet, in das gezogene Rohr hinein stoßen, und wieder heraus ziehen. Seite 141. Der Kolben wird mit Schmergel und Baumöhl bestrichen, wenn man das Rohr schmergelt. Es ist gewiß, daß die gezogenen Büchsen weiter tragen, als die Flinten; allein die Ursache lässt sich nicht so leicht bestimmen. Es ist hier nicht der Ort, zu untersuchen, ob die Kugel in der Luft eben den gewundenen Gang nimmt, den die girallen Linien in der Seele der Büchse haben, und ob hierdurch die Geschwindigkeit vermehret wird. Dies werden aber Kenner sogleich eingestehen, daß das Pulver in den gezogenen Büchsen dadurch einen größern Widerstand findet, daß man die Kugel in einem parchenen Pflaster gewickelt in den Lauf hinein stößt. Das Pflaster presst sich in die Züge ein, und vermehrt hierdurch den Widerstand, daher muß auch eine stärkere Wirkung erfolgen. Der gezeichnete Büchsenlauf

Fig. XXXIX. hatte in g ein Visir. Ein Visir hat bekannter Maßen eine Klappe, die man stellet, nachdem die Büchse weit oder nahe tragen soll. Es muß oben rund ausgeschnitten (gesenkt) seyn, wenn man das Richtkorn gehörig bemerken soll. Der Büchsenmacher lässt es blau anlaufen, damit es nicht blende, und schiebt es auf das Rohr, wie die Hafte S. 164, auf. Das Schloß einer Büchse hat, außer den Theilen eines Flintenschlosses, noch einige kleine Stücke, die das Abbrennen erleichtern. Statt des Abzugblechs mit seinem Abzuge bei den Flinten, wird in den Schaft der Büchse ein Schneller Fig. XLV. eingesetzt. In dem blechernen Schnellergehäuse a b läuft auf einem Stifte c die Nadel a c d, welche in a einen Kerb hat. Gleichfalls auf einem Stifte f bewegt sich zwischen den Seiten des Gehäuses das Schlagstück e f b, das unter g einen Absatz hat, worauf die Spitze der Schlagstückfeder g h liegt. Endlich lehnt sich noch gegen die Nadel a c d eine Nadelfeder i a. Vor dem Abfeuern der Büchse drückt man den Arm b des Schlagstücks so weit in die Höhe, bis der Kerb e in den Kerb a der Nadel fällt. Die Federn g h und i a pressen beide Stücke gegen einander, damit die Büchse nicht vor der Zeit abbrenne. Will man Feuer geben, so darf man nur mit dem Finger gegen die Nadel c d drücken, und der Kerb a verlässt das Schlagstück e g b. Dieses schlägt gegen die Stange des Schlosses (Fig. XLII. z) und das Gewehr brennet ab. Unter dem Arm c f der Nadel, der in der Zeichnung nur punctirt ist, steckt eine Schraube i, womit man die Nadel a c d stellen kann. Soll das Gewehr schnell abbrennen, so schraubt man die Stellschraube i in die Höhe, und im Gegentheil wird sie hinab geschroben. Allein bei den gewöhnlichen Flinten bleibt der Finger auf dem Abzuge beim Abfeuern liegen, und der Abzug hält die Stange Fig. XLIII. x y z zurück, daß sie nicht in die Mittelrast u fallen, und das Abfeuern hindern kann. Hingegen sieht man leicht aus der Einrichtung des Schnellers, daß dies bei dem Abfeuern der Büchsen nicht Statt findet. Die Spitze x der Stange wird daher durch ein Spiel, in der Nuß der Büchse, gehindert, daß sie nicht in die Mittelrast u greifen kann. Die besonders gezeichnete Nuß Fig. XLIV. wird dies begreiflich machen. Nach der Breite der Mittel- und Hinterrast u, q hauet der Büchsenmacher ein Stück auf der Stirn der Nuß mit dem Meißel aus, und in dieser Vertiefung wird ein schmales Stück Stahl, welches man das Spiel nennt, angeschroben. Die vorderste Spitze dieses Spiels ist abgerundet, und wenn man den Hahn aufziehet, so schleift sich die Spitze der Stange, (Fig. XLIII. x) wenn sie in die Hinterrast fallen will, über das Spiel weg, und die Spitze des Spiels springt in die Mittelrast u hinab. Drückt man also ab, so hindert die Spitze des Spiels, daß die Stange nicht in die Mittelrast fallen kann.

C. Die Pistolen werden im Kleinen gerade wie die Büchsen behandelt, denn sie erhalten eine kugelgleiche Seele, die zuweilen bloß ausgebohret, gekolbt und geschmergelt, zuweilen aber auch gezogen wird. Man kann also dies Schießgewehr sogleich wieder verlassen, und sich zu den

D. Windbüchsen wenden. Selten kennet man die innere Beschaffenheit einer solchen Büchse, und die Neugierde des Lesers kann daher um so viel eher eine Beschreibung dieser Büchsen erwarten. In Berlin ist es bekannt genug, daß der berühmte D. Lieberkühn eine Windbüchse mit einer Kugel erfunden, und die Flaschenbüchsen verbessert hat. Beide wird man suchen begreiflich zu machen.

a) Bei der ersten Art wird die Luft in eine messingene Kugel gepumpt, die man beim Gebrauch auf das Schloß der Büchse schraubet. Der Lauf einer Windbüchse hat weiter nichts besonders, als daß sein Kaliber gewöhnlich kleiner ist, als bei den übrigen Schießgewehren. Desto mehr ist aber bei dem Schlosse, der Kugel, und der Pumpe zu bemerken.

Die Benennung der Theile des Schlosses nebst dem Mechanismus mag abermahls voran stehen. Figur XLVI. ist die äußere Seite des Schlosses, und Figur XLVII. stellt die innern Theile auf dem Schloßbleche vor. Der Hahn a b darf, wie bekannt, keinen Stein tragen, und daher erhält er nur einige Krümmungen, damit man

man ihn desto bequemer anfassen könne. Denn er lässt sich sehr schwer aufziehen, weil man den innern Theilen des Schlosses, wegen des Drucks der comprimirten Luft in der Kugel, eine starke Spannung geben muß. Er hängt, gerade wie bei dem vorigen Schlosse, mit der Nuß zusammen, die hier gleichfalls von dem Lappen der Studel c d bedeckt wird. Die Nuß in einem solchen Schlosse muß aber über der Mittel- und Hinterrast eben solche Rast Fig. XLIV. *v* haben, als die Vorderrast e ist. Unter diese Rast *v* greift die Krappe d der Schlagfeder d g h Fig. XLVII, die also in diesem Schlosse eine abgeänderte Lage erhält. Die Gestalt und Lage der Stange h i ist gerade, wie bei dem vorigen Schlosse, (Fig. XLIII. x y z) allein die Stangenfeder k l läuft hier in gerader Linie fort, und liegt zwischen den Schenkeln der Schlagfeder. Auf der Stelle, wo bei den übrigen Schlössern die Schlagfeder ist, liegt bei dem Schlosse der Windbüchse die Pritsche m n o. Es ist ein vierkantiges Stück Stahl, das sich auf einer Schraube n, zwischen dem Schloßblech und einer Studel p, dergestalt bewegt, daß der Theil n o in die Höhe geht, wenn man den Arm n m hinab drückt, und umgekehrt. Die Spitze m der Pritsche, die der Kegel heißt, ist ein abgesondertes Stück, das mit einer Schraube an der Pritsche befestiget ist, und sich mit seinem Schwanz in m gegen die Pritsche lehnt. Der Kegel lässt sich also wohl in die Höhe, allein nicht hinab drücken. Damit er sicher wieder hinabgehe, wenn man ihn in die Höhe gebogen hat, so lehnt sich gegen ihn eine kleine Feder q r. In einem Loche auf der Spitze der Pritsche o ruht ein stählerner Stift o s, der den Boden eines hohlen eisernen Cylinders durchbohrt, den man die Tille t u nennt. Sie hat unter s ein Loch, wodurch die Luft in den Lauf der Büchse übergehet. Daher ist der Lauf der Windbüchsen um das Zündloch nach einer Walze etwas ausgeschnitten, und in diesen Ausschnitt passt die Tille t u. Diese hat inwendig Schraubengänge, weil die Kugel mit ihrem Ventilgehäuse auf die Tille aufgeschroben wird. Die Beschreibung geht nun zu dem wichtigsten Theil der Windbüchse, nämlich zu dem Ventilgehäuse über, und daher hat man dies Stück mit der Kugel besonders im Durchschnitt Fig. L. gezeichnet, denn die innern Theile sind das wichtigste. a b ist der Durchschnitt des Ventilgehäuses, c d e der Tille, und f g der Kugel. An dem Ventilgehäuse springt äußerlich in der Mitte ein sechskantiges Stück vor, welches das Auge am besten in der körperlichen Zeichnung dieses Stücks Fig. LI. e c bemerken wird, und über und unter diesem Stück ist eine Schraube. Auf die Schraube h i wird die Kugel aufgeschroben, und durch einige Löcher l steht die äußere Luft im erforderlichen Fall mit dem Raum in der hohlen Kugel im Zusammenhang. Die Schraube b k wird in die Tille (Fig. XLVII. t u) an dem Schlosse eingeschroben. Die ganze Schraube ist inwendig

ausgehöhlt Fig. L. h b, und diese Aushöhlung hat in b ein Lager, das nach einer Kugel ausgedrehet ist. In dieses Lager passt der Kopf m des Ventilstöpsels m n, (Fig. LII.) der mit Leder überzogen ist. Damit sich aber das Leder nicht wieder abstreife, so wird es mit einer stählernen Schraube Fig. LII. o befestigt, deren Kopf deshalb ausgehöhlt ist, damit ihn der Stift p auf der Pritsche sicher treffe. Um den Ventilstöpsel schlängelt sich eine Stahlfeder, die F. LIII. gleichfalls besonders gezeichnet ist. Oben wird das Ventil von einer besondern Schraube Fig. L. a i (Fig. LIV.) in gerader Richtung erhalten, die in die Mündung des Ventils eingeschroben wird.

Gesetzt der Hahn Fig. XLVII. a ist völlig aufgezogen, so wird durch die oberste Rast (Fig. XLIV. n) der Nuß die Schlagfeder d g h stark hinab gedrückt und gespannet. Zugleich bewegt sich die Vorderrast c der Nuß in die Höhe, stößt den Kegel m zurück, und kommt über der Pritsche zu liegen. Die Feder q r drückt aber den Kegel m wieder hinab. Wird nun der Abzug der Windbüchse abgedrückt, so biegt er die Stange h i von der Nuß ab, die Schlagfeder d g h presst die oberste Rast (Fig. XLIX. f) in die Höhe, und die Rast c geht hinab. Diese wird also den Arm n m der Pritsche niederdrücken, und der Arm n o geht nicht nur in die Höhe, sondern er stößt auch den Stift o s in die Höhe. Dieser Stift, (welcher in der L. F. durch den Buchstaben p angedeutet wird), erhebt den Ventilstöpsel m n, die in die Kugel gepumpte Luft dringt durch die Löcher l (F. LI.) in die hohle Schraube h i, und geht in die Tille c d e, (Fig. XLVII. t u) aus dieser aber durch das Loch s Fig. XLVII. in den Lauf über. In eben dem Augenblick presst die Feder m q Fig. L. den Kopf m des Ventilstöpsels wieder in sein Lager, und da der Stöpsel mit Leder überzogen ist, so schließt er sich genau an, und lässt keine Luft weiter durch.

Die mehresten Theile des Schlosses an einer Windbüchse befinden sich auch an dem vorigen Schlosse, wie der Hahn, die Nuß mit ihrer Studel, die Schlagfeder, und die Stange mit ihrer Feder. Desgleichen hat die Verfertigung der Pritsche Fig. XLVII. o m. und ihre Studel p weiter nichts besonders, als daß sie nebst dem Stift o s von Stahl, und federhart seyn müssen, weil beide Stücke der Gewalt der comprimirten Luft ausgesetzt sind. Allein bei der Tille, dem Ventilgehäuse und der Kugel wird es nöthig seyn, etwas stehen zu bleiben. A. Die Tille Fig. XLVII. t u bleibt beim Schmieden an dem Schloßbleche als ein massives Stück stehen, das auf der Drehbank weiter ausgebildet wird. Der Büchsenmacher hat ein eigenes messingenes Futter, womit er das Schloßblech mit der Tille an seiner Drehbank befestiget, so wie der Zinngießer seine Arbeit mit einem Stock an seinem Drehrade festhält. Er bohrt, wie in allen ähnlichen Fallen, das Loch für den Stift o s gerade in der Achse der Tille zuerst aus, und nunmehr kann er das

Dreh-

Dreheisen anbringen, womit die Tille inwendig ausgehöhlet wird. Sie wird aber nicht völlig bis an das Loch s ausgedrehet, und daher muß eine Rinne auf dem Boden der Tille bis zu diesem Loche mit dem Dreheisen versenkt werden. Alsdenn kann man das Loch s durchbohren. Ueberdem bleibt beim Abdrehen auf dem Boden um das Loch s eine Röhre stehen, die den Stift o s in gerader Richtung erhält. Der ausgehöhlten Tille giebt man mit dem flachen Muttereisen Fig. XXXVIII., gleichfalls auf der Drehbank, inwendig Schraubengänge: denn aus dem obigen erhellet, daß das Ventilgehäuse in die Tille eingeschroben wird. Der Stift o s muß aber so genau in sein Loch passen, daß er keine Luft durchlässt. Auswendig wird die Tille gleichfalls mit dem Dreheisen abgedrehet. B. Das Ventilgehäuse Fig. LI. wird in der Gießflasche gegossen, und durch den Guß entstehen nicht nur die Zapfen zu den Schrauben, sondern auch das vorspringende Stück e c. Die Zapfen zu den Schrauben b k und h i werden auf der Drehbank abgedrehet, und die Schraubengänge mit einem flachen Schraubeneisen F. XXXVI. eingeschnitten. Die Löcher Fig. LI. l. bohrt man mit einem Bohrer durch. Die Aushöhlung dieses Gehäuses Fig. L. h b drehet der Professionist gleichfalls mit dem Dreheisen, wie die Tille, aus, und das abgerundete Lager b vertieft er mit dem Kugelknopf Fig. XXXII. Auf eben die Art wird die kleine Schraube Fig. LIV. auf der Drehbank nach dem Guß ausgearbeitet, und ausgebohrt. C. Der Ven-

Ventilstöpsel an sich Fig. LII. wird mit seinem Knopf o aus Eisen geschmiedet, abgedreht, und mit einem Stahl poliret. Um den Knopf o legt man zwei Scheiben von Juchten über einander, die bloß von der Schraube o befestiget werden. Diese Schraube wird mit dem Schneideeisen, und die Schraubenmutter in dem Ventilstöpsel, welche in der LII. Fig. punktirt ist, mit einem Schraubenbohrer geschnitten. Die Schraube selbst muß von Stahl seyn, und Federhärte erhalten, damit sie dem Stift (Fig. XLVII. o s) gehörig Widerstand thue. Eben dieser Stift soll die Schraube jederzeit sicher treffen, und daher wird der Kopf der Schraube auf der Drehbank nach einer Kugel ausgehöhlet. D. Die Feder F. LIII. wird aus gutem Stahl geschmiedet, auf einer Ziehbank zu Draht gezogen, und um einen Dorn geschlungen. Sie erhält, wie alle übrige Federn, Federhärte. S. 171. Auf den Ventilstöpsel Fig. LII. wird sie, ohne alle Befestigung, bloß aufgeschoben. Zwischen der Kugel Fig. L. f g, und dem vorspringenden Stücke e c des Ventilgehäuses, wie auch zwischen der Tille c d e und eben diesem Stücke e c liegt jederzeit ein Ring von Juchten, der der eingepumpten Luft allen Ausgang versperret. E. Die Kugel Fig. L. f g und Fig. LV. a b wird in der Gießflasche in zwei Hälften gegossen. Jede Hälfte dreht der Büchsenmacher auf der Drehbank inwendig aus, so wie auch das Loch c Fig. LV. in der untersten Hälfte der Kugel auf der Drehbank ausgebohrt wird. Das Loch erhält mit einem

Mut=

Muttereisen Fig. XXXVIII. Schraubengänge. Zugleich wird in b eine Falze ausgedrehet, damit man beide Hälften bequem zusammen setzen, und mit Silber zusammen löthen könne. Auswendig muß die ganze Kugel gleichfalls abgedrehet werden, wobei in b ein kleines Gesimse entstehet.

Da aber die Luft, so in die Kugel eingepumpet wird, die wirkende Kraft der Windbüchse ist, so gehört zu jeder Windbüchse auch eine Pumpe, Fig. LV. Zu dem Pumpenrohr lässt sich der Professionist von der Gewehrfabrik ein dünnes Flintenrohr kommen. Die äußere Fläche wird wie der Lauf einer Flinte polirt, allein die Seele muß so glatt wie möglich seyn, und daher wird das Rohr nicht nur ausgebohrt, sondern auch mit dem hölzernen Kolben Fig. V. gekolbt, und mit einem glatten bleiernen Kolben Fig. VII. aufs beste geschmergelt. S. 176. Auf jedem Ende des Rohrs sitzt eine messingene Röhre d g, e f. Beide Röhren werden über einem Kern gegossen, auf der Drehbank ausgebohrt, und auswendig abgedrehet. Man löthet sie auf dem Pumpenrohr mit Schlagloth an. Das Kreuz h i selbst ist ganz von Eisen, die Griffe h und i sind aber von Holz. Das eigentliche Kreuz erhält in f eine Schraube, womit es in die Röhre e f eingeschroben wird, und in k schneidet man mit dem Schraubenbohrer eine Schraubenmutter aus, in welche eine Schraube des Ventilgehäuses k c passt. (Fig. LI. b k). In die oberste Mündung des Pumpenrohrs, Fig. LV. g, wird eine Schraube von

Messing

Messing g l eingeschroben, welche macht, daß man beim Pumpen die Pumpenstange m n nicht aus dem Pumpenrohr ziehen, und sie dessen ungeachtet im erforderlichen Fall abnehmen könne. Der Professionist gießt sie wie die vorigen Schrauben, bohrt sie auf der Drehbank aus, und drehet sie ab. Die Pumpenstange m n schmiedet er aus Eisen, befeilt, und polirt sie. Die Spitze der Pumpenstange l m, die von dem Pumpenrohr bedeckt wird, hat einen dünnern Zapfen, worauf ein messingener Cylinder, den der Professionist den Stöpsel nennt, gesteckt wird. Diesen Stöpsel bohrt der Büchsenmacher auf der Drehbank aus, und wenn er die äußere Fläche dieses Cylinders abdrehet, so höhlt er um diese äußere Fläche in der Mitte eine starke Hohlkehle aus. Den Stöpsel umgeben auf der Seitenfläche einige kleine Ringe oder Röhren von Juchten, die sich aber nicht decken, sondern über einander auf dem Messing liegen. Um diese Ringe wird abermahls ein Stück Juchten geschlagen, das sie sämmtlich deckt. Alle Röhren von Juchten werden naß auf den Stöpsel mit Gewalt hinauf gepresst. Eine Scheibe von Messing, die in p auf den Zapfen der Pumpenstange aufgesteckt, und mit einer Schraube in n befestiget wird, hindert das Leder, daß es sich nicht abstreifen kann. Der Leser begreift es sogleich, daß das Leder sich genau an die Seele des Pumpenrohrs anschließen muß, wenn der zusammen gepressten Luft kein Ausgang übrig bleiben soll. Aus eben der Ursache muß auch die Seele

des

des Pumpenrohrs e d in dem untersten Ende e etwas weniges weiter seyn, als in dem obersten d. Der Bohrer bohrt das Rohr zwar kugelgleich aus, man erweitert die Seele aber etwas in e, wenn sie mit dem bleiernen Kolben Fig. VII. geschmergelt wird. Es muß nur noch die Ursache angegeben werden, weshalb auf dem Stöpsel eine Hohlkehle ausgedrehet wird. Das Leder auf dem Stöpsel der Pumpenstange, und auf dem Kopf des Ventilstöpsels (Fig. LII. o) trocknet zum öftern ein, und dies hindert so wohl den Gebrauch der Pumpe, als der Windbüchse. Daher muß die Pumpe zuweilen eingeschmieret werden. Man zieht in diesem Fall die Pumpenstange m n völlig in die Höhe, und gießt in die Mündung l des Pumpenrohrs einen Löffel voll Baumöhl mit Wasser vermischt, beides in gleichen Theilen. Wird das Pumpenrohr hinab gestoßen, so presst die comprimirte Luft den flüssigen Körper nicht nur in die Hohlkehle des Stöpsels hinein, sondern auch in das Ventilgehäuse. Hierdurch wird das Leder auf dem Kopf des Ventilstöpsels hinreichend angefeuchtet, und das Baumöhl mit Wasser vermischt, in der Hohlkehle des Stöpsels an der Pumpenstange, erhält das Leder auf dem Stöpsel einige Zeit geschmeidig. Der starke messingene Ring, der der Stoß o heißt, und auf der Pumpenstange mit einem Stift befestiget wird, hindert die Stange, daß sie beim Pumpen nicht bis auf den Boden stoßen, und das Ventilgehäuse k c verletzen kann. Endlich

steckt

steckt in einem Ringe m der Pumpenstange ein Eisen, daß der Büchsenmacher den Trittschlüssel nennt. Alle diese Theile müssen durch die bekannten Mittel aufs beste gehärtet werden. Es darf nur noch mit wenigen der Gebrauch dieser Pumpe gezeigt werden. Die Kugel a b wird mit dem oben beschriebenen Ventil k c auf die Pumpe aufgeschroben, und sie ist beim Pumpen gegen die Brust des Arbeiters gekehrt. Dieser tritt mit dem Fuß auf den Trittschlüssel m, und zieht mit dem Kreuz h i das Pumpenrohr l f auf der Pumpenstange l m hinauf und hinab. Gesetzt das Pumpenrohr l f wird hinab gestoßen, so hat die Pumpenstange die Luft in dem Pumpenrohr in einen engern Raum gebracht. Diese presst daher das Ventil zurück, und tritt in die Kugel. Die Feder des Ventils drückt aber den Ventilstöpsel wieder hinab, wodurch der comprimirten Luft der Ausgang versperret wird. Zieht man nun das Rohr l f wieder hinauf, daß der Stöpsel der Pumpenstange über dem Loche p zu liegen kommt, so dringt die äußere Luft durch dieses Loch in das luftleere Pumpenrohr. Man sieht leicht, daß die eingedrungene Luft wieder in die Kugel gepresst wird, wenn man das Pumpenrohr von neuen hinab stößt. Die Kugeln dieser Windbüchsen halten 300 Stöße aus, womit man sicher zehn Mahl mit gleicher Wirkung schießen kann. Jeder Käufer erhält bei einer Windbüchse zwei Kugeln, und wenn sie nicht gebraucht werden, so stellt man sie auf einen messingenen Fuß,

Fig.

Fig. LVI, der von dem Ventil allen Staub abhält. Der Fuß wird massiv gegossen, und auf der Drehbank abgedrehet.

b) Die Flaschenbüchsen haben statt der Kugel eine Flasche von Messing, in der ausgehöhlten Kolbe des Schafts. Ein Schaft dieser Büchsen muß daher etwas stärker, als gewöhnlich seyn. A. Der Lauf hat hinten statt der Schwanzschraube ein Schwanzstück Fig. LVII. a b, das deshalb mit dem Lauf b c einen stumpfen Winkel macht, damit es von vorne in ein Loch der ausgehöhlten Kolbe f könne hinein gesteckt werden. Das ganze Schwanzstück wird massiv geschmiedet, und wie alle übrigen eisernen Stücke ausgearbeitet. Unten wird sich ergeben, daß es zwei Mahl durchgebohrt wird, in der Achse c d e und in c f. In c erhält seine Mündung Schraubengänge, denn hier wird das Ventilgehäuse der Flasche angeschroben. Die Flasche Fig. LVIII. ist ein abgekürzter Kegel, dessen Seitenblech a b aus geschlagenem Messing auf einem Dorn zusammen gerollt, und mit Silber zusammen gelöthet wird. Flaschen dieser Art sind weit dauerhafter, als wenn das Seitenblech gegossen ist. Der Boden a wird massiv gegossen, und gleichfalls mit Silber eingelöthet. In der Oefnung h löthet man nur eine Schraubenmutter ein, worin das Ventilgehäuse eingeschroben wird, und dieses gleicht völlig dem Ventilgehäuse der angel. (Fig. L. a b) Es versteht sich, daß die Flasche auf der Drehbank abgedrehet wird. Man hat schon oben gesagt, daß das Schwanzstück des Laufs Fig. LV. a b in die ausgehöhlte Kolbe hinein ragt, und daß die Flasche in dem Innern der Kolbe auf die Schraube c aufgeschroben wird. Die Kappe unter der Kolbe Fig. LIX. i besteht daher aus einer Klappe, die man mit einer Feder verschließt, wenn die Flasche eingeschroben ist. B. Das Schloß dieser Windbüchsen erhält zwar eine Pfanne und einen Pfannendeckel, aber bloß zur Zierde. Denn nur der Hahn im Fig. XLII. die Nuß und ihre Studel r, die Schlagfeder vws, und die Stange yz mit ihrer Feder haben hier ihren Nutzen. Die Theile dieses Schlosses bekommen eben die Lage, die man den Theilen eines Flintenschlosses giebt. Die Nuß hat aber auf der Vorderrast einen ausgerichteten Zapfen, der auch in e Figur XLIX. bemerkt ist. Allein die Pritsche ist bei den Flaschenbüchsen ganz anders eingerichtet, als bei der vorigen Art. Sie ist nicht auf dem Schloßbleche, sondern an dem Schwanzstücke des Laufs mit einer Schraube in e Fig. LVII. befestiget. In der Zeichnung wird sogleich in die Augen fallen, daß e f die Pritsche ist. An jeder Seite des Schwanzstücks liegt ein Arm der Pritsche, wie ef. Beide bewegen sich auf einer gemeinschaftlichen Schraube in c, und hangen durch ein Quereisen f zusammen. Gegen diese Pritsche lehnt sich der Stift cf, der in einem vierkantigen Loche des Schwanzstücks steckt, und etwas gekrümmt ist, damit er auf den Ventilstöpsel in dem Ventilgehäuse der Flasche sicher treffe, und ihn zurück stoße. Das Loch cf wird

zwar

zwar gebohret, aber mit einem Dorn vierkantig erweitert. Der Stift c f kann bei dieser Figur des Lochs seine Lage nicht abändern. Das Loch c d e, wodurch die Luft aus der Flasche in den Lauf b c übergeht, ist daher zwar genau in der Achse ausgebohrt, aber das Loch c f geht, wie der Stift, etwas gekrümmt. Wird nun diese Windbüchse abgedrückt, so fällt der aufgerichtete Zapfen e der Nuß F. XLIX. gegen die Gabel F. LVII. e f in f, diese stößt den Stift f c gegen den Ventilstöpsel, in dem Ventilgehäuse der Flasche, und die Luft dringt durch die Oeffnung c d e in den Lauf b c. Zu jeder Flaschenbüchse giebt der Büchsenmacher beim Verkauf gleichfalls zwei Flaschen. Herr Lieberkühn hat diese Windbüchsen nur verbessert, und ihnen vorzüglich statt zwei Ein Ventil gegeben.

E. Zum Beschluß soll noch in einigen Anmerkungen alles das beigebracht werden, was sich nicht gut an einem andern Orte sagen ließ. 1) Die Büchsenmacher geben den Flinten und Büchsen eine willkürliche Länge, und sie machen diejenigen Läufe nur etwas kürzer, die nach einer Gegend sollen verschickt werden, wo es viele Gebüsche giebt. Der Leser kann sich aber aus des Ritter d'Arcy Versuch einer Theorie der Artillerie überzeugen, daß die bestimmte Länge des Laufs viel zu der Wirksamkeit des Schießpulvers beiträgt. 2) Man hat Flinten mit zwei Läufen, die mit Silber oder Schlagloth zusammen gelöthet werden. Jeder Lauf erhält an seiner Seite ein Schloß, und der Abzug des Schlosses zur linken ragt etwas vor dem Abzüge des Schlosses an der rechten Seite hervor. Beim Abfeuern geht also der Lauf zur linken Hand eher los, als der zur rechten. Es giebt aber auch Flinten, die unten und oben einen Lauf haben, und beide erhalten anderthalb Schloß. Ein solches Schloß bekömmt zwar nur die gewöhnlichen innern Theile und einen gemeinschaftlichen Hahn, aber es hat unten und oben eine Pfanne und einen Pfannendeckel. 3) Das gute Ansehen und der Werth der damascirten Flinten=, Pistolen = und Büchsenläufe ist bekannt genug, und es verlohnt sich also der Mühe, auch von diesen Läufen ein Paar Worte zu sagen. Gewöhnlich nimmt der Rohrschmid auf den Fabriken zu den Platinen eines solchen Laufs zugleich graues (hartes) und weißes (weiches) Eisen, und Stahl, legt die dünnen Stangen dieser Metalle nach der Länge zusammen, und windet sie nach dem Zusammenschweißen. Das gewundene Stück Metall schmiedet er wieder platt, schlägt es zusammen, windet es von neuen, und widerhohlt diese Arbeit einige Mahl, ehe er hieraus eine Platine schmiedet. Diese wird endlich wie alle übrige Platinen zusammen geschweißt, und in ein Rohr verwandelt. Seite 89. Weit feiner ist aber die Damascirung, oder mit dem Büchsenmacher zu reden, der Damast, wenn das ganze Rohr aus aufgewickeltem Draht zusammen geschweißt ist. Man nimmt einen alten Flintenlauf, und umwickelt ihn, etwa nach der halben

Länge

Länge des künftigen damascirten Rohrs, mit feinem ausgeglüheten Draht, denn die Verwickelung dehnt sich, wie leicht zu erachten, bei dem Zusammenschweißen aus. Auf jede Lage werden nach der Länge einige stärkere Enden Draht gelegt, damit die Lagen nicht aus einander fallen. Eine Person wickelt den Draht um den Dorn, und eine andre staucht ihn mit einem Stämpel fest gegen den Dorn an. Diese Arbeit wird so lange fortgesetzt, bis der umgewickelte Dorn mit dem Draht etwa so dick ist, als der Schenkel eines ausgewachsenen Mannes. Man übergiebt alsdenn die Verwickelung des Drahts einem geschickten Rohrschmid auf der Gewehrfabrik, der den Draht bis zur Schweißhitze bringt, und ihn erst auf einem starken, zuletzt aber auf einem kalibermäßigen Dorn zusammenschweißt. Der Draht muß aber wenigstens zwanzig Mahl in die Gluth gebracht werden, ehe er sich völlig zusammenschweißen lässt. Allein die wenigsten Rohrschmide verstehen das Schweißen eines solchen Rohrs. Die geringste Damascirung entsteht alsdenn, wenn man um einen schwachen Lauf, der eine Hülfe heißt, Draht wickelt, oder um eine dünne Platine von der ersten Damascirung schlägt, und beides auf dem Rohr anschweißt. Allein die Adern des damascirten Rohrs fallen erst alsdenn in die Augen, wenn das Rohr gebeizet ist. Man bedeckt es daher in einem hölzernen Troge völlig mit Essig, Vitriol, verfaulten Citronen, und Scheidewasser, und lässt es in dieser Beize so lange stehen, bis sich die Adern zeigen. Das Eisen läuft aber in der Beize roth an, und daher muß man es abwaschen, wenn sich die Adern zeigen sollen. Es giebt zwar noch eine Damascirung, sie verschwindet aber beim Gebrauch des Rohrs völlig wieder, und verdient daher kaum genannt zu werden. Das Rohr wird mit Wachs überzogen, und die Adern werden mit dem Grabstichel auf dem Rohr ausgegraben. Die gedachte Beize dringt in die gravirten Züge ein, und vertieft sie. Das Rohr wird schon vor dem Beizen völlig polirt. 4) Man hat auch Windpistolen und Windstöcke. Beide werden wie die Flaschenbüchsen gemacht. Die schlechten Windstöcke erhalten statt des Schlosses einen Schneller, den man abnehmen, und mit der kleinen Pumpe in die Tasche stecken kann. Geschickte Büchsenmacher geben sich aber nicht mit dieser zerbrechlichen Waare ab, außer wenn man von ihnen einen Stock verlangt, der im Kleinen völlig einer Flaschenbüchse gleich ist. Allein der Preis dieser letztern Windstöcke würde wohl den wenigsten Käufern gefallen. Aus eben dem Grunde werden die Windpistolen nur selten bei dem Büchsenmacher gesucht. Vor dem sah man noch eine dritte Art Windbüchsen mit zwei Läufen. Der eigentliche Lauf einer solchen Windbüchse wird in einem weit größern eingelöthet, und in den Raum zwischen beiden Läufen pumt man die Luft hinein. Der wichtigste Fehler dieser Windbüchsen ist, daß sie zwei Ventile haben, und und daß das Pumpenrohr in der Kolbe des Schafts ange-

angebracht ist. Sie sind daher nicht nur der Vergänglichkeit vorzüglich ausgesetzt, sondern das Pumpenrohr beschmieret auch beim Gebrauch den Besitzer. Zum Beschluß muß man noch bemerken, daß bei der obigen Beschreibung der Windbüchsen die Proportion der Theile fehlt, weil die Büchsenmacher hieraus ein Geheimniß machen. Ein Besitzer kann seine Windbüchse leicht ausmessen.

V. Der Büchsenmacher ist bekannter Maßen mit dem Schlösser zünftig. Die Lehrbursche lernen nach Beschaffenheit der Umstände drei bis fünf Jahre, und sie erhalten kein Geschenk, wenn sie als Gesellen wandern. Ein Geselle, der sich um das Meisterrecht bewirbt, muß ein Büchsenrohr schmieden, und überdem noch eine Flinte, eine Büchse mit einem Schieber, und ein Paar Wechselpistolen verfertigen. Der Schieber ist in dem Schlosse der Büchse neben der Stange angebracht. Er lässt sich, wie die bekannten Riegel an den Thüren, verschieben, und seine Spitze fällt im erforderlichen Fall in ein Loch auf der Seite der Nuß. Der Besitzer kann also beim Laden gewiß versichert seyn, daß die Büchse nicht los gehet. Alle Theile der beiden Wechselpistolen müssen dergestalt bearbeitet seyn, daß man sie bei beiden Pistolen sicher verwechseln kann. Eine schwere Kleinigkeit!

Sechster Abschnitt.

Der Büchsenschäfter.

I. Inhalt. In Frankreich und in verschiedenen andern Gegenden verfertigt der Büchsenmacher zugleich auch den Schaft der Flinte und Büchse, und daher verdient der Büchsenschäfter aus einem guten Grunde einen Platz neben dem Büchsenmacher, ungeachtet er eigentlich zu den Holzarbeitern gehört. Die eigentliche Ursache, warum man ihm diesen und keinen andern Ort angewiesen hat, ist aber, weil er die letzte Hand an die Schießgewehre legt, die also mit dem gegenwärtigen Abschnitt völlig zu Stande gebracht werden. Der Büchsenschäfter ist im Grunde betrachtet ein Tischler, denn man bemerkt bei ihm die Werkzeuge und die Handgriffe des leztern. Er höhlt mit dem Meißel auf dem Schaftholze die Rinnen aus, worin das Rohr und der Ladestock zu liegen kommen, so wie auch die Vertiefung, worin das Schloß und der Beschlag eines Gewehrs versenkt wird, und bildet zulezt den ganzen Schaft mit dem Schneidemesser. Der fertige Schaft wird in Scheidewasser gebeizet, wenn er aus weißem Holz geschnitten ist.

II. Das Schaftholz ist das wichtigste, so der Büchsenschäfter zu seiner Arbeit erstehen muß.

Man

Man versteht hierunter ein Stück Holz, das aus einer starken Bohle nach der flachen Gestalt eines Schaffts geschnitten ist. Es hat daher zwar schon eine Kolbe nebst einem Vordertheil, worauf der Lauf zu liegen kommt, allein es ist ungleich stärker, als ein ausgearbeiteter Schaft, und noch durchgängig kantig. Das Holz zu einem Schaft muß zähe seyn, und zu Vogelflinten sucht man ein Schaftholz aus, das braune Adern hat. In Rücksicht dessen hat das Schaftholz, so aus Wälschen Nußbäumen geschnitten ist, vor den übrigen Holzarten den Vorzug. Der Schaft zu einem Kommißgewehr wird aus dem weißen und schlechten Schaftholz von einem Nußbaum, und in Ermangelung dessen auch nur aus Rothbüchen- oder aus Ahornholz geschnitten. Das büchene Schaftholz kömmt aus den waldigen Gegenden der Mark, das letzte aber aus Schlesien. Unterdessen lässt sich ein Schaft auch aus Birkenholz, ja sogar aus allen kostbaren Holzarten verfertigen, wenn sie nur hart und in großen Stükken zu haben sind. Die Schäfte von Ebenholz setzt man aus mehrern Stücken zusammen, und beschlägt sie hernach mit Silber. Das Holz zu den gewöhnlichen Schäften muß leicht seyn, und keine Aeste und Risse haben. Das Schaftholz, so aus den Wälschen Nußbäumen geschnitten wird, erhält Berlin aus der Schweiz oder aus Frankfurt am Main. So wohl in der Schweiz, als in Franken, und auf der Bergstraße (denn aus den beiden letztern Gegenden bekommt Frankfurt am Main sein Schaftholz) unterhält man ganze Alleen von Wälschen Nußbäumen, bloß in der Absicht, aus diesen Bäumen Schaftholz zu schneiden. Allein das Schaftholz der Schweizer ist ziemlich zerbrechlich, und daher lassen sich die hiesigen Schäfter ihr Sch ftholz dutzendweise aus Frankfurt am Main kommen. Ein fertiger Schaft wird entweder mit Leinöl angestrichen, oder mit Scheidewasser gebeizet, und zuletzt mit Schachtelhalm und Bimsstein geebnet.

III. In der ersten Sammlung dieser Tabellen steht schon eine Beschreibung des Tischlers, und zugleich also auch der nöthigsten Werkzeuge des Büchsenschäfters, denn beinahe alle seine Werkzeuge findet man auch bei dem Tischler. Die wichtigsten sind ungefähr diese:

A. Das Schaftmodell ist ein Brett, das nach dem Umfange des Schafts ausgeschnitten ist, den das Schaftholz bei dem Anfange der Bearbeitung erhält. Den Schaft zu den Flinten und Büchsen zeichnet der Professionist mit einem einzigen Schaftmodell ab, weil er auf dem Schaftholz leicht etwas abnehmen und stehen lassen kann. Zu dem Schaft einer Pistole hat er aber ein besonderes Schaftmodell.

B. Die Abänderung der Meißel oder Stämmeisen, die der Büchsenschäfter gebraucht, ist so mannigfaltig, daß bloß die Namen einige Zeilen einnehmen würden. Es belohnt sich aber nicht der Mühe, sie alle zu nennen, denn es würde doch nur größten Theils darauf hinaus laufen, daß

einige

einige eine gerade, andere eine Schneide gleich einer halben Walze haben. Die ersten, welche bekannt genug sind, nennt man Flachmeißel, die letzten aber Hohlmeißel Fig. LX. Tab. V. Die Abänderungen entstehen mehrentheils aus der verschiedenen Größe, denn der Professionist muß Vertiefungen von verschiedener Art ausmeißeln. Der stärkste Flachmeißel heißt der Ballenmeißel, weil er an der Schneide einen Ballen, oder eine starke schräge Fläche hat. Die Schneide der Kreuzmeißel ist eben so geschärft, wie bei dem Grabstichel, und der Meißel darf auch nicht stärker seyn, weil man hiermit ganz kleine Nuthen aussticht. Die Schneide der kleinsten Meißel von aller Art ist kaum einige Linien breit, und diese thun alsdenn die besten Dienste, wenn der Büchsenschäfter Bildhauerarbeit verfertiget.

C. Den Hobel gebraucht der Büchsenschäfter nur, wenn er eine ausgehöhlte Rinne ebnen, oder ein kleines Gesimse abstoßen will. Mit dem Rohrhobel Fig. LXI. wird die Rinne geglättet, worin das Rohr zu liegen kommt. Die Schneide des Hobeleisens muß daher nach einem halben Zirkel abgerundet seyn, und die Bahn des hölzernen Gehäuses hat eine walzenartige Rundung, womit die Schneide des Hobeleisens übereinstimmt. Der Nothhobel ist nur schmaler und kleiner, als der vorige Hobel, und es wird hiermit die kleinere Rinne für den Ladestock abgehobelt. Mit dem Seitenhobel Fig. LXII. stößt der Büchsenschäfter die Kante der Rinne ab, worin das Rohr zu liegen kommt, wenn dieses noch nicht in die Rinne passen will. Er muß daher zwei kleine Hobeleisen a und b neben einander haben, denn mit dem einen wird die Kante der Rinne zur Rechten, mit dem andern aber die zur Linken abgestoßen. Neben jeder Kante dieser Rinne ist auf dem Schaft eine Falze, oder ein Gesimse, und diese wird mit dem Falzhobel Fig. LXIII. ausgestoßen. Es ist ein kleiner Stech- oder Gesimshobel der Tischler. Der Fausthobel, ein gewöhnlicher Hobel mit einem geraden Hobeleisen, ebnet zuletzt den fertigen Schaft Fig. XLV. Den hölzernen Ladestock zu den Vogelflinten stößt der Büchsenschäfter mit dem Ladestockhobel Fig. LXIV. ab. Die Schneide des Hobeleisens muß daher nach einem halben Zirkel zurück gezogen seyn, und auf der Bahn des hölzernen Gehäuses ist eine Rinne, worin die gedachte Schneide passt.

D. Mit einem Schnitzer der Tischler Fig. LXVI. schneidet der Professionist erst in den Umfang einer Vertiefung ein, ehe er sie ausmeißelt. Es darf daher nur die Spitze scharf seyn.

E. Mit dem Ladestockbohrer Fig. LXVII. ab bohrt man unter der Rinne des Ladestocks ein Loch in den Schaft, worin ein Theil des Ladestocks verborgen ist. Er gehört zu den geraden Bohrern, und man steckt ihn beim Gebrauch auf eine Brustleier b c.

F. Wenn alle Vertiefungen eines Schafts ausgemeißelt sind, so wird er zuletzt mit einem

Schnei-

Schneidemesser Fig. LXVIII. beschnitten, und die glatten und Riffelraspeln müssen ihn völlig ebnen. Soll aber ein Schaft mit Elfenbein ausgelegt werden, so sägt der Professionist die erforderlichen Stücke aus einer Platte Elfenbein mit einer kleinen Laubsäge (6. Samml. 188 S.) aus, und bearbeitet sie mit kleinen Feilen.

IV. Die Beschäftigung der Büchsenschäfter ist um so viel einfacher, da alle Schäfte, sie mögen nun zu einer Flinte, Büchse oder Pistole gehören, im Grunde mit einerlei Handgriffen zur Vollkommenheit gebracht werden. Der Schaft zu einer Vogelflinte und Büchse hat nur dies vor dem Schaft zu einem Kommißgewehr voraus, daß man hierzu ein Schaftholz mit Adern nimmt, welches aus dem Wurzelende eines Wälschen Nußbaums geschnitten wird, und daß man den Schaft gewöhnlich mit Bildhauerarbeit verschönert.

Im voraus muß die bestimmte Größe jedes Schafts mit dem Schaftmodell auf dem starken Schaftholz abgemessen werden. Man legt das Schaftmodell auf das Schaftholz, und zieht mit einer Reißnadel nach dem Umfang des ersten auf dem Schaftholz Linien. Bekannter Maßen raget das Rohr so wohl, als der Ladestock aus ihren Rinnen des Schaftes hervor. Daher muß der Schäfter mit einer Säge, nach Anleitung des Schaftmodells, in k und e Fig. LIX. in das Schaftholz einschneiden, und von k bis l, desgleichen von m bis e ein Stück nach dem gesägten Einschnitt

schnitt abstämmen. Er bedient sich hierbei eines starken Meißels, den er den Ballenmeißel nennt, und mit eben diesem Meißel wird auch von der Kolbe i h, nach Anleitung der gezogenen Linien, das überflüssige abgenommen. Der Professionist sagt in diesem Fall, er habe den Schaft abgerichtet. Nach dem Abrichten wird der Schaft im groben etwas mit dem Schneidemesser Fig. LXVIII. beschnitten. Im voraus muß man sogleich bemerken, daß der Schraubstock den Schaft jederzeit festhält, wenn er mit einem Meißel oder mit dem Schneidemesser bearbeitet wird. Der Schraubstock ergreift den Schaft in der Mitte, und die Kolbe ruht auf einem Kloß, der auf dem Werktisch liegt, der Vordertheil des Schafts aber auf einem kleinen Gestelle von Holz, das vor dem Schraubstock steht.

Das Rohr kommt von k bis l Fig. LIX. in einer Rinne zu liegen, und diese wird ausgehöhlet. Natürlicher Weise muß die Warze der Schwanzschraube Fig. XL. b in den Absatz Fig. LIX. k versenkt werden. Ehe also das Rohr die Fläche k l des Schafts, die bis jetzt noch gerade ist, berühren kann, so muß erst die Vertiefung für die Warze auf dem gedachten Absatz ausgemeißelt werden. Der Büchsenschäfter legt das Rohr dergestalt auf den Schaft, daß die Warze auf dem Absatz k zu liegen kommt, und zeichnet mit der Reißfeder den Umfang der Warze auf dem Absatz k des Schaftes ab. Er muß aber mit einem getreuen Augenmaß abmessen, ob das

Rohr

Rohr auch auf dem Schaft gerade liegt. Nach den gezeichneten Linien schneidet er mit einem Schnitzer Fig. LXVI. ein, und meißelt hernach die Vertiefung für die Warze mit einem flachen Meißel aus. Ein Schlägel treibt jederzeit den Meißel, und das Einschneiden mit dem Schnitzer wird in diesem und allen folgenden Fällen, so oft, wie nöthig ist, wiederhohlet. Eben so allgemein ist es auch, daß man jedes Stück zum öftern in seine Vertiefung legen muß, um zu prüfen, ob es auch genau in die Aushöhlung passt. So bald die Vertiefung für die Warze ausgemeißelt ist, kann das Rohr die ebene Fläche k l des Schafts berühren. Der Büchsenschäfter schlägt mit einem Schlägel auf das Rohr, bis seine Hafte etwas in den Schaft eindringen, und es befestigen, und ziehet mit dem Reißstift neben jeder Seite des Rohrs auf der Fläche k l des Schafts eine Linie. Nach den Linien schneidet er mit dem Schnitzer Fig. LXVI. ein, und höhlt die Rinne mit dem Meißel aus. Der Einschnitt mit dem Schnitzer erleichtert das Abspringen der Späne, und zeigt zugleich dem Meißel den Weg. Aus eben der Ursache macht der Büchsenschäfter zwischen den gezogenen Linien hin und wieder starke Einschnitte mit einem Flachmeißel. Es hält alsdenn nicht schwer, die Rinne mit einem Hohlmeißel Fig. LX. auszuhöhlen, wenn der Professionist nur prüft, ob er mit dem Meißel gegen die Kolbe, oder gegen die Spitze des Schafts einschneiden muß, und dies bestimmen

die

die Lagen des Holzes. Der Büchsenschäfter entdeckt leicht, wie er den Meißel ansetzen muß, wenn er nur Achtung giebt, in welchem Fall die Späne am leichtesten abspringen. Der Hohlmeißel schneidet die Rinne zwar aus, aber er glättet sie nicht, und daher muß sie mit dem Rohrhobel Figur LXI. behobelt werden. Passt das Rohr noch nicht in die Rinne, so stößt man die Kanten noch etwas mit dem Seitenhobel ab. Fig. LXII. S. 201. So bald es sich aber bequem in die Rinne legen lässt, so giebt man ihm von neuen mit dem Schlägel einige Schläge, wodurch die Hafte in den Boden der Rinne hinein dringen, und die Eindrücke zeigen dem Professionisten die Stellen an, wo er mit einem Bohrer, den er den Haftbohrer nennt, Löcher für die Hafte bohren muß. Gehn die Hafte noch nicht in die gebohrten Löcher hinein, so erweitert man jedes Loch noch mit einem kleinen Hohlmeißel. Ein jeder sieht aber auch ohne Schwierigkeit, daß man den Schwanz Fig. XXXIX. b c, auf dem Absatz Fig. LIX. k abzeichnen, und für diesen Theil ein Lager aushöhlen muß. Die Fläche e m des Schaftes bleibt aber noch vierkantig, bis die Rinne für den Ladestock ausgehöhlet ist. Es darf also nur noch das Loch für die Kreuzschraube ausgebohret werden, welche die Schwanzschraube auf dem Schaft befestiget. Fig. XXXIX d.

Von der Rinne des Rohrs wendet sich der Professionist zur Vertiefung, worin die innern Theile des Schlosses versenkt werden, die aber in

der

der LIX. Fig. nicht in die Augen fällt. Er muß aber vorher das Ende des Schafts, woran das Schloß und die kleinern zugehörigen Theile liegen, mit dem Schneidemesser gehörig beschneiden. Die Höhe des Schafts in k Fig. LIX. misst er nach der Kreuzschraube ab, die Dicke aber nach den beiden Schrauben, womit das Schloß angeschroben wird. Er legt hierauf das Schloß an seinen Ort auf dem Schaft, und giebt ihm einige Schläge mit einem Schlägel. Die innern Theile des Schlosses drücken sich hierdurch auf dem Schaft ab, und dies giebt dem Professionisten abermahls die Handleitung, wie er den Umfang für die Vertiefung des Schlosses mit einem Schnitzer einschneiden muß. Die Vertiefung selbst wird nach Beschaffenheit der Umstände mit flachen und Hohlmeißeln ausgearbeitet. Der Boden dieser Vertiefung ist aber nicht eben, sondern jede Stelle, worauf ein innerer Theil des Schlosses zu liegen kommt, wird nur so tief ausgemeißelt, daß der Theil, der darauf zu liegen kommt, sie genau berühret. Daher muß das Schloß zum öftern in die Vertiefung eingepasset werden. Der Zapfen der Stange (Fig. XLIII. z) fällt in ein Loch, und dieses Loch so wohl, als die Löcher für die beiden Schrauben, die das Schloß befestigen, werden mit einem Bohrer durchgebohret.

Nach dem Schlosse wird die Kappe i Fig. LIX. unter der Kolbe angepasset, und deshalb muß die Kolbe nach Maßgebung der Kappe im groben

ben mit dem Schneidemesser beschnitten werden. Die Kappe hat einen Lappen, der in die Kolbe an einer Seite versenkt wird. Der Büchsenschäfter zeichnet ihn auf der Kolbe mit einer Reißfeder ab, schneidet mit dem Schnitzer ein, und höhlt die Vertiefung mit dem Meißel aus. Alles dies gilt auch von dem Seitenblech i h, von den beiden Lappen b und c des Bügels b d c, und von dem Abzugblech b c. In der Vertiefung für das Abzugblech wird genau unter dem Loche der Stange ein schmales vierkantiges Loch mit einem Kreuzmeißel ausgehöhlt, worin der Abzug a genau passet. In diesem Loche befestigt man den Abzug mit einem kleinen Niet. Für die Bügel, worin der Riemen eingeschnallet wird, bohrt der Büchsenschäfter bloß Löcher durch.

Zuletzt wird die Rinne für den Ladestock e m ausgehöhlt. Nur der oberste Theil e m des Ladestocks fällt in die Augen, denn seine Spitze steckt, wie schon gesagt ist, in einem gebohrten Loche e b unter der gedachten Rinne. Die Rinne e m für den Ladestock wird gerade, wie die Rinne l k für das Rohr ausgemeißelt. Man zeichnet die Rinne des Ladestocks auf der Fläche e m durch einen Strich an jeder Seite ab, schneidet mit dem Schnitzer ein, macht einige Einschnitte mit einem Flachmeißel, und höhlt die Rinne mit einem Hohlmeißel Fig. LX. aus. S. 205. Der Nothhobel ebnet zuletzt die Rinne. Um aber zu finden, wie tief das Loch e b muß ausgebohrt werden, leget der Büchsenschäfter den Ladestock nach seiner ganzen

Länge

Länge an seinem Ort auf den Schaft, und macht auf dem letztern unter der Spitze des Ladestocks einen Strich. Der bezeichnete Ort fällt jederzeit in die Vertiefung des Lappens b an dem Bügel bdc. Gerade über der gezeichneten Stelle meißelt der Professionist mit einem Kreuzmeißel ein Loch in den Schaft aus, und zwar nach seiner Dicke. In das Loch steckt er ein starkes Blech, welches das Stoßeisen heißt, und verhindert, daß der Bohrer nicht zu weit vordringe, und daß der Ladestock beim Gebrauch sein Loch nicht tiefer ausbohre. Das Loch cb selbst wird mit dem Ladestockbohrer Fig. LXVII. ausgebohrt. Die Spitzröhre e, Mittelröhre f, und Vorderröhre g haben unten einen Zapfen, womit sie an dem Schaft befestigt werden. Man darf sie also nur an ihren Ort legen, und auf jedes Stück schlagen, so drückt sich der Zapfen in der Rinne ab, und dies zeiget dem Professionisten, wo er für jeden Zapfen ein Loch durchbohren, und es mit einem kleinen Hohlmeißel gehörig erweitern soll.

Nunmehr kann der Vordertheil des Schafts bl mit einem Schneidemesser Fig. LXVIII. beschnitten werden, wobei zugleich die Falze neben jeder Seite der Rinne des Rohrs Fig. LIX. lk abgestoßen wird. Die Kolbe ci erhält, wenn sie mit dem Schneidemesser völlig ausgebildet wird, auf der Seite, die man beim Schießen gegen die Backe legt, ein Lager, das gleichfalls die Backe n genannt wird. Dies gilt aber nur von Vogelflinten und Büchsen. Am bequemsten ist dies Lager, wenn man es nach dem Kinnbacken des künftigen Besitzers ausmeißelt. Im erforderlichen Fall kann auch nunmehr die Bildhauerarbeit auf dem Schaft ausgeschnitzt werden. Zuletzt werden die glatten Flächen des Schafts mit dem Fausthobel Fig. LXV. und die Vertiefungen mit Nachhobeln von verschiedener Art behobelt. Die glatten und Riffelraspeln und die Ziehklinge müssen ihn aber nach dem Behobeln, nebst dem Schachtelhalm und Bimsstein völlig ebnen.

Hat der fertige Schaft der Vogelflinten und Büchsen braune Adern, so überzieht man ihn bloß mit Leinöhl. Dieser Anstrich macht die Adern sichtbar, und hält zugleich beim Gebrauch alle Nässe von dem Schaft ab. Ist aber der Schaft aus schlechtem und weißem Holz geschnitten, so muß er gebeizet werden. Gewöhnlich überlässt der Büchsenschäfter bei Kommißgewehren diese Arbeit den Soldaten. Wird es aber von ihm verlangt, so beizet er den Schaft durch folgende Mittel. Soll der Schaft eine gewöhnliche braune Farbe erhalten, so bestreicht man ihn mit Scheidewasser, und hält ihn so lange über glühende Kohlen, bis sich die braune Farbe zeigt. Wird aber in das Scheidewasser etwas Aloe geschüttet, so giebt die Beize dem Schaft eine braunrothe Farbe. Dunkelbraun und schwarz kann man ihn beizen, wenn das Scheidewasser mit Eisen- oder Stahlfeilspänen gedämpfet wird. Je mehr Feilspäne in das Scheidewasser geschüttet werden, und je länger man den Schaft über die

Gluth

Gluth der Kohlen hält, desto brauner wird das Holz, bis es endlich eine schwarze Farbe annimmt. Unterdessen mögen die Büchsenschäfter den Schaft auch wohl mit Eisenschwärze bestreichen, wenn er eine schwarze Farbe annehmen soll, um das Scheidewasser zu sparen. Einige schwarze Schäfte werden auch mit Lackfirniß überzogen, wozu sich der Bersteinfirniß am besten schickt. Die Beize macht aber den Schaft wieder rauh, und daher muß er von neuen geglättet werden. Man bestreicht ihn mit Baumöl, und reibt ihn erst mit Schachtelhalm, zuletzt aber mit pulverisirtem Bimsstein. Endlich werden alle eiserne Theile entweder angeschroben, oder auf dem Schaft mit Nieten befestiget.

Nur noch einige Anmerkungen. 1) Der Schaft zu den Flaschenwindbüchsen muß aus der oben angemerkten Ursache S. 91. ziemlich stark seyn, und seine Kolbe wird mit dem Hohlmeißel ausgehöhlet. 2) Vordem war es Mode, die Flintenschäfte mit durchbrochenem Elfenbein oder Messing auszulegen. In beiden Fällen sägte man die verschiedenen Stücke aus Elfenbeinplatten, oder aus Messingblech mit einer kleinen Laubsäge aus, und schlug die durchbrochenen Löcher mit sehr feinen Meißeln von aller Art durch. Raspeln und kleine Feilen müssen alles weiter ausbilden. Jetzt legen sich die Büchsenschäfter, nach der Mode ihrer Zeiten, lieber auf die Bildhauerarbeit. 3) Beschädigte Schäfte sind deshalb nicht jederzeit unbrauchbar, sondern der Büchsenschäfter kann sie wieder ausbessern. Ist nur ein kleines Stück abgesprungen, so leimt man es mit starkem Leim wieder an, und legt an einem Ort, der nicht in die Augen fällt, Leinwand über die Zusammenfügung. Bei einer großen Beschädigung wird ein halber Schaft angesetzt. Die Enden des neuen u. alten Holzes, die zusammenstoßen sollen, werden schräge beschnitten, und mit starken Leim zusammen geleimt.

Siebenter Abschnitt.

Der Großuhrmacher.

Inhalt.

Die Schriften, so von den Uhren handeln, sagen mit Recht, daß die Erfindung und Verbesserung der Uhren dem menschlichen Verstande, und zugleich den neuern Zeiten Ehre bringt. Aus dieser Ursache, und zugleich, weil die genaue Abtheilung der Zeit in vieler Absicht einen Einfluß in die menschliche Gesellschaft hat, haben es die Mathematiker der Mühe werth geachtet, die Gesetze der Mechanik auf die Uhren anzuwenden, und es fehlt daher nicht an Schriftstellern dieser Art. Allein die mehresten berühren die praktischen Handgriffe der Uhrmacher entweder gar nicht, oder doch nur mit wenigen Worten, und bleiben größten Theils nur bei den Berechnungen stehen. Der Zweck dieser Sammlungen erfordert aber gerade das Gegentheil. Man wird daher nur das nöthigste von der Berechnung der Uhren anführen, und größten Theils bei der Bearbeitung verweilen.

Die Uhren lassen sich am besten nach der bewegenden Kraft abtheilen; denn einige erhalten ihre Bewegung von der Schwere eines Gewichts, andere aber von einer elastischen Stahlfeder. Die ersten nennt man gewöhnlich Pendel- oder Perpenpendikeluhren, weil bei diesen Uhren ein Pendel die Bewegung gleichförmig macht. Große Werke dieser Art, die aus eisernen Rädern und Getrieben zusammen gesetzt sind, stellt man zum allgemeinen Gebrauch auf Thürme und öffentliche Gebäude; kleine aber, die messingene Räder und stählerne Getriebe haben, werden in den Zimmern aufgehängt. Daher theilt man die Pendeluhren in Thurm- und Stubenuhren ein. Die zweite Art der Uhren erhält ihren Namen von ihrer bewegenden Kraft, und man nennt sie Federuhren. Der ungleiche Zug der Feder wird entweder durch einen kleinen Perpendikel, oder zugleich durch eine konische Schnecke gehoben. Das erste findet gewöhnlich bei den Tafeluhren Statt, die sich überdies noch hierdurch von den übrigen Federuhren unterscheiden, daß ihre Räder senkrecht stehen. Erhalten sie, wie gewöhnlich, keine konische Schnecke, so zieht die Feder das größte Rad der Uhr unmittelbar. Die Räder der Stutz- und Taschenuhren liegen horizontal, und eine Kette verknüpft die Feder mit der konischen Schnecke, die mit dem größten Rade der Uhr zusammen hängt. Die Stutzuhren sind daher von den Taschenuhren nur der Größe nach unterschieden, denn sie gehören zu den kleinen Stubenuhren. Von den Pendel- und großen Federuhren wird man in diesem Abschnitt reden; die Taschenuhren versparet man aber bis zum nächsten Theil, weil sonst der gegenwärtige zu stark anwachsen würde.

Die mehresten Uhren haben nur ein Geh- und Stundenschlagwerk, und mit dem erstern ist noch ein Weiserwerk verknüpft, welches den Stunden- und Minutenzeiger umdrehet. Ueberdies hat die Bequemlichkeit der Menschen den Uhrmacher auf die Gedanken gebracht, noch verschiedene künstlichere Werke bei den Uhren anzubringen. Anjeßt sind nur noch das Repetirwerk, die Monathsscheibe, und der Wecker vor andern gebräuchlich, denn die vorzüglich künstlichen Uhren, z. B. die Planetenuhren sind aus der Mode gekommen, weil man doch von ihnen keine Genauigkeit erwarten kann. Die Ursache hiervon ist bekannt genug. Dagegen richten sich geschickte Uhrmacher nach dem Geschmack unserer Zeiten, und suchen die so genannten Spieluhren zu einer größern Vollkommenheit zu bringen. Hierzu gehören die Flötenuhren, die Harfenuhren, und das Glockenspiel.

Die Materialien der Uhrmacher kennt der Leser schon größten Theils aus den vorigen Abschnitten, so wie auch die mehresten Werkzeuge. Man wird sich daher sogleich zu der Zergliederung und Verfertigung der Uhren wenden, und was von den gedachten Stücken noch nicht bekannt ist, an seinem Ort anführen.

I. Von den Pendeluhren.

Die Natur theiltdie Zeit zwar in Jahre, Monathe und Tage ab allein dies ist bei unendlichen Vorfällen des gesellschaftlichen Lebens nicht hinreichend.

reichend. Man erwartet daher von einer Uhr, daß sie die Zeit in kleinere und gleiche Theile abtheile. Dies ist aber nicht von der wahren, sondern nur von der scheinbaren Zeit zu verstehen, da man auf jeden Tag gerade vier und zwanzig gleiche Stunden rechnet. Wirkten die bewegenden Kräfte der Uhren in jedem Augenblick der Zeit gleich stark, so würde es nicht schwer halten, die Theile und den Mechanismus einer Uhr anzuordnen. Aber zum Unglück sinkt das Gewicht an den Pendeluhren, wenn kein Hinderniß da ist, nach den Gesetzen der Schwere jedes Körpers, mit einer beschleunigten Bewegung hinab, und eine elastische Stahlfeder zieht im Gegentheil kurz nach der Spannung stark, nach und nach aber abnehmend schwächer. Im erstern Fall würde also auch die Bewegung der Räder einer Uhr mit dem Sinken des Gewichts beschleunigt werden, und in dem letztern Fall würde die Feder umgekehrt die Räder kurz nach der Spannung schnell, nach und nach aber langsamer bewegen. Wer siehet nicht, daß beides den Zweck der Uhr vereitelt? In spätern Zeiten suchte man diese Schwierigkeit durch eine Unruhe zu heben, aber mit schlechtem Erfolge, wie die alten Uhren zeigen. Weit glücklicher hilft bei neuen Uhren das Pendel diesem Fehler ab, weil es seine Schwingungen in gleichen Zeiten vollbringt. Man vereinigt es durch den Englischen Haken oder durch den Schindellappen, wie sich in der Folge deutlicher zeigen wird, mit dem Rade der Uhr, das sich am schnellesten bewegt, und seine Bewegung, die sich in jedem Augenblick der Zeit gleich bleibt, wenn kein Hinderniß vorhanden ist, theilt dem gedachten Rade, und hierdurch allen übrigen diese Eigenschaften mit. Die Bewegung wird daher durch einige Räder und Getriebe fortgesetzt, wodurch bekannter Maßen zugleich die Geschwindigkeit vermehrt wird, um ein Pendel von mäßiger Größe anzubringen, das nicht viel Raum einnimt. Zugleich kann man hierdurch die Bewegung nach den jedesmahligen Umständen bestimmen. Dies sind die ersten Gründe, wonach der Mechanismus einer Uhr beurtheilet, und Räder und Getriebe müssen berechnet werden. Das letzte setzt aber eine genaue Kenntniß einer Uhr voraus, die man nicht von jedem Leser erwarten kann. Es sollen daher im voraus die Theile einer Pendeluhr zergliedert werden. Man wählt hierzu eine Stubenuhr, weil die Uhrmacher die Stubenuhren schon zu einer größern Vollkommenheit gebracht haben, als die Thurmuhren. Die Abweichungen der letztern lassen sich hernach kürzlich zeigen.

A. Eine Stubenuhr, die in Einem Aufzuge acht Tage geht, und repetirt.

a. Zergliederung der Theile dieser Uhr.

Geschickte Uhrmacher verfertigen jetzt selten Uhren, die nur 24 Stunden in Einem Aufzuge gehen, weil die Uhr jederzeit etwas in ihrem Laufe gehemmet wird, wenn man sie aufzieht. Denn hierdurch wird die genaue Abmessung der Zeit, der ganze Zweck dieser Maschine, gehindert. Die neuern

neuern Uhren dürfen daher gewöhnlich erst nach acht Tagen aufgezogen werden, und dies gilt so wohl von dem Gehwerke, als von dem Schlagwerke. Mit dem ersten ist das Weiserwerk und das Repetirwerk verknüpft, und von allen diesen Stücken soll nun hinter einander das nöthige gezeigt werden.

Die Bewegung und die Genauigkeit der ganzen Uhr hängt von dem Gehwerk ab. Der Perpendikel schlägt bei den vollkommensten Uhren dieser Art in Einer Sekunde gewöhnlich Ein Mahl, und also in Einer Stunde 3600 Mahl. Die IX. Fig. Tab. VI. stellt die Räder vor, wie sie in die Augen fallen, wenn man vor der Uhr steht, und die vordere Platte des Gehäuses wegnimmt. Sieht man von der Seite in die Uhr hinein, so erblickt man eben die Räder so, wie sie in der XI. Fig. vorgestellet sind. Die Buchstaben stimmen in beiden Zeichnungen überein. Alle Räder, so wohl des Geh- als des Schlagwerks, werden von zwei Platten Fig. XI. AB und CD getragen, die von vier Pfeilern zusammen gehalten werden. Die beiden Platten, durch die Pfeiler vereinigt, nennt man das Gehäuse der Uhr. Das Gehwerk einer Achttageuhr erhält vier Räder und drei Getriebe, wie sich unten bei der Berechnung ergeben wird. Das Bodenrad Fig. IX. und XI. E. welches sich in 12 Stunden Ein Mahl umdrehet, und nach der Berechnung dieser Uhr 96 Zähne erhält, wird unmittelbar von dem Gewichte bewegt. Daher steckt eine Walze oder Trommel E F mit diesem Rade auf Einer Welle, und um die Trommel wickelt sich beim Aufziehen der Uhr die Schnur von einer Darmsaite, welche das Gewicht trägt. Die neuen Uhrmacher hängen das Gewicht gern an einer Rolle oder einem Kloben Fig. XV. d auf. Das eine Ende der Schnur wird alsdenn an dem Gehäuse befestigt, und das andere an der Walze F. XI. EF, wenn sie vorher um den Kloben gelegt ist. Auf der Walze werden einige Schraubengänge ausgeschnitten, worin sich die Darmsaite beim Aufziehen legt. Es kommen hierdurch die Umwickelungen der Darmsaite gehörig neben einander auf der Walze zu liegen. Es ist bereits erinnert, daß das Aufziehen die Uhr in der abgemessenen Bewegung stöhret. Auch diesem Fehler hat man suchen einiger Maßen durch ein Sperrrad abzuhelfen. Das Bodenrad ist weiter nicht mit seiner Welle vereinigt, als durch das gedachte Sperrrad Fig. IX. G und seinem Sperrkegel a. Es drehet sich bei seiner Bewegung links um, und die Rolle B C läuft rechts um, wenn die Uhr aufgezogen wird. Natürlicher Weise muß sich der Sperrkegel, der am Bodenrade E befestigt ist, auf den Sperrzähnen des Rades B wegschleifen, wenn man die Uhr aufzieht; und wenn die Walze, und zugleich das Sperrrad, (denn beide machen ein Ganzes aus) wieder ruhet, so greift der Sperrkegel in einen Zahn des Sperrrades, und vereinigt das Bodenrad E mit der Walze EF. Die Walze muß also mit der Welle unbewegbeweglich zusammen hangen. Hieraus erhellet, daß bei dem Aufziehen der Uhr das Bodenrad E seine gewöhnliche Richtung nach der linken Seite behält, und das Gewicht wirkt noch etwas auf das Rad, damit die Bewegung nicht völlig gehemmet werde, und das Räderwerk nicht eine entgegengesetzte Richtung in seiner Bewegung erhalte. Das Bodenrad E bewegt ein Getriebe H von 8 Triebstöcken, das mit dem Minutenrade I auf einem Wellbaum steckt. Das Minutenrad wälzt sich also mit dem Getriebe zu gleicher Zeit um. Es hat 64 Zähne. Eine gleiche Bewandniß hat es mit dem Getriebe K von 8 Triebstöcken, und dem Mittelrade L, das in der gezeichneten Uhr 60 Zähne hatte. Dieses setzt vermittelst des Getriebes M, so gleichfalls 8 Triebstöcke hatte, das Steigrad N in Bewegung, in dessen Zähne die Lappen des Englischen Hakens O greifen. Die drei ersten Räder sind, wie der Augenschein in der Zeichnung zeigt, Stirnräder, das Steigrad N muß aber jederzeit ein Sperrrad seyn. Die rechte Seite der Zähne dieses Rades ist nach einem Zirkelbogen ausgeschnitten. Alle Räder einer Stubenuhr sind von Messing, die Getriebe aber von Stahl, und dies gilt auch von dem Schlagwerke. Die Räder des Gehwerks laufen also in folgender Ordnung hinter einander, wenn man von dem Steigrade zu zählen anfängt:

Anzahl

	Anzahl der Zähne jedes Rades.	Triebstöcke.	Umlaufszeit.
Das Steigrad N wälzt sich in Einer Minute um.	30	8 (M)	$7\frac{1}{2}$
Das Mittelrad L in $7\frac{1}{2}$ Minute.	60	8 (K)	8
Das Minutenrad I in Einer Stunde.	64	8 (H)	12
Das Bodenrad E in 12 Stunden.	96		
			720

Alle diese Räder erhält der Englische Haken O, der mit dem Perpendikel eine gemeinschaftliche Welle Fig. XI. AC hat, in einer gleichförmigen Bewegung. Die Gestalt des Englischen Hakens wird man am besten aus der IX. Fig. in O ersehen, oder auch aus der XIV. wo er, vereinigt mit dem Perpendikel, besonders gezeichnet ist. Sein linker Lappen ist nach einem spitzigen Winkel abgeschärft, der rechte aber nach eben solchem Winkel ausgeschnitten, damit jeder Lappen desto sicherer in den Raum zwischen zwei Zähnen eingreife. Der Augenschein lehrt in der Zeichnung, daß der ganze Haken nach einem gedrückten Bogen gekrümmt ist. Den Perpendikel TP Fig. XI. hängt man bei großen Pendeluhren an einer Uhrfeder QT, zwischen einer Gabel RST auf. In U wird an der steifen sen eisernen Stange ein linsenförmiges Gewicht befestigt, das man mit einer kleinen Schraube in P, nach Beschaffenheit der Umstände, hinauf und hinab schrauben kann. Soll der Perpendikel einer Uhr, wie bei der gegenwärtigen, in Einer Stunde 3600 Mahl schlagen, so machen die Uhrmacher den Perpendikel 3 Fuß $8\frac{1}{2}$ Linien lang, von dem Bewegungspunkt Q (punctum suspensionis) bis zum Mittelpunkt des Schwunges (punctum oscillationis) gerechnet, der ungefähr in die Mitte der Linse U fällt. Gesetzt nun, die Uhr geht, und der Perpendikel steigt nach der rechten Seite in die Höhe, so wird der linke Lappen des Englischen Hakens Fig. IX. O zwischen zwei Sperrzähne des Steigrades N greifen, und der rechte schwebt in der Luft. Aber theils fällt der Perpendikel wieder durch seine eigene Schwere hinab, und steigt nach der linken Seite in die Höhe, theils sucht auch das Steigrad N seine Bewegung fortzusetzen, und stößt daher den linken Lappen des Englischen Hakens in die Höhe. Beides verursachet, daß der rechte Lappen des Englischen Hakens hinab sinkt. Seine Spitze auf der linken Seite fällt zwischen zwei Sperrzähne, und die rechte Spitze kommt vor einem Sperrzahn des Steigrades N zu liegen. Dieser Lappen wird aber, wie der vorige, wieder zurück gestoßen, und auf diese Art die Bewegung beständig fortgesetzt. Hierdurch bewirkt der Perpendikel, vermittelst des Englischen Hakens, daß die Räder nicht in einem Zeitpunkt schneller,

als

als in dem andern laufen, weil seine Bewegung, für sich betrachtet, sich jederzeit gleich bleibt. Gegenseitig verursacht die Bewegung des Steigrades, daß der Perpendikel nicht etwa durch den Widerstand der Luft, und durch die Reibung in Ruhe gebracht wird. Nur noch Eine Anmerkung bei diesem wichtigen Theil der Uhr, die in die Berechnung einen Einfluß hat. Wenn der linke Lappen des Englischen Hakens O Fig. IX. das Steigrad verlässt, so fällt der rechte sogleich wieder vor einen andern Zahn auf der rechten Seite des Steigrades. In dieser geringen Zwischenzeit kann das Steigrad nicht um einen ganzen Zahn weiter fortrücken, sondern es vollendet die gedachte Bewegung erst, wenn der rechte Lappen des Englischen Hakens gleichsam wieder zurück gestoßen ist. Es ist daher begreiflich, daß man bei der Berechnung zwei Schläge des Perpendikels auf jeden Zahn des Steigrades N rechnen muß. Da in dem gegenwärtigen Fall das Steigrad 30 Zähne hat, so schlägt also der Perpendikel sechzig Mahl, während daß das Steigrad Ein Mahl umläuft.

Das Stundenschlagwerk lässt sich nun mit wenigen Worten zergliedern, da es in Absicht der Räder, die Berechnung ausgenommen, größten Theils mit dem Gehwerk überein stimmt. Der Zusammenhang mit dem Gehwerk wird sich in der Folge ergeben. Man wird die Räder leicht aus nachstehender Benennung, und aus der X. und XII. Fig. mit Zuziehung der hinzugefügten Buchstaben kennen lernen.

Zähne

	Zähne der Räder.	Triebstöcke.	Umlaufszeit.
Windfangsgetriebe K.		6	7
Anschlagrad I.	42	7 (H)	$6\frac{6}{7}$
Schöpfrad G.	48	7 (F)	8
Hebnägelrad E, mit 8 Hebnägeln.	56	7 (D)	$10\frac{1}{2}$
Bodenrad A.	84		

Das Bodenrad A läuft gleichfalls in 12 Stunden um, und das Gewicht ist, gerade wie bei dem Gehwerke, an einer Walze BC angebracht. Das Hebnägelrad E führt seinen Nahmen von den Hebnägeln, kleinen Stiften auf der rechten Seite des Rades, welche den Hammer heben, wenn die Uhr schlagen soll. Das Anschlagrad I erhält bei Stundenschlagwerken einen einzigen Stift, dessen Nutzung sich unten ergeben wird. Statt des Englischen Hakens bei dem Gehwerke hat das Schlagwerk einen Windfang LM, eine kleine messingene Platte, die vermittelst zweier Ringe mit der Welle des Windfangsgetriebes K zusammen hängt. Er sitzt aber nicht fest auf der Welle, sondern er lässt sich umdreyen, und eine kleine messingene Spreißfeder N, deren Spitze in einige Kerben auf dem Wellbaum greift, hält ihn auf dem Wellbaum fest. Der Zweck dieses Wind-

Windfangs ist, den schnellen Lauf der Räder des Schlagwerks zu hemmen, damit die Schläge des Hammers auf die Glocke nicht zu schnell hinter einander erfolgen. Der Windfang bewegt sich beim Schlagen zwar schnell um, aber der Widerstand der Luft ist ihm dessen ungeachtet hinderlich, und hierdurch wird der erwartete Zweck erreicht. Wenn er unmittelbar auf seiner Welle befestigt wäre, so würde er bei seinem schnellen Lauf die Bewegung auch alsdenn noch fortsetzen, wenn gleich das Schlagwerk bereits ruhete. Folglich würde er nur vergeblich auf die Räder wirken. Daher wird er nur durch eine Spreißfeder N auf seiner Welle befestiget. Wie das Schlagwerk von dem Gehwerke zur bestimmten Zeit in Bewegung gesetzt wird, soll weiter unten bei dem Wechsel- und Repetirwerke gezeigt werden. Der Hammer O P hat eine besondere Welle Q R, auf der Seite der Uhr, woran er sich frei bewegen kann. Eine stählerne Feder Fig. X. P S, unten an dem Hammer, reicht mit ihrer Spitze zwischen die Hebnägel a, b, c des Hebnägelrades E, und wenn diese Nägel bei der Bewegung des Rades die Feder ergreifen, so wird der Hammer auf seiner Welle weiter von der Glocke abgebogen. Eine starke Schlagfeder P T treibt ihn aber wieder gegen die Glocke U. Diese ist auf einem Glokkenstuhl V W befestigt, ein gekrümmtes Eisen, das an einem Ende an der hintersten Platte des Gehäuses befestigt ist, auf dem entgegen gesetzten Ende W aber die Glocke trägt. Die Glocke hat in in ihrer Mitte W ein Loch, worin ein aufgerichteter Zapfen des Glockenstuhls steckt. Eine besondere Schraubenmutter auf diesem Zapfen, der also Schraubengänge erhält, befestigt die Glocke unbeweglich auf dem Glockenstuhl.

Vor der hintersten Platte des Gehäuses Fig. XI, A B bewegt sich gewöhnlich der Perpendikel, und vor der vordersten C D, oder zwischen dieser Platte und dem Zifferblatt liegt das Weiserwerk, womit bei Repetiruhren das Repetirwerk vereinigt ist. Der Hauptzweck des Gehwerks ist, den Stunden- und Minutenzeiger auf dem Zifferblatt nach einer abgemessenen Zeit umzudrehen, und in dieser Absicht wird das Weiserwerk angebracht. Bei einer Uhr mit vier Rädern ragt die Welle des Minutenrades Fig XI. H vor der vordersten Platte C D des Gehäuses etwa um 1½ Zoll hervor, und auf dieser vorspringenden Spitze steckt ein Rad, welches man einen Wechsel Fig. XIII. B nennt. Man wird ihn zum Theil unter dem Stundenrade D bemerken. Er drehet sich, wie das Minutenrad, in Einer Stunde um, und man gibt ihm gewöhnlich 36 Zähne. Diese greifen in die Zähne des Wechsels A, der gleichfalls 36 Zähne hat. Da beide Wechsel eine gleiche Anzahl Zähne haben, so müssen sie nothwendig in gleicher Zeit, oder in Einer Stunde einen Umgang vollenden. Der Wechsel A sitzt auf einem besondern Zapfen, der bloß auf der vordersten Platte angeschroben ist. Hingegen steckt der Wechsel B auf der vorspringenden Welle des M des. Da er aber den Minutenzeiger vor dem Zifferblatt bewegen muß, so ist in dem Wechsel ein Rohr eingezapft, (Fig. XXVI. a b) auf dessen Spitze (a) der Minutenzeiger steckt. Der Minuzeiger wird also, wie der Wechsel, in Einer Stunde umgedrehet. Allein weit langsamer ist die Bewegung des Stundenzeigers. Daher lässt man ein Getriebe C, welches mit dem Wechsel A auf Einem Zapfen sitzt, in die Zähne des Stundenrades D greifen. Erhält das Getriebe C, welches, wie der Wechsel A, in Einer Stunde umläuft, 6 Triebstöcke, so muß man dem Stundenrade D 72 Zähne geben, den $6 \times 12 = 72$. Der Reibung wegen berühren sich der Wechsel B und das Stundenrad D nicht unmittelbar, sondern sie sind durch den Kloben g h von einander abgesondert. Das Rohr des Wechsels B durchbohrt diesen Kloben, und man könnte zwar, wie auch wohl bei schlechten Uhren zu geschehen pflegt, das Rohr des Stundenrades (Fig. XXV. a b) auf das Rohr des Wechsels B unmittelbar stecken; da aber der letzte schnell, das Stundenrad aber langsam umläuft, und da die Bewegung dieser beiden Räder eine entgegen gesetzte Richtung hat, so verursachet dies eine starke Reibung. Daher wird in den Kloben g h ein besonderes Rohr eingezapft, in welchem das Rohr des Wechsels B läuft. Hingegen schiebet man auf das Rohr des Klobens das Rohr des Stundenrades, ohne weitere Befestigung auf. Auf diese Art sondert man das Rohr des Wechsels und des

Stun-

Stundenrades ab. Auf der Spitze des Rohrs an dem Stundenrade steckt der Stundenzeiger, der also von dem Stundenrad in 12 Stunden umgedrehet wird. Man siehet leicht, daß die beiden Zeiger ohne sonderlichen Schaden rückwärts und vorwärts können gedrehet werden.

Statt der Auslösung des Gehwerks bei gewöhnlichen Uhren, (wovon bei einer andern Gelegenheit das nöthige soll gezeigt werden) welche das Schlagwerk in der Bewegung hemmet, und im erforderlichen Fall wieder frei laufen lässt, erhalten die Repetiruhren ein Repetirwerk. Es hält in der That schwer, sich aus einer Beschreibung einen hinlänglichen Begriff von diesem künstlichen Werke zu machen, wenn sie sich gleich auf eine Zeichnung beziehet. Man wählte daher ein sehr einfaches Repetirwerk, welches überhaupt wohl das beste ist, und aus eben diesem Augenmerk hat man auch die übrigen Beispiele ausgesuchet. Denn der Raum würde es nicht erlauben, von allen künstlichen Uhren zu reden. Auf dem Wechsel A steckt ein Stift in E, der, wenn der Wechsel nach Einer Stunde seinen Umlauf vollendet hat, eine stählerne Feder E F an der Auslösung E F G in E ergreift. Die Auslösung bewegt sich frei auf einem Repetirstift in F. Wenn also der Stift des Wechsels A die Feder E F nach der Richtung C E in die Höhe bewegt, so erhebt sich auch zugleich der Arm der Auslösung F G. Auf diesem ruhet, wenn das Schlagwerk sich nicht bewegt, die Spitze der Einfallschnalle G H in G.

Wer siehet nicht, daß die Einfallschnalle sich mit der Auslösung F G erheben wird? Unter I hat die Einfallschnalle ein zugespitztes Stück Eisen, das man in der Folge eine Einfallspitze nennen wird. Diese ruhet in dem äußersten Zahn a des Rechens K L M, wenn das Schlagwerk sich nicht bewegt, und der Rechen wird in diesem Fall durch die Einfallspitze I unbeweglich gehalten. Der Rechen K L M hat auf seiner Stirn, die nach einem Zirkelbogen abgerundet ist, 13 bis 14 Zähne, und gegen seinen Schwanz M N lehnt sich die Spitze einer stählernen Feder N O. Gesetzt also, die Einfallspitze I der Einfallschnalle G H verlässt den Rechen, so drückt ihn die Feder N O nach der Richtung P K hinab, und um so viel Zähne der Rechen hinab sinkt, eben so oft schlägt die Uhr, wie sich unten ergeben wird. Man siehet also leicht, daß der Erfinder des Repetirwerks ein Hinderniß anbringen musste, wodurch er das Sinken des Rechens nach der Anzahl der Schläge jeder Stunde bestimmen konnte. In dieser Absicht ist neben dem Repetirstift M des Rechens, worauf er sich frei bewegt, ein Arm von Messing M Q an dem Rechen befestiget, welcher einen Stift trägt, der gegen die Uhrplatte gekehret ist, und sich gegen den Staffen R S lehnet, wenn der Rechen K L M nach der Richtung P K hinab sinkt. Natürlicher Weise muß also der Staffen eine solche Einrichtung erhalten, daß z. B. bei dem ersten Stundenschlag der Rechen nur um Einen Zahn nach P K hinab sinken kann, bei der zweiten Stunde um

zwei

zwei Zähne, und also bei der zwölften Stunde um zwölf Zähne. Daher hat der Staffen RS, nach der Zahl der Stunden, 12 Absätze oder Stundenstaffeln, die nach einer bestimmten Abtheilung beständig tiefer hinab gehen. Gesetzt, die Uhr soll Zwölfe schlagen, so fällt der Stift des Arms MQ in die tiefste Staffel d e hinein, und der Rechen sinkt um zwölf Zähne nach der Richtung PK hinab. Unter dem Staffen RS liegt ein Stern, wovon man in S die Spitzen in der Zeichnung deutlich bemerken wird. Der Stern hat nach der Zahl der Stundenschläge zwölf Zähne, deren Spitzen bis unter den Wechsel B ragen. Ein Stift unter diesem Wechsel, der bekannter Maßen in Einer Stunde umläuft, rückt den Stern kurz vor jedem Stundenschlag um Einen Zahn weiter fort, und ein Sperrkegel Q, nebst einer messingenen Feder T, gibt ihm Haltbarkeit, wenn er nicht beweget wird. Der Staffen RS hängt mit dem Stern unmittelbar zusammen, und jener wird also gleichfalls kurz vor dem Stundenschlag um Eine Staffel weiter fortgerückt. Hat also die Uhr nach Verlauf der nächst vorher gehenden Stunde Zwölfe geschlagen, so kommt vor dem Arm MQ die Staffel f des Staffens für Ein Uhr zu stehen. Theilt man die Tiefe der Staffel d e für die 12 Stunden in 12 gleiche Theile, so erhält die Staffel für Ein Uhr nur $\frac{1}{12}$ dieser Eintheilung zur Tiefe. Daher kann der Rechen KLM nur um Einen Zahn nach PK hinab fallen. Die Anwendung lässt sich leicht auf den Absatz des Staffens für 2 Uhr machen, der $\frac{2}{12}$ von der gedachten Eintheilung zur Tiefe hat, u. s. w. Allein es fragt sich noch, wodurch das Schlagwerk in Bewegung gesetzt wird? Die Welle des Schöpfrades in dem Schlagwerke (F. XII. G) springt etwas weiter, als der Rechen KLM dick ist, vor der vordern Platte des Gehäuses vor. Man wird dies vorstehende Ende in U Fig. XIII. bemerken. Auf der Spitze dieser Welle steckt ein kleines Stück Stahl U K, welches man den Schöpfer nennt, womit nach der Uhrplatte zu ein Haken zusammen hängt, der genau in den Raum zwischen zwei Zähnen des Rechens K L M passet. Der Rechen hat in K einen Stift, der den Schöpfer U K, wenn dieser den Stift erreicht, in der Bewegung hindert, und zugleich das Schöpfrad und alle übrigen Räder des Schlagwerks. Gesetzt nun, die Auslösung E F G, und zugleich die Einfallschnalle G H wird von dem Stift E des Wechsels A aufgehoben, und die Einfallspitze I der Einfallschnalle verlässt den Rechen K L M, so fällt dieser durch die Kraft der Feder N O nach der Richtung P K so tief hinab, als die Staffel des Staffens R S, die gerade vor dem Arm M Q stehet, es erlaubet. Die Uhr mag z. B. Drei schlagen, so sinkt der Rechen um die Zähne a, b, c nach P K hinab. Zugleich verlässt der Stift K des Rechens den Schöpfer K U, und das Schlagwerk kann durch sein Gewicht beweget werden. Wenn sich das Schöpfrad Ein Mahl umgedrehet hat, so ergreift der Haken des Schöpfers auf der Welle U des Schöpfrades den Zahn c des Rechens. Der

Ham-

Hammer schlägt zum ersten Mahl, und der Rechen wird von dem Haken des Schöpfrades um Einen Zahn weiter nach K P gerückt. Drehet sich das Schöpfrad zum zweiten Mahl um, so greift der gedachte Haken in den Zahn b des Rechens, und es schlägt zum zweiten Mahl. So bald aber der Rechen um den letzten Zahn a nach K P zurück geschoben ist, so erreicht der Stift K des Rechens den Schöpfer K U wieder, und hindert ihn in der Bewegung. Das Schlagwerk wird also gleichfalls in seiner Bewegung gehemmt. Die Einfallspitze I der Einfallschnalle wird auch nicht mehr in ihrer Ruhe gestöret, und hält also den Rechen unbeweglich fest. Es erhellet aber zugleich hieraus, daß das Schlagwerk einer Repetiruhr so berechnet werden muß, daß das Schöpfrad (F. XII. G) bei jedem Schlag des Hammers Ein Mahl umläuft. Bei den übrigen Stundenschlägen ist weiter kein Unterschied, als daß der Mechanismus mehrere oder wenigere Schläge verursachet. Da aber die Staffel des Staffens R S z. B. für den dritten Stundenschlag bis kurz vor vier Uhr vor dem Arm M Q des Rechens stehen bleibt, so wird man jederzeit die Schläge der nächst verflossenen Stunde wieder hören, wenn man die Uhr nöthigt, zu schlagen. Dies hält nicht schwer, denn es darf nur die Auslösung F G aufgehoben werden. Zu mehrerer Bequemlichkeit ist in V ein Arm, wodurch man, vermittelst einer Schnur an diesem Arm, die Auslösung, selbst zur Nachtzeit, erheben kann. Die Feder W gibt dem Arm V wieder seine gewöhnliche Lage. Die Auslösung hat in G einen Widerhaken, der durch ein Loch W der Platte in die Uhr hinein, bis gegen das Anschlagrad (Fig. XI. l) ragt. Wenn das Schlagwerk sich nicht bewegt, so steht der Stift des Anschlagrades um den halben Umfang dieses Rades von dem Widerhaken der Auslösung ab. So bald sich diese aber in die Höhe bewegt, und das Schlagwerk zu laufen anfängt, so lehnt sich der gedachte Stift auf den Widerhaken der Auslösung, und das Schlagwerk wird noch auf einige Zeit in seiner Bewegung aufgehalten. Hierdurch gewinnt der Rechen K L M Zeit, ehe die Uhr schlägt, gehörig nach P K hinab zu sinken. So bald dies aber geschehen ist, so kann die Auslösung E F G wieder hinab fallen, und alsdenn hindert ihr Widerhaken G das Anschlagrad nicht mehr in seiner Bewegung. Die Uhr kann also ungehindert schlagen.

b) Berechnung der Uhren.

Soll eine Uhr richtig gehen, so muß sie eine doppelte Eigenschaft haben, sie muß genau berechnet, und gut ausgearbeitet seyn. Mit dem ersten macht der Uhrmacher natürlicher Weise den Anfang, wenn er sich anders auf die Berechnung versteht. Denn die mehresten Uhrmacher verfertigen ihre Uhren nach Berechnungen, die sie sich nach und nach gesammelt haben, ohne daß sie beurtheilen können, ob die Berechnung richtig sey, oder nicht. Zum Theil rührt dies davon her, weil die Schriften, die von den Uhren handeln, in einer Sprache geschrieben sind, welche die Uhrmacher nicht verstehen, oder deutlicher zu reden, weil diese Schriften sich der mechanischen Kunstwörter bedienen. Man wird daher so verständlich reden, wie möglich, und die mechanischen Gründe nicht voraus schicken, sondern sie nur bei Gelegenheit anführen. Man findet sie ohnehin in allen Schriften, die von der Mechanik handeln.

A Berechnung des Gehwerks.

Wenn der Uhrmacher dies wichtige Werk berechnen will, so muß er im voraus, nach Beschaffenheit und Größe der Uhr, die er verfertigen will, drei Stücke festsetzen: 1) wie viel Zähne das Steigrad erhalten soll, 2) in welcher Zeit sich das Bodenrad um seine Axe wälzen, und 3) wie oft der Perpendikel während der festgesetzten Umlaufzeit des Bodenrades schlagen soll. Aus diesen drei Gliedern wird, nach der gewöhnlichen Regel de Tri, eine vierte Zahl gesuchet. Vorläufig ist nur noch dies einzige zu bemerken, daß die Zähne des Steigrades bei der Berechnung verdoppelt werden, weil der Perpendikel zwei Mahl schlägt, während daß sich das Steigrad um Einen Zahn weiter umdrehet. S. 222. z. B.

a) Uhren, die nur drei Räder erhalten, laufen höchstens 40 Stunden in Einem Aufzuge, und das Bodenrad drehet sich in Einer, oder in zwei Stunden um. Das Steigrad mag 25 Zähne haben, das Bodenrad in Einer Stunde umlaufen, der Perpendikel während dieser Umlaufzeit 3600 Mahl schlagen, und die Uhr 24 Stunden in

Einem Aufzuge gehen. Die Berechnung ist nach der vorigen Regel diese:

Zähne d. Steigrades doppelt genommen	Umlaufszeit des Hauptrades	Perpendikelschläge	Gefundene Zahl.
50 :	1 Stunde = 3600 :		72

Die gefundene Zahl wird in so viel Faktoren zerfället, als die Uhr, außer dem Steigrade, Räder erhalten soll, oder deutlicher zu reden, man suche so viel Zahlen, als die Uhr Räder erhalten soll, das Steigrad ausgenommen, deren Produkt die gefundene Zahl ist. In dem gegenwärtigen Fall ist 8 Mahl 9 gleich 72, und die Zahlen 8 und 9 sind also die gesuchten Faktoren. Die Anzahl der Triebstöcke wird willkürlich angenommen, und man hat nur die einzige Regel zu bemerken, daß man den Getrieben nicht leicht über 10, und niemahls unter 6 Stöcke giebet. Das erste Getriebe mag in diesem Fall 8, und das zweite 10 Triebstöcke erhalten. Stellt man neben jedes Getriebe einen Faktor, und multiplicirt die Zahl der Triebstöcke mit dem Faktor, so ist das Produkt die Anzahl der Zähne eines Rades. Es ist völlig gleichgültig, ob man neben das Getriebe den einen oder den andern Faktor stellt, und dies gilt auch in den Fällen, wo man mehr, als drei Faktoren hat. Unterdessen ist doch diejenige Stellung die beste, wodurch man Produkte findet, die nicht gar zu weit von einander abweichen. Die Produkte geben die Anzahl der Zähne jedes Rades, und die Räder würden unter einander keine gute

Pro-

Proportion erhalten, wenn man z. B. dem ersten Rade 72, und dem zweiten 30 Zähne geben wollte. In dem gegenwärtigen Fall kann man die Faktoren und die Zahlen der Triebstöcke gleichfalls auf eine doppelte Art stellen.

	Faktoren		Triebstöcke		
Entweder	8	multiplicirt mit	8	ist gleich	64
	9		10		90
oder	9	multiplicirt mit	8	ist gleich	72
	8		10		80

Der letzte Fall ist ohne Zweifel vorzüglicher, weil sich die Zahlen 72 und 80 mehr nähern, als 64 und 90. Eben dies gilt auch, wenn man eine Zahl in mehrere Faktoren zerfällen kann. Die Berechnung würde also diese seyn, wenn man voraus setzt, daß das Bodenrad die mehresten Zähne erhält, weil es das größeste ist.

	Zähne der Räder.	Triebstöcke.	Umlaufszeit.
Steigrad	25	8	9
Mittelrad	72	10	8
Bodenrad	80		

72
50
3600

3600 | 60
600
6

Einige Anmerkungen werden diese Berechnung näher ins Licht setzen. 1) Aus der obigen Berechnung ersiehet man, daß die Faktoren 8 und 9 zugleich die Umlaufszeit der Räder und Getriebe anzeigen. Dies will so viel sagen: Das Mittelrad

rad läuft 8 Mahl um, während daß sich das Bodenrad Ein Mahl umwälzet, und in der Zeit, worin sich das Mittelrad Ein Mahl umdrehet, läuft das Steigrad 9 Mahl um. Multiplicirt man die Faktoren mit einander, so zeigt das Produkt an, wie oft das Steigrad in der Zeit umläuft, da sich das Bodenrad Ein Mahl umwälzet. In dem gegenwärtigen Fall drehet sich das erste 72 Mahl um, während das Bodenrad Einen Umgang vollbringet Wird dieses Produkt aus den Umlaufzeiten mit der Zahl der Zähne des Steigrades doppelt genommen multipliciret, so zeigt das neue Produkt, wie oft der Perpendikel in einem Umgange des Bodenrades schlägt. 50 multiplicirt mit 72 ist gleich 3600. In dem gegenwärtigen Fall, da das Bodenrad in Einer Stunde umläuft, darf man nur die Zahl 3600 mit den Minuten einer Stunde dividiren, so ergibt sich, wie oft der Perpendikel in Einer Minute schlägt. 3600 dividirt mit 60 ist gleich 60. Folglich würde bei der berechneten Uhr der Perpendikel in Einer Minute 60 Mahl, oder in jeder Sekunde Ein Mahl schlagen. Alles dies wird man leicht bei der obigen Berechnung übersehen. Stehet neben der Berechnung einer Uhr die Umlaufszeit nicht, so darf man nur mit den Triebstöcken eines Getriebes in die Zähne desjenigen Rades dividiren, wovon es bewegt wird. Z. B. das Bodenrad bewegt in der vorigen Berechnung das Getriebe 10. 10 dividirt in die 80 ist gleich 8. Eben so, 8 dividirt in die 72 ist gleich 9. 2) Die mehresten Uhrmacher halten die-

diejenigen Uhren für die besten, bei deren Berechnungen keine Brüche vorkommen, und bedienen sich des Ausdrucks, die Uhr sey nach aufgehenden Zahlen berechnet. De la Hire ist der gegenseitigen Meinung, weil bei Berechnungen mit Brüchen ein Zahn des Rades nicht jederzeit eben denselben Triebstock wieder ergreift, und Triebstock und Zahn sich daher besser abschleifen. Will man aber bei der Berechnung alle Brüche vermeiden, so darf man nur vor der Berechnung die Zähne des Steigrades doppelt genommen mit den festgesetzten Schlägen des Perpendikels dividiren. Bleibt hierbei nichts übrig, so lassen sich bei der Berechnung alle Brüche vermeiden. 3) Läuft das Bodenrad in zwei oder mehrern Stunden um, so bleibt die vorige Rechnung, und man suchet nur vorher, wie oft der Perpendikel während der Umlaufzeit des Bodenrades schlägt. Z. B. das Steigrad erhält 30 Zähne, das Bodenrad läuft in 2 Stunden um, der Perpendikel schlägt in Einer Stunde 3600, und also in zwei Stunden 7200 Mahl. Die Rechnung ist diese:

60 : 1 = 7200 : 120.

120 läßt sich in die Faktoren 12 und 10 zerlegen, und hieraus entstehen folgende Zahlen

	Zähne der Räder.	Triebstöcke.	Umlaufzeit.
Steigrad	30	6	10
Mittelrad	60	6	12
Bodenrad	72		

7200 | 3600 | 60
2222 | 600
| 6

120
60
———
7200

Will

Will man bei dieser Berechnung finden, wie oft der Perpendikel in Einer Minute schlägt, so muß die Zahl 7200 erst mit 2 dividiret werden, weil das Bodenrad sich erst nach zwei Stunden Ein Mahl umwälzet. Dies gilt in allen ähnlichen Fällen.

Allein aus einer doppelten Ursache können nicht alle Uhren drei Räder erhalten, und hierdurch ändert sich die Berechnung in etwas ab, denn die gefundene Zahl muß oft in 4, 5 oder 6 Zahlen zerlegt werden. 1) Eine Uhr mit drei Rädern läuft höchstens 40 Stunden in Einem Aufzuge, und gleichwohl ist es aus der oben angezeigten Ursache rathsam, die Uhr so lange, wie möglich in Einem Aufzuge gehen zu lassen. Daher erhält eine Achttageuhr vier, eine Monathsuhr fünf, und eine Jahrsuhr sechs Räder. Alle diese Uhren nennt man übersetzte Uhren. 2) Der Perpendikel kleiner Uhren schlägt oft in Einer Sekunde zwei, drei und mehrere Mahle, weil die Last eines Gewichtes sie beschweren und beschädigen würde, das wirksam genug ist, einen Perpendikel zu bewegen, der 3 Fuß $8\frac{1}{2}$ Linie, nach Französischem Maße, lang ist. Dies gilt vorzüglich von Federuhren, die nur eine schwache wirkende Kraft haben. Daher vermehrt man die Geschwindigkeit gewöhnlich durch fünf Räder, damit die Bewegung des Steigrades mit den schnellen Vibrationen eines kurzen Perpendikels überein stimme. Einige Beispiele werden diese Berechnung ins Licht setzen.

b) Das Gehwerk der Repetiruhr, deren Theile man oben weitläuftig zergliedert hat, Fig. IX. und

und XI. wird bei der Berechnung einer Uhr mit vier Rädern das bequemste Beispiel seyn. Das Bodenrad E wälzt sich in 12 Stunden Ein Mahl um, das Steigrad N hat 30 Zähne, und der Perpendikel schlägt in Einer Stunde 3600 Mahl und also in 12 Stunden 43200 Mahl.

60 : 1 = 43200 : 720

Wollte man die gefundene Zahl 720 nur in zwei Faktoren zerfällen, so würde jedes Rad eine ziemliche Anzahl Zähne erhalten. Daher ist es schicklicher, daß sie entweder in die Faktoren 12, 8, $7\frac{1}{2}$, oder, wenn man Brüche vermeiden will, in 12, 10, 6 zerfället wird. Hieraus entsteht eine doppelte Berechnung, die auf eins hinaus läuft.

	Zähne der Räder.	Triebstöcke.	Umlaufszeit.
1) Steigrad N in 1 M.	30	8	$7\frac{1}{2}$
Mittelrad L in $7\frac{1}{2}$ M.	60	8	8
Minutenrad I in 1 St.	64	8	12
Bodenrad E in 12 St.	96		
			720
2) Steigrad N in 1 M.	30	8	6
Mittelrad L in 6 M.	48	8	10
Minutenrad I in 1 St.	80	8	12

Boden-

Bodenrad E
in 12 St. 96

17			720
43200	3600	60	60
11111	600		43200
111	6		

In beiden Berechnungen ist Eine Stunde die Umlaufszeit des Minutenrades, und dies war nöthig, weil es das Weiserwerk bewegen soll. Hieraus fließt, daß man bei der Berechnung nicht selten sein Augenmerk auf den bestimmten Zweck der Räder richten muß.

c) Berechnung einer Uhr mit fünf Rädern. Hierzu gehören die Monathsuhren und Federuhren.

1) Läßt man das Bodenrad einer Monathsuhr in 70 Stunden Ein Mahl umlaufen, und bestimmt eben diesem Rade 12 Umwälzungen bei jedem Aufzuge, so geht sie 35 Tage. Das Steigrad erhält jederzeit 30 Zähne, und der Perpendikel schlägt in jeder Stunde 3600, also in 70 Stunden 252000 Mahl. Hieraus entsteht folgende Berechnung:

60 : 1 = 252000 : 4200

	Zähne der Räder.	Triebstöcke.	Umlaufszeit.
Das Steigrad	30	8	$7\frac{1}{2}$
Das kleine Bodenrad	60	8	8
Das Minutenrad	64	8	10

Das

Das Zusatzrad	82	12	7
Das große Bodenrad	84		4200
			60
			252000

4
252000 | 3600 | 60
700 | 60 |
7

2) Bei den Federuhren ist die vierte Proportionalzahl, die man nach der obigen Regel findet, aus einer doppelten Ursache groß, theils weil man diesen Uhren, wie schon oben bemerkt ist, nur einen kleinen Perpendikel geben kann, theils weil sich das Bodenrad nur sehr langsam umwälzen muß, wenn die zerbrechliche Feder nicht zu oft soll gespannet werden. Zum Beispiel soll die Federuhr berechnet werden, die man weiter unten beschreiben wird Fig. XXIX. Uhren dieser Art erhalten ein liegendes Steigrad K, dem man jederzeit Zähne nach einer ungeraden Zahl gibt. In dem gegenwärtigen Fall hatte es 31 Zähne. Die Uhr läuft 8 Tage in Einem Aufzuge, und das größte Rad, so bei diesen Uhren das Federrad heißt, vollendet in 2½ Tagen oder in 60 Stunden Eine Umwälzung. Der kurze Perpendikel schlägt in jeder Stunde 7,440 Mahl, und also in 60 Stunden 446,400 Mahl.

62 : 1 = 446,400 : 7,200

Wird die gefundene Zahl 7,200 in die Faktoren 10, 12, 10, 6 zerlegt, so entsteht folgende Rechnung:

Steigrad	31	6	10
Kronrad	60	6	12
Minutenrad	72	8	10
Zusatzrad	80	14	6
Federhausrad	84		

```
                                      7200
                                        62
                                    ------
  xx     | xx   |                    14400
  446400 | 7440 | 124               43200
  6000   | 6000 |                   ------
  66     | 66   |                   446400
```

Auf eben die Art berechnet man die kleinen Uhren, welche bei einem kurzen Pendel von einem Gewichte bewegt werden.

d) Sechs Räder erhalten die Jahresuhren, die man aber, wegen der Ungleichheit der Jahre, jederzeit etwas länger, als ein Jahr gehen lässt. Gewöhnlich wälzt sich das Bodenrad in 24 Tagen Ein Mahl um, das Steigrad erhält 30 Zähne, und der Perpendikel schlägt in Einer Stunde 3600, folglich in 24 Tagen 2073600 Mahl. Hieraus entstehet nachfolgende Berechnung:

$$60 : 1 = 2073600 : 34560.$$

	Räder.	Getriebe.	Umlaufszeit.
Das Steigrad	30	10	$7\frac{1}{2}$
Das kleine Bodenr.	75	10	8
Das Minutenrad	80	10	9
Das zweite Zusatzr.	90	12	8
Das erste Zusatzrad	96	14	8
Das gr. Bodenrad	112		34560

Gibt

Gibt man dem großen Bodenrade 16 Umgänge, so geht die Uhr 384 Tage in Einem Aufzuge, und sie läuft noch länger, wenn man diesem Rade mehrere Umwälzungen ertheilt.

B. Berechnung des Schlagwerks.

Außer einigen besondern Stücken, die die Einrichtung jeder Uhr insbesondere bestimmt, kommt es bei der Berechnung des Schlagwerks vorzüglich darauf an, daß die Zähne der Räder, die Triebstöcke, und die Schlagnägel so geordnet werden, daß das Schlagwerk eben so lange in Einem Aufzuge geht, als das Gehwerk. Es wird aber hier vorzüglich nöthig seyn, die verschiedenen Fälle aus einander zu setzen.

a) Die wenigste Schwierigkeit macht die Berechnung, wenn die Uhr nur drei Räder hat, denn das Schlagwerk erhält jederzeit so viel Räder, als sein Gehwerk. Die Anzahl der Schläge jeder Stunde wird bei diesen Uhren durch eine Schlagscheibe bestimmt, wovon bei den Federuhren das nöthige soll gesagt werden, und die alten Uhren setzen diese Schlagscheibe durch ein Schloßrad und ein Getriebe in Bewegung. Uhren dieser Art schlagen aber selten richtig, daher die neuern Uhrmacher die Schlagscheibe lieber auf der Welle eines Rades befestigen, das in 12 Stunden umläuft. Man kann sich leicht aus andern Schriftstellern von der Lage und dem Mechanismus des Schloßrades und seines Getriebes unterrichten, denn es würde der Beschreibung die Unterstützung einer Zeichnung fehlen.

Die Berechnung ist diese: Das Bodenrad, woran bei Uhren mit drei Rädern die Schlagnägel befestiget werden, mag sich in 2 Stunden um seine Achse wälzen, und die Uhr in Einem Aufzuge 24 Stunden gehen. 1) Man sucht die Schläge einer Uhr während Eines Aufzuges. Eine Stundenuhr schlägt in 12 Stunden 78 Mahl, und also in 24 Stunden 156 Mahl. 2) In die gefundene Zahl dividiret man mit der Zahl der Umgänge des Bodenrades während Eines Aufzuges, und der Quotient gibt die Anzahl der Schlagnägel. In dem gegenwärtigen Fall muß also 12 in 156 dividiret werden, und der Quotient 13 zeigt, daß man der Uhr 13 Schlagnägel geben muß. 3) Das Rad, welches auf das Hebnägelrad folgt, muß sich in allen Fällen bei jedem Schlage des Hammers Ein Mahl umdrehen, weil alsdenn zwischen zwei und zwei Schlägen jederzeit eine gleiche Zwischenzeit verfließt. Dieser Zweck wird erreicht, wenn man die Berechnung des Schlagwerks so einrichtet, daß sich bei Einer Umwälzung des Hebnägelrades das gedachte nächste Rad so oft umdrehet, als die Uhr Hebnägel hat. Folglich bei der gegenwärtigen Berechnung 13 Mahl. Wählt man zu dieser Zahl nach Willkür Triebstöcke, z. B. 6, und multipliciret beide Zahlen mit einander, so werden hierdurch die Zähne des Hebnägelrades gefunden:

13 multipliciret mit 6 ist gleich 78.

Folglich erhält das Hebnägelrad 78 Zähne. 4) Auf eben die Art findet man die Zähne des zweiten Rades,

des, welches bei diesen Uhren das Herzrad heißt, wenn man die Triebstöcke und die Umlaufszeit des dritten Rades willkürlich annimmt, und beide Zahlen mit einander multipliciret. Die Umlaufszeit sey 10, und das Getriebe mag gleichfalls 6 Triebstöcke haben:

10 ✕ 6 = 60. Zähne des Herzrades.

5) Nimmt man ferner die Umlaufszeit und die Triebstöcke des Windfangsgetriebes abermahls nach Willkür an, und multipliciret beides mit einander, so erhält man die Zähne des dritten Rades, welches die Uhrmacher gewöhnlich das Anschlagrad nennen.

8 ✕ 6 = 48. Zähne des Anschlagrades.

6) Es bleibt nur noch das Schloßrad mit seinem Getriebe übrig. Mit der Zahl der Schlagnägel dividiret man in die Zahl der Schläge der Uhr in 12 Stunden, oder in die Zahl 78: 13 dividiret in 78 ist gleich 6. Der Quotient bestimmt die Umlaufszeit des Schloßrades. Wird diese Zahl 6 mit den willkürlich angenommenen Triebstöcken des Getriebes, so zu dem Schloßrade gehört, multipliciret, so ergeben sich die Zähne des Schloßrades. Das Getriebe mag 13 Triebstöcke erhalten, denn am liebsten gibt man dem Schloßrade so viele Zähne, als die Uhr in 12 Stunden Schläge verrichtet:

6 ✕ 13 = 78. Zähne des Schloßrades.

Werden die gefundenen Zahlen zusammen gesetzet, so ist die Berechnung diese:

Windfangsgetriebe	Zähne.	Triebstöcke. 6	Umlaufszeit 8
Anschlagrad	48	6	10
Mittelrad	60	6	13
Bodenrad mit 13 Hebnägeln	78		
Schloßrad	78	6	13

b) Erhält das Schlagwerk vier Räder, so stehen die Hebnägel auf dem zweiten Rade, und hierdurch wird die Berechnung etwas abgeändert. Das Schlagwerk der Repetiruhr Fig. X. und XII. soll hier das Beispiel seyn. Die Uhr läuft 8 Tage, und das Bodenrad muß sich, wie bei dem Gehwerk, wenigstens in 12 Stunden Ein Mahl umdrehen, denn bei den Repetirwerken gibt man, wegen der Repetition, gerne etwas zu. 1) Die Hebnägel werden willkürlich angenommen, und mit ihrer Zahl dividiret man in die Zahl der Schläge, die die Uhr in der Zeit verrichtet, da sich das Bodenrad Ein Mahl umdrehet. In dem gegenwärtigen Fall hat die Uhr 8 Hebnägel, und sie schlägt während der Umlaufszeit des Bodenrades A, oder in 12 Stunden 78 Mahl; $78 : 8 = 9\frac{3}{4}$. Der Quotient bestimmt die Umlaufszeit des zweiten Rades E. Setzt man hierzu nach Willkür die Zahl der Triebstöcke z. B. 8, so gibt das Produkt aus beiden Zahlen die Zähne des Bodenrades A: $8 \times 9\frac{3}{4} = 78$. 2) Die Umlaufszeit des dritten Rades G wird auch in diesem Fall, so wie jederzeit, von der Anzahl der Hebnägel bestimmt, und dies ist bei Repetiruhren um so viel nöthiger, da dieses Rad bei

jedem

jedem Schlage des Hammers einen Zahn des Rechens zurück stoßen muß. S. 230. Werden hierzu willkürlich Triebstöcke gesetzt, z. B. 7, so gibt das Produkt aus dieser Zahl 7 uud den Hebnägeln 8 die Anzahl der Zähne des zweiten, oder des Hebenägelrades E. 8 ⨯ 7 = 56. 3) Das vierte Rad nebst dem Windfangsgetriebe wird, wie bei der vorigen Berechnung, nach Willkür angenommen. Hieraus entsteht also folgende Berechnung:

Windfangsgetriebe		6	7
Anschlagrad	42	6	8
Schöpfrad	48	7	8
Hebnägelrad mit 8 Hebnägeln	56	8	10½
Bodenrad	84		

e) Bei Schlagwerken, die mehr als 4 Räder haben, ist das dritte Rad das Hebnägelrad, die Uhr mag nun fünf oder sechs Räder erhalten. Zum Beispiel wählt man das Schlagwerk zu der Federuhr Fig XXX, die unten soll beschrieben werden. Die Uhr läuft 8 Tage in Einem Aufzuge, und das größte Rad A drehet sich in 3 Tagen Ein Mahl um. 1) Die Hebnägel werden nach Willkür angenommen, und mit ihrer Zahl dividiret man in die Zahl der Schläge, so die Uhr während der Umlaufszeit des größten Rades verrichtet. Die Uhr hat bei diesem Beispiele 10 Hebnägel, und schlägt in 3 Tagen 540 Mahl. Denn sie zeigt, außer den Stundenschlägen, den Verlauf einer halben Stunde mit einem einzigen Schlage an. Folglich schlägt sie in 12 Stunden

 90 Mahl.

90 Mahl. 10 dividiret in die 540 ist gleich 54. Der Quotient ist zu der Umlaufszeit eines Rades zu groß, und daher zerfället man ihn in zwei Faktoren, und diese bestimmen die Umlaufszeit des zweiten und dritten Rades. In dem gegenwärtigen Fall sind die schicklichsten Faktoren 6 und 9, denn 6 Mahl 9 ist 54. 2) Zu diesen Faktoren setzt man nach Willkür Triebstöcke, z. B. 14 und 8, und sucht durch die Multiplikation aus der Zahl der Triebstöcke mit den Faktoren die beiden ersten Räder:

$$14 \times 6 = 84$$
$$9 \times 8 = 72$$

Bei dieser Uhr erfordern aber die Umstände, die Berechnung so einzurichten, daß das zweite Rad 72 in 12 Stunden umläuft, weil es auf seiner Welle die Schlagscheibe gleichfalls in 12 Stunden umdrehen soll, und daher muß die Anzahl der Triebstöcke nach diesem Zweck gewählet werden. 3) Die Umlaufszeit des vierten Rades H ist abermahls der Zahl der Hebnägel 10 gleich. Multipliciret man diese Zahl mit willkürlich angenommenen Triebstöcken 6, so ergeben sich die Zähne des dritten Rades F. 6 × 10 ist gleich 60. Das übrige wird gleichfalls nach Willkür angenommen, die Uhr mag nun fünf, oder sechs Räder erhalten. Es entstehen hieraus im Zusammenhange folgende Zahlen:

Windfangsgetriebe L		6	9
Windfangsrad K	54	6	10

An-

Anschlagrad H	60	6	10
Hebnägelrad mit 10 Hebnägeln F	60	8	9
Zusatzrad D	72	14	6
Federhausrad A	84		

Hieraus wird man auch leicht die Berechnung des Schlagwerks zu der Monathsuhr übersehen, deren Gehwerk man auf der 240. S. berechnet hat:

Windfangsgetriebe		6	6
Anschlagrad	48	8	7
Schöpfrad	56	8	8
Hebnägelrad mit 8 Hebnägeln	64	10	8
Zusatzrad	80	12	7
Bodenrad	84		

Die Jahresuhren sind insgemein Probiruhren, und erhalten daher nie ein Schlagwerk.

C. Berechnung des Wechselwerks.

Die Berechnung zerlegt sich in zwei Aufgaben, denn es muß der Minuten- und Stundenzeiger umgedrehet werden.

a) Die drei Glieder, so bei der Berechnung der beiden Wechsel Fig. XIII. A und B, welche den Minutenzeiger bewegen, bekannt seyn müssen, sind diese: 1) Die Umlaufszeit des Rades, auf dessen Welle der Wechsel B steckt. 2) Die Umlaufszeit des Minutenzeigers, beides in Zeittheilen. 3) Die Zähne des Wechsels B, die willkürlich angenommen werden. Die vierte Zahl, so man durch die

Regel de Tri findet, gibt die Zähne des Wechsels B.

Umlaufszeit des Minutenrades.		u. des Minutenzeigers.		Wechsel A.		u. B.
1) 1 Stunde	:	1 Stunde	=	30	:	30
2) 2	:	1	=	60	:	30
3) 3	:	1	=	60	:	20

b) Die Zähne des Stundenrades D, welches den Stundenzeiger bewegt, werden aus folgenden drei Gliedern durch die Regel de Tri gefunden: 1) Aus der Umlaufszeit des Wechsels A, wodurch das Getriebe C bewegt wird. 2) Aus der Umlaufszeit des Stundenzeigers, und 3) aus den willkürlich angenommenen Triebstöcken des Getriebes C. Da bei dieser Einrichtung das Getriebe C das Rad D bewegt, so entsteht eine langsame Bewegung.

Umlaufszeit des Wechsels A.		u. des Stundenzeigers.		Triebstöcke des Getr. C.		Stundenrad D.
1) 1	:	12	=	6	:	72
2) 2	:	12	=	10	:	60
3) 3	:	12	=	10	:	40

Gewöhnlich wälzt sich aber der Wechsel A mit dem Getriebe C in Einer Stunde Ein Mahl um.

D. Die Umlaufszeit eines Rades in Zeittheilen zu finden.

Es müssen abermahls drei Glieder bekannt seyn: 1) Die Umlaufszeit eines Rades in Zeittheilen. 2) Wie oft sich das Rad, dessen Geschwindigkeit man in Zeittheilen finden will, in der Zeit umdrehet, da das vorher genannte Rad 3) sich Ein Mahl umdrehet. Die beiden letztern Glieder werden

den umgekehrt zuerst gestellt, und die vierte Zahl, so man aus diesen Gliedern findet, ist die Umlaufszeit des zweiten Rades in Zeittheilen. Das Beispiel mag die Berechnung einer Federuhr seyn. Fig. XXIX.

1) Steigrad in 30 Sek.	31	6	10
2) Kronrad in 5 Min.	60	6	12
3) Minutenrad F in 1 St.	72	8	10
4) Zusatzrad D in 10 St.	80	14	6
5) Federhausrad A in $2\frac{1}{2}$ Tagen	84		

1) Zusatzrad 6 : 1 = 60 St. : 10 St.
2) Minutenrad 10 : 1 = 10 St. : 1 St.
3) Kronrad 12 : 1 = 60 Min. : 5 Min.
4) Steigrad 10 : 1 = 5 Min. : 30 Sek.

Die Tage werden bei dieser Berechnung im erforderlichen Fall in Stunden, die Stunden in Minuten, und die Minuten in Sekunden verwandelt. Die Berechnung muß aber jederzeit so eingerichtet werden, daß das Minutenrad in einer Stunde Ein Mahl umläuft.

E. Das Gewicht einer Uhr zu berechnen.

Es findet hierbei ein doppelter Fall Statt. Entweder es ist das angehängte Gewicht gegeben, und es soll hieraus die Kraft gefunden werden, womit das Steigrad den Englischen Haken bewegt; oder es ist die Kraft gegeben, die erfordert wird, den Englischen Haken zu bewegen, und es soll gefunden werden, wie schwer das Gewicht seyn muß, das zur gehörigen Bewegung hin-

hinreichend ist. Das erste muß nach dem mechanischen Gesetz berechnet werden: Last verhält sich zur Kraft, wie der Durchmesser des Rades zu dem Durchmesser des Getriebes. In dem zweiten Fall wird die Proportion nur umgekehrt abgesetzt: Kraft verhält sich zur Last, wie der Durchmesser des Getriebes zu dem Durchmesser des Rades. In beiden Fällen kann man entweder jedes Rad besonders berechnen, oder den Durchmesser aller Räder und aller Getriebe mit einander multipliciren. Das Produkt gibt die Durchmesser der Räder und der Getriebe zusammen genommen. Aus dem Produkt lassen sich die beiden angenommenen Fälle gleichfalls berechnen. Am deutlichsten wird sich dies aus einer Berechnung ergeben. Das Beispiel mag das Gehwerk der Repetiruhr seyn, Fig. IX. und XI. Vor der Berechnung müssen also folgende Fälle bekannt seyn. 1) Die sämmtlichen Durchmesser der Räder. Das Bodenrad E hat drei Zoll im Durchmesser, die man in der folgenden Berechnung als ein Ganzes betrachtet, und daher 1 nennt. Wenn man diesen Durchmesser bei Uhren mit vier Rädern in fünf gleiche Theile zertheilt, und dem zweiten Rade 4, dem dritten 3, dem vierten 2 von den gedachten Theilen gibt; so hat das zweite Rad I im Durchmesser $\frac{4}{5}$, das dritte L $\frac{3}{5}$, und das vierte $\frac{2}{5}$. 2) Aus den Durchmessern der Räder hat man durch die Regel de Tri nach folgender Proportion die Durchmesser der Getriebe gefunden: Wie sich die Zähne

Zähne des Rades zu den Triebstöcken des Getriebes, welches von dem Rade bewegt wird, verhalten, so verhält sich der Durchmesser des Rades zu dem Durchmesser des Getriebes. 3) Die Walze E F hat $1\frac{1}{2}$ Zoll im Durchmesser, und trägt 4) 8 ℔ Last. Soll aus dieser Last, die in der Berechnung gleichfalls 1 heißt, und den übrigen gegebenen Gliedern die Kraft des Steigrades N gefunden werden, so ist die Berechnung diese:

a) Die Kraft jedes Rades besonders berechnet.

	Durchm. der Räder.		Durchm. d. Getriebe.		Last.		Kraft.
Bodenrad E behält 4 ℔ Kraft übrig.	1	:	$\frac{1}{2}$ (EF)	=	1	:	$\frac{1}{2}$
Minutenr. I. 13 Loth $1\frac{1}{3}$ Q.	$\frac{4}{5}$	:	$\frac{1}{12}$ (H)	=	$\frac{1}{2}$	:	$\frac{5}{96}$
Mittelrad L $2\frac{138}{576}$ Loth.	$\frac{3}{5}$	:	$\frac{1}{10}$ (K)	=	$\frac{5}{96}$	:	$\frac{5}{576}$
Steigrad N $1\frac{7}{9}$ Q.	$\frac{3}{5}$	:	$\frac{2}{25}$ (M)	=	$\frac{5}{576}$	:	$\frac{1}{576}$

Ist nun die Last, die in dieser Berechnung 1 heißt, 8 ℔, so verhält sich die Last auf der Walze E F zu der Kraft auf dem Steigrade N wie $8 : \frac{8}{576}$ ℔. $\frac{8}{576}$ ℔ machen aber $1\frac{7}{9}$ Q. Allein die Dicke der Schnur auf der Walze E F trägt noch etwas aus, und man kann daher sicher 2 Quentchen annehmen. Multipliciret man die Zähler der beiden mittelsten Brüche, $\frac{5}{96}$ und $\frac{5}{576}$ mit der Schwere des Gewichtes 8, so entstehen hieraus die Brüche $\frac{40}{96}$ und $\frac{40}{576}$ ℔, die man nach der gewöhnlichen

chen Rechenkunst in Loth und Quentchen reduciren kann. Aus der Berechnung erhellet, daß die Kraft eines Rades bei der Berechnung des nächsten Rades die Last ist.

b) Berechnung mit dem Produkt aus den Durchmessern aller Räder und aller Getriebe. Zu dem letztern gehört auch die Walze EF $= \frac{1}{2}$.

Produkt aus den Durchmessern der Räder.		Produkt aus den Durchmessern der Getriebe.
$1 \times \frac{4}{5} \times \frac{3}{5} \times \frac{2}{5}$	:	$\frac{1}{2} \times \frac{1}{12} \times \frac{1}{10} \times \frac{2}{25} =$
Last.		Kraft.
8	:	$\frac{8}{576}$ ℔ oder $1\frac{7}{9}$ Qu.

Ist die Kraft gegeben, welche das Steigrad bewegen muß, und man soll hieraus das Gewicht auf der Walze E F bestimmen, so darf man nur in beiden Fällen die Berechnung umkehren. Z. B.

Prod. aus den Durchm. der Getriebe.		Prod. a. d. Durchm. der Räder.	Kraft.		Last.
$\frac{1}{2} \times \frac{1}{12} \times \frac{1}{10} \times \frac{2}{25}$	:	$1 \times \frac{4}{5} \times \frac{3}{5} \times \frac{2}{5} =$	$1\frac{7}{9}$ Q.	:	8 ℔

c) Verfertigung einer Pendeluhr.

A. Das Gehwerk.

a) Zuerst kommt das Gewicht nebst der Walze E F Fig. XI. in Betrachtung, um welche sich die Darmseite des Gewichtes schlinget. Das Grundgesetz bei diesem Theil der Uhr ist, daß man die Uhr so wenig, wie möglich, mit der Last des Gewichtes beschweren muß. Je schwerer das Gewicht ist, desto eher laufen, wegen der stärkern Spannung, die Zähne, Triebstöcke, und die Zapfen aus. Hierzu kommt noch, daß durch ein schweres Gewicht die Reibung vermehret wird,

die

die man bei allen Maschinen, und vorzüglich bei den Uhren, mit aller Sorgfalt vermeiden muß.

Wie das Gewicht einer Uhr durch die Berechnung gefunden wird, hat man nur kurz vorher gezeigt (S. 254); und es ist hier nur noch das einzige zu bemerken, daß bei einem Perpendikel, der 3 Fuß 8½ Linie Pariser Maß lang ist, für das Steigrad wenigstens 1 Quentchen Kraft übrig bleiben muß, wenn es den Perpendikel gehörig bewegen soll. Unterdessen lässt sich hierbei nicht gut ein allgemeines Gesetz festsetzen, denn die Schwere der Linse des Perpendikels, die Reibung, und zugleich die Bearbeitung der Uhr kommt hierbei gleichfalls in Betrachtung. Je schwerer die Linse ist, und je schlechter die Uhr ausgearbeitet ist, desto schwerer muß das Gewicht seyn. Hängt man an die Welle des Steigrades ein Gewicht an, das wirksam genug ist, den Perpendikel in Bewegung zu erhalten, so lässt sich hieraus genau bestimmen, wie viel Kraft erfordert wird, wenn das Steigrad den Perpendikel gehörig bewegen soll. Allein die Uhrmacher ersparen sich diese Mühe, indem sie insgemein die Uhren nach einer Berechnung verfertigen, wobei ihnen dieser und alle übrige Fälle schon hinreichend aus der Erfahrung bekannt sind. In dem gegenwärtigen Fall wiegt das Gewicht zwar 16 ℔, allein, da das eine Ende der Schnur an dem Gehäuse befestigt ist, so trägt das Gehäuse die Hälfte der Last, und es ist so gut, als wenn nur 8 ℔ an der Uhr aufgehängt wären. Aus der obigen

obigen Berechnung wird man bei einigem Nachdenken ersehen, daß eine Uhr, die mehr als vier Räder erhält, auch ein schwereres Gewicht bekommen muß.

Zweitens muß der Uhrmacher auch dafür sorgen, daß die Uhr in Einem Aufzuge wenigstens so lange geht, als in der Berechnung festgesetzt ist. Denn man gibt noch gerne etwas zu, damit die Uhr nicht genau auf der bestimmten Stunde darf aufgezogen werden. Dies hängt aber theils von der Aufzugshöhe der Uhr, theils von der Umlaufszeit des Bodenrades E, theils von der Stärke der Walze E F ab. Man hängt die Uhren nicht gerne höher, als fünf Fuß von der Erde auf, weil in einer größern Höhe die Zahlen des Zifferblatts unkennbar werden. Die gegenwärtige Uhr geht acht Tage in Einem Aufzuge, und das Bodenrad wälzt sich in 12 Stunden Ein Mahl um, folglich in 8 Tagen 16 Mahl. Hiernach muß die Stärke der Walze E F bestimmt werden. Bei jedem Umlauf des Bodenrades E und der hiermit verknüpften Walze wickelt sich so viel von der Darmsaite auf der Walze ab, als der Umfang der Walze beträgt. In dem gegenwärtigen Fall muß also der Umfang der Walze 16 Mahl genommen höchstens 5 Fuß betragen. Der Durchmesser der Walze E F verhalte sich z. B. zu dem Durchmesser des Bodenrades E wie 2 : 3; es fragt sich, ob die Uhr unter der voraus gesetzten Bedingung 8 Tage in Einem Aufzuge gehen, oder deutlicher geredet, ob eine Schnur, die 16 Mahl

um

um die Walze kann gewickelt werden, fünf Fuß lang ist? Ist das Bodenrad, wie in dem gegenwärtigen Fall 3 Zoll im Durchmesser hoch, und die Walze soll sich zu jenem wie 2 : 3 verhalten, so wird der Durchmesser der Walze 2 Zoll lang seyn. Aus diesem Durchmesser findet man nach einer bekannten Proportion den Umfang der Walze, der bei gegenwärtiger Voraussetzung $6\frac{2}{7}$ Zoll beträgt. Wird diese Zahl mit den Umwälzungen der Walze in 8 Tagen, 16, multipliciret, so ergibt sich die Höhe des Aufzugs: $6\frac{2}{7} \times 16 = 100\frac{4}{7}$ Zoll, oder 8 Fuß $4\frac{4}{7}$ Zoll. Hierzu muß noch die Länge des bleiernen Gewichts gerechnet werden, welche wenigstens 6 Zoll beträgt. Dies würde die festgesetzte Höhe des Aufzugs, 5 Fuß, übersteigen, wenn diese Uhr, wie die gewöhnlichen vier und zwanzig Stunden Uhren, ein Gewicht und Gegengewicht hätte, und es müßte eine andere Einrichtung getroffen werden. Bei der gegenwärtigen Uhr, deren Gewicht an einem Kloben hängt (Fig. XV. d), kommen die Enden der Darmsaite auf jeder Seite des Klobens in Betrachtung. Wenn also die Uhr auch nur 5 Fuß hoch hänget, so sind doch beide Enden zusammen genommen 10 Fuß lang, und die Uhr wird also die festgesetzte Zeit in Einem Aufzuge gehen. Sollte aber diese Uhr nur vier Fuß hoch aufgehänget werden, und doch 8 Tage in Einem Aufzuge gehen, und sollte ferner die Proportion des Durchmessers der Welle zu dem Durchmesser des Bodenrades 2 : 3 bleiben, weil sie die beste ist, so kann man entweder dem Bodenrade einen kleinern Durchmesser, z. B. 2½ Zoll, oder man kann auch diesem Rade bei der Berechnung eine längere Umlaufszeit geben. Am leichtesten ist freilich der Sache abgeholfen, wenn man dem Rade seine Größe lässt, und das Verhältniß des Durchmessers der Walze zu dem Durchmesser des Bodenrades abändert. Der erste verhalte sich zu dem letztern wie 1 : 2, so wird hierdurch der Umfang der Walze kleiner, und es wickelt sich bei jeder Umwälzung der Walze ein kürzeres Ende der Schnur, als vorher, ab. Der Durchmesser der Walze ist unter dieser Bedingung 1½ Zoll groß, und der Umfang beträgt 4⅘ Zoll. Multipliciret man hiermit die Umgänge des Bodenrades in 8 Tagen, 16, so ist die Höhe des Aufzugs 6 Fuß 3⅗ Zoll. Hierzu 6 Zoll für das Gewicht gerechnet, macht 6 Fuß 9⅗ Zoll u. s. w. Zugleich muß aber auch der Uhrmacher die Länge der Walze und die Stärke der Schnur in Erwegung ziehen, ob diese sich auch in dem gegenwärtigen Fall 16 Mahl um die Walze schlingen kann, ohne daß sie zuletzt über einander schlägt. Denn ist dieses, so wird die Entfernung der Schnur von dem Bewegungspunkte verändert, und die Kraft des Gewichts vermehret. Hartmann setzt in seinem Unterricht von den Uhren S. 99. die Fälle weitläuftig aus einander.

Die Gewichte werden entweder in Gießsand bloß von Blei gegossen; oder wenn sie äußerlich mit Messingblech umgeben sind, so lässt der Uhrmacher durch den Kupferschmid ein Futteral von dem gedachten Bleche verfertigen, und gießt flüssiges Blei hinein. Die Schnur ist bei den gewöhnlichen Uhren zwar nur ein starker Bindfaden von Hanf, den der Uhrmacher nach der Größe der Uhr auswählt; allein bei den Achttage- und Monathsuhren nimmt man lieber eine Darmsaite. Das eine Ende der Schnur wird bei der gegenwärtigen Einrichtung der Uhr an dem Gehäuse befestiget. Das andere Ende steckt der Uhrmacher durch ein Loch in die hohle Walze, und in der Aushöhlung schürzt er einen Knoten an dem äußersten Ende der Darmsaite, der sie auf der Walze festhält. Die Walze selbst besteht aus einem messingenen Seitenblech, und aus zwei Boden. Das Seitenblech E F wickelt der Uhrmacher aus Messingblech um ein Modell, und löthet die Enden mit Schlagloth zusammen. Die beiden Boden G und E werden gegossen, und erhalten schon durch den Guß einen vorspringenden runden Absatz, der in das hohle Seitenblech E F passt. Sie werden bloß mit Gewalt in das Seitenblech eingesprengt, wenn vorher gerade in der Achse für den Wellbaum ein Loch durchgebohret ist. Der Boden G springt etwa $\frac{1}{4}$ Zoll vor dem Seitenbleche vor, und in diesen vorstehenden Theil werden mit einer Feile Sperrzähne eingeschnitten. Man theilt den Umfang dieser Scheibe in eine willkürliche Anzahl Theile auf der Theilscheibe ab, und nach dieser Eintheilung werden die Zähne ausgeschnitten. Von der Theilscheibe wird sogleich die Rede seyn. Die

Walze presst man bloß auf den Wellbaum auf, wenn sie vorher abgedrehet und polirt ist. Ueberdem werden auf dem Seitenbleche E F der Walze noch einige Schraubengänge ausgeschnitten. S. 218. Ehe man hiervon mehr sagen kann, ist es nöthig, den Leser mit zwei Werkzeugen des Uhrmachers bekannt zu machen.

Das erste ist der Drehstuhl Fig. I. Die eiserne Stange a b trägt zwei senkrechte Säulen von Eisen e d, b c, die der Uhrmacher Docken nennt. Die Docke c b ist auf der Stange a b befestigt, die Docke e d lässt sich aber durch ihre Hülse d auf der Stange a b verschieben, und mit einer Schraube wieder befestigen. In jeder Docke steckt ein eiserner Stab f g, den man ausziehen, und wieder mit einer Schraube e und c befestigen kann. Das eine Ende g jedes Stabes ist zugespitzt, das andere f aber ist platt, und hat in seiner Achse ein Loch (Korn). Der Uhrmacher kann also ein Stück, das er abdrehen will, denn dies ist der Zweck des Drehstuhls, entweder zwischen den beiden Spitzen, oder in den beiden Körnern der Stäbe festhalten, nachdem es die Gestalt jedes Stückes mit sich bringet. Z. B. Wenn er ein Rad auf seiner Welle abdrehet, so befestigt er die Welle auf die letzte Art. Zwischen beiden Docken steckt auf der Stange a b ein eiserner Arm h i, der an dem Ende i zwei kleinere Arme, gleich einer Gabel hat, die ihn zwar auf der Stange a b befestigen, aber nicht hindern, daß man den Ort des Arms auf der Stange a b ver-

verändern, und ihn vorwärts und zurück stoßen kann. In der Zeichnung fällt nur der oberste Arm i in die Augen. Mit einer Schraube k lässt er sich befestigen. In einem Loche in h steckt ein Eisen l m, das in l eine horizontale Auflage l hat. Der Uhrmacher nennt es das Richtscheid. Man kann es vermittelst einer Schraube hinauf und hinab stellen. So wohl der Arm h i, als das Richtscheid l m müssen sich nothwendig nach Beschaffenheit der Umstände verschieben lassen, denn das Richtscheid trägt in l den Grabstichel, wenn der Uhrmacher etwas abdrehet, und diesem muß er jederzeit nach der Größe und Beschaffenheit des Stücks, das er abdrehen will, seinen Ort anweisen. Der Uhrmacher drehet bloß mit Grabsticheln von verschiedener Art. Der Drehstuhl wird beim Gebrauch in dem Schraubstock befestigt. Auf das Stück, das soll abgedrehet werden, steckt der Uhrmacher eine Rolle Fig. III. o, und um diese schlingt er die Schnur an einem Bogen. Seine linke Hand bewegt mit dem Bogen die Rolle o und zugleich das Stück, so er abdrehet, und die rechte führt den Grabstichel. Sollen nun die Boden abgedrehet werden, so steckt sie der Uhrmacher auf eine besondere eiserne Spille Fig. III. p q, so er den Drehstift nennt. Auf einer Seite lehnt sich der Boden an einen Ansatz auf dem Drehstift, und auf der andern Seite sind auf dem Drehstift Schraubengänge, und die Scheibe wird mit einer besondern Schraubenmutter völlig befestiget. Es ist an sich begreiflich, daß der Drehstift zwischen den Stäben f g des Drehstuhls Fig. I. befestigt wird. Der Grabstichel bestimmt nicht nur den Umfang der Scheibe genau nach seiner Achse, sondern er nimmt auch das Unebene an den Seiten weg.

Das Seitenblech der Walze F. XI. E F erhält seine schraubenartigen Einschnitte mit einem besondern Instrument F. XVII. Es besteht aus einer starken eisernen Schraube a b, worauf eine Schraubenmutter c d, gleich einer Hülse steckt. In a ist die Schraube ausgebohrt, und in dieses Loch wird ein Zapfen b der Walze Fig. XX. E F gesteckt, der auf der Achse des Bodens F steht. Mit der Walze vereinigt spannt der Uhrmacher das Instrument F. XVII. an der Hülse c d in den Drehstuhl Fig. I. Er besitzt zu diesem Gebrauch einen besondern großen Drehstuhl, dessen Docke f d so groß ist, daß man in das Loch f g, Statt des Stabes, die Hülse des oben genannten Instruments (F. XVII. c) stecken kann. Drehet er nun mit dem Schlüssel Fig. XVII. b g die Schraube a b um, und hält den Grabstichel gegen das Seitenblech der Walze, so schneidet der Grabstichel nach den Schraubengängen der Schraube a b auf der Walze ein. Auf diese Art kann der Uhrmacher jeder Walze leicht schraubenartige Einschnitte geben, wenn er die Kunst versteht, den Grabstichel gehörig zu führen.

b) Die Bewegung, so das Gewicht der Walze mittheilet, wird durch drei bis sechs Räder fortgesetzt. Die Achttageuhren erhalten vier

Räder.

Räder. Alle Räder der Uhr werden nach folgenden Grundsätzen bearbeitet. 1) Vorzüglich muß man die Reibung so viel, als möglich, vermeiden. Daher müssen die Zapfen der Wellen so klein, wie möglich, seyn, und Theile, die sich unmittelbar berühren, müssen aus Materien von verschiedener Art bestehen. Man weiß aus der Erfahrung, daß Messing und Stahl die mindeste Reibung verursacht, wenn beide Metalle sich neben einander bewegen. Daher werden bei Stubenuhren die Räder und Zapfenlager von Messing, die Getriebe und Zapfen aber von Stahl verfertiget. Zugleich fließt hieraus, daß man sich auf eine Uhr, die eine sehr mannigfaltige Zusammensetzung hat, am wenigsten verlassen kann, weil die Mannigfaltigkeit der Theile die Spannung, und also auch die Reibung vermehrt, zu geschweigen, daß sich die Räder oft unter einander in der Bewegung hindern, zumahl wenn der Raum sehr enge ist. 2) Die Stücke der Uhr, die sich am schnellsten bewegen, müssen aus der härtesten Materie bestehen, weil sie sich natürlicher Weise am ersten abnutzen. Daher macht man nicht etwa die Räder von Stahl, und die Getriebe von Messing, sondern umgekehrt, es sey denn, daß das Getriebe das Rad bewegt, und die Bewegung sehr langsam ist, z. B. bei dem Stundenweiserwerk. Alsdenn werden beide Stücke gewöhnlich aus Messing verfertiget. 3) Die Proportion der Räder und Getriebe gegen einander muß nicht zu klein angenommen werden, weil sonst die Zähne und Triebstöcke zu klein werden, und leicht abbrechen.

Die Größe der Platten des Uhrgehäuses und das Bodenrad bestimmen die Größe und das Verhältniß der Räder gegen einander. Der Uhrmacher nimmt daher ungefähr die Größe der Räder an, und schlägt mit den festgesetzten halben Durchmessern der Räder auf einer Platte der neuen Uhr so viel Zirkel, als das Geh- und Schlagwerk Räder erhalten soll. Zugleich wird hierdurch die Lage jedes Rades bestimmt. Man siehet leicht, daß man nach Beschaffenheit des Raums zugeben und abnehmen muß. Die mehresten Uhrmacher machen zwar nach dem Raum und nach Gutdünken ein Rad nur etwas kleiner, als das nächst vorher gehende, von dem Bodenrade an gerechnet, welches das größte ist; besser wäre es aber, wenn man ein allgemeines Verhältniß festsetzen könnte. Hartmann nimmt in seinem Unterricht von den Uhren folgende Proportion an. Er theilt den Durchmesser des Bodenrades in vier Theile, wenn die Uhr drei Räder erhalten soll, bei vier Rädern in fünf, bei fünf Rädern in sechs, und also bei sechs Rädern in sieben gleiche Theile. Das Bodenrad erhält das Ganze, und die übrigen Räder jederzeit einen Theil weniger, als das kurz vorher gehende. Bei der gegenwärtigen Pendeluhr, die vier Räder hat, würde nach diesem Verhältniß der Durchmesser des Minutenrades I Fig. IX. und XI. vier, des Mittelrades L drei, und des Steigrades N zwei Theilen von

von dem in fünf gleiche Theile zerlegten Durchmesser des Bodenrades gleich seyn. Oder deutlicher zu reden, wenn man den Durchmesser des Bodenrades als die Einheit ansieht, so ist des Minutenrades Durchmesser gleich $\frac{4}{5}$, des Mittelrades $\frac{3}{5}$, und des Steigrades $\frac{2}{5}$ dieser Eintheilung. Geschickte Uhrmacher haben diese Proportion bei vier und zwanzig Stunden-Uhren durch die Erfahrung bewehrt gefunden. Hat aber eine Uhr mehr, als drei Räder, so werden bei dieser Proportion die untersten Räder zu groß, und das Steigrad wird zu klein. Die Uhrmacher müssen daher in diesem Fall bloß ihrem getreuen Augenmaß folgen. Ob man nicht ein allgemeines Verhältniß der Räder gegen einander festsetzen könnte, wobei zugleich die Kraft jedes Rades, und die Anzahl seiner Zähne in Betrachtung kommt, dies muß man denen überlassen, die weitläuftige Werke von den Uhren schreiben. So viel ist gewiß, daß die mehresten Uhrmacher es hierin versehen.

Große Räder lässt der Uhrmacher von dem Gelbgießer gießen, und der Guß gibt diesen Rädern schon die durchgebrochenen Löcher um den Mittelpunkt des Rades, woraus drei bis vier schmale Schenkel entstehen, die der Uhrmacher Kreuzschenkel nennt. Man wird sie deutlich bei den besonders gezeichneten Stirnrädern F. XXI. und XXVIII. in a, b, c, d bemerken. Kleine Räder werden nicht gegossen, denn man kann sie weit leichter aus einem starken Messingblech schneiden. In beiden Fällen muß die Scheibe, die man bei dem Messingblech mit einem Zirkel abmisst und ausschneidet, mit einem starken Hammer beinahe um die Hälfte dünner geschlagen werden. Dies gilt insbesondere von den gegossenen Rädern, die durch den Guß nicht selten Fliesen erhalten. Man schlägt sie so lange, bis das Messing nicht mehr nachgibt. Das Messing muß aber hierbei nicht ausgeglühet werden, weil es hierdurch, zum Nachtheil der Dauerhaftigkeit des Rades, erweichet. Durch das Schlagen oder Treiben wird die Scheibe ausgedehnt, und daher muß ihr Umfang von neuen bestimmt werden. Der Uhrmacher bohrt in dem Mittelpunkt der Scheibe ein Loch, nach der Stärke des Wellbaums, worauf das Rad soll befestigt werden, und alsdenn schlägt er erst den Umkreis des Rades mit einem Zirkel. Umgekehrt könnte das gebohrte Loch den Umfang wieder abändern, und das Loch unbrauchbar machen. Der Umfang jedes Rades wird mit dem Kolbenzirkel Fig. VII. einem kleinen Stangenzirkel, beschrieben. Die Spitze c dieses Zirkels, die sich an einer Hülse c d auf der Stange a b verschieben, und mit einer Schraube befestigen lässt, gleicht einem Kegel, und heißt bei dem Uhrmacher der Kolben. Dieser Kolben wird bei dem Gebrauch des Zirkels in das gebohrte Loch des Rades gestellt. Die zweite Spitze e lässt sich bloß in ihrem Loche hinauf und hinab schieben, und mit einer Schraube befestigen. Sie beschreibt den Kreislinie. Das Ueberflüssige an dem Umfange der Scheibe

feilt

feilt der Uhrmacher mit einer großen Feile mehrentheils ab. Was die Feile noch außerhalb der gezogenen Kreislinie stehen lässet, wird auf dem Drehstuhl Fig. I. abgedrehet. Der Uhrmacher befestigt das Rad auf einem Drehstift Fig. III. welcher genau in das gebohrte Loch im Mittelpunkt des Rades passt, gerade wie die Boden der Walze, und den Drehstift Fig. III. p q halten die beiden Stäbe des Drehstuhls f g F. I. fest. Der Uhrmacher setzt den Drehstuhl, wie bereits oben gezeigt ist (S. 260), in Bewegung, und nimmt das Ueberflüssige auf der Stirn des Rades völlig mit dem Grabstichel ab. Bei einiger Ueberlegung wird man einsehen, daß das Rad mit der Welle, worauf es sich bewegen soll, durch das Abdrehen eine gemeinschaftliche Achse erhalten muß; und dies ist unumgänglich nöthig, wenn alle Zähne des Rades mit gleicher Kraft das Getriebe bewegen sollen. Nunmehr können die Zähne des Rades ausgeschnitten werden.

Dies setzt aber eine Kenntniß der Theilscheibe Fig. V, eines bekannten Instruments der Uhrmacher, voraus, und man wird sie daher an diesem Ort kurz beschreiben. Das erste, was bei dieser Maschine sogleich in die Augen fällt, ist die Theilscheibe a b selbst, welche gewöhnlich von Messing ist, und Einen Fuß im Durchmesser hat. Auf der obersten Fläche dieser Scheibe sind verschiedene Kreislinien, die sämmtlich mit der Scheibe einen gemeinschaftlichen Mittelpunkt haben. Jeder Parallelzirkel ist nach einer Anzahl der

Zäh-

Zähne, die man den Rädern in den Uhren zu geben pflegt, in gleiche Theile zertheilt, und der kleinste Kreis hat die wenigsten, der größte aber die mehresten Theilungspunkte. Neben einem gezogenen Halbmesser b d steht bei jedem Parallelkreise die Zahl der Theilungspunkte des Kreises, und auf den gewöhnlichen Theilscheiben, die die Uhrmacher aus Augsburg erhalten, sind zugleich die Quotienten bemerkt, die man aus der Eintheilung jedes Parallelzirkels durch die Division findet. Es wird daher dem Uhrmacher nicht leicht ein Fall vorkommen, wo er sich der Scheibe nicht bedienen könnte. Hartmann gibt in seinem Unterricht von den Uhren S. 131 sechzehn Zahlen an, woraus sich alle übrige finden lassen. Man hat aber nicht Lust, diesen Schriftsteller auszuschreiben. Allein auf den gewöhnlichen Theilscheiben stehen mehrere Parallelzirkel. Die Scheibe a b ist durch eine senkrechte Welle c d in dem eisernen Gestelle e f befestiget, und sie lässt sich umdrehen. Das Gestell e f hat zwei Arme über einander, der unterste wird aber in der Zeichnung von der Theilscheibe a b bedeckt. An dem Arm f g des Gestells ist vermittelst eines Gelenks eine Stellfeder a g befestiget, die in g unterwärts einen Körner oder Fuß hat, der, wenn die Scheibe unbeweglich soll befestigt werden, in einen ausgehöhlten Theilungspunkt desjenigen Parallelzirkels greift, den der Uhrmacher nach den Umständen gewählt hat, wie sich weiter unten zeigen wird. Die Welle c d der Theilscheibe ist rund ausgegehöhlt, und in diese Aushöhlung wird eine Spille gesteckt, und mit einer Schraube befestiget. Die Spille trägt auf ihrer Spitze das Rad h, dessen Zähne man schneiden will. Eine Schraube in h befestigt das Rad auf der Spille. Wenn man also die Theilscheibe a b umdrehet, so wird auch zugleich das Rad h verhältnißmäßig mit umgedrehet. Allein die Zähne sollen nicht bloß auf dieser Maschine abgetheilt, sondern auch ausgeschnitten werden, und deshalb ist der Sattel i k l m angebracht. Eine Hülse, wovon man in der Zeichnung nur den obersten Theil n o, der walzenartig ist, bemerken kann, lässt sich auf dem Arm e f des Gestells verschieben. Es greift nämlich die Spitze einer Schraube p q, die unter dem Arm f e liegt, in eine Schraubenmutter dieser Hülse, und man kann die Hülse also mit der Schraube nach der Richtung f e, und wieder zurück auf dem gedachten Arm f e verschieben. An den beiden Enden der Walze n o auf der Hülse ist der eigentliche Sattel i k l m mit zwei Schrauben k und l befestiget, und man kann also den ganzen Sattel nach der Richtung e f zurück schlagen. Seine beiden Arme i k und l m halten, vermittelst zweier Schrauben m und i, eine Spille, und jede Schraube m und i wird wieder mit einer besondern Schraube befestiget. Auf der gedachten Spille i m steckt erstlich eine Rolle r, wodurch der Uhrmacher die Spille vermittelst eines Bogens, wie die Drehspillen des Drehstuhls S. 261 in Bewegung setzt; und zweitens eine

Schnei-

Schneidescheibe s von Stahl. Der Zweck der letztern ist, die Zähne der Räder auszuschneiden, und daher haben die Schneidescheiben, womit die Zähne der Stirn- und Kronräder ausgeschnitten werden, auf ihrer Stirn kleine schräge Schneiden, oder starke Feilenhiebe. Diese Scheiben sind durchgängig gleich dicke, hingegen die Schneidescheiben für die Steigräder sind an ihrem Umfange schief abgeschärft, und diese schiefe Fläche ist gleichfalls mit Schneiden, oder Feilenhieben bedeckt. Zu jedem Rade muß aber die Schneidescheibe, nach dem Zwischenraum zwischen zwei Zähnen, aus einer großen Anzahl ausgewählet werden.

Mit dieser Maschine werden nun die Räder ausgeschnitten. Allein vorher fragt es sich, nach welchem Verhältniß? Gewöhnlich gibt man die Regel, den Zahn nebst dem nächsten Zwischenraum in 7 gleiche Theile einzutheilen, und auf die Dicke des Zahns $\frac{3}{7}$, auf den Zwischenraum $\frac{4}{7}$, und auf die Höhe des Zahns $\frac{5}{7}$ zu rechnen. Der Uhrmacher gibt aber den Zähnen und den Zwischenräumen eine gleiche Breite. Er befestigt das Rad auf der Theilscheibe Fig. V. in h, wählt nach Gutdünken eine Schneidescheibe s, drehet das Rad mit der Theilscheibe a b um, und versucht, ob die Schneidescheibe die bestimmte Anzahl Zähne, nach dem festgesetzten Verhältnisse, gibt. Gesetzt nun, er hat eine schickliche Schneidescheibe s gefunden, und das Rad h soll 80 Zähne erhalten, so sucht er auf der Theilscheibe a b den Parallelzirkel auf, der

der in 80 gleiche Theile zertheilt ist. In einen vertieften Theilungspunkt dieses Parallelzirkels setzt er den Fuß g der Stellfeder a g, und hierdurch wird die Stellscheibe a b, und zugleich das Rad h befestiget. Den Sattel i k l m bewegt er mit der Schraube p q nach der Richtung f e, bis die Schneidescheibe s die Stirn des Rades h berührt, und setzt die Spille, und zugleich die Schneidescheibe s, durch einen Bogen auf der Rolle r in Bewegung. Die Schneidescheibe s wird in das Rad h einschneiden, um so viel mehr, da der Uhrmacher den Sattel mit der Schraube p q beständig weiter gegen das Rad h bewegt. Er hat schon auf dem Rade h einen Zirkel beschrieben, der die Tiefe der Zwischenräume zwischen den Zähnen bestimmt. Soll der zweite Zwischenraum ausgeschnitten werden, so stellet er den Sattel mit der Schraube p q nach der Richtung e f zurück, und drehet die Theilscheibe a b, und zugleich das Rad h so weit um, bis der Fuß g der Stellfeder a g in dem nächsten Theilungspunkt eben des Parallel irkels zu liegen kommt. Wer siehet nicht, daß das Rad h nach eben dem Verhältnisse, als die Theischeibe a b, umgedrehet wird? Alle Zwischenräume zwischen den Zähnen des Rades h, die der Uhrmacher auf die vorher beschriebene Art ausschneidet, werden hierdurch gleich weit von einander entfernt, und folglich werden auch alle Zähne gleich stark seyn. Gesetzt aber, die Uhrmacher wollten dem Rade 40 oder auch 20 Zähne geben, und sie finden keinen Parallelzirkel auf ihrer

ihrer Theilscheibe, der nach den gedachten Zahlen abgetheilt ist, so nehmen sie den vorigen Parallelzirkel von 80 Theilungspunkten, und übergehen in dem ersten Fall bei jedem Zahn einen, in dem zweiten Fall bei jedem Zahn zwei Theilungspunkte. Die Anwendung lässt sich leicht in allen ähnlichen Fällen machen, und dies gilt von allen Rädern einer Uhr.

In diesem Zustande verlassen die Uhrmacher das Rad, um die Welle des Rades nebst ihrem Getriebe zu bearbeiten. Sie lassen sich gewöhnlich von einem Schlösser einen Stab von Stahl schmieden, auf welchem für das Getriebe ein vierkantiges Stück vorspringt. Das Getriebe so wohl, als die Welle und die Zapfen arbeiten sie aber selbst mit der Feile aus. Allein es entstehet hier sogleich wieder die Frage, wie sich der Durchmesser des Getriebes zu dem Durchmesser des Rades verhält, von welchem es in Bewegung gesetzt wird? Die mehresten Uhrmacher messen über drei Zähne auf der Stirn des gedachten Rades mit einem kleinen Triebzirkel Fig. VI. weg, wenn das Getriebe 6 Stäbe erhalten soll, oder nach ihrer Sprache zu reden, wenn sie einen Triebsechser verfertigen wollen, und diese Länge ist der Durchmesser des Getriebes. Auf eben die Art finden sie den Durchmesser eines Getriebes mit 7 Stöcken, wenn sie über $3\frac{1}{2}$, eines Getriebes mit 8 Stöcken, wenn sie über 4, eines Triebzehners, wenn sie über $4\frac{1}{2}$ Zahn wegmessen. Uebersteigt die Anzahl der Triebstöcke die Zahl 10, so misst man mit einem Stück Papier über so viel Zähne des Rades weg, als das Getriebe Stöcke erhalten soll, und das gefundene Maß gibt den Umfang des Getriebes. Am sichersten würde man aber wohl den Durchmesser des Getriebes aus dem Durchmesser des Rades nach der Proportion finden, die bereits auf der S. 253 angegeben ist. Einige Anmerkungen werden dieses Maß noch weiter erläutern. Die Stirn der Zähne eines Rades wird rund gefeilet, oder mit dem Künstler zu reden, gewälzet, und der Uhrmacher misst über die Zähne weg, wenn sie bereits gewälzet sind. Er wälzet daher vorläufig so viel Zähne des Rades, als er bei der Ausmessung nöthig hat. Greift ferner das Getriebe in das Rad, so gibt der Uhrmacher etwas zu, um die Kraft zu vermehren. Nach diesen Regeln wird das Getriebe ziemlich so dünne ausgefeilet, als es werden soll, denn die genau bestimmte Dicke erhält es erst bei dem Abdrehen auf dem Drehstuhl Fig. I. Es wird in diesem Werkzeuge mit seinem eigenen Wellbaum befestiget, und das Getriebe so wohl, als die Welle nebst den Zapfen werden mit dem Grabstichel auf das genaueste abgedrehet. Nach dem Abdrehen feilen die Uhrmacher die Stöcke aus, und sie rühmen einen Professionsverwandten, wenn er sich gut auf diese Arbeit verstehet. Zu der Abtheilung der Triebstöcke haben sie eine besondere Triebscheibe F. IV, auf welcher einige Parallelzirkel stehen, die nach der gewöhnlichen Anzahl der Triebstöcke abgetheilt sind z. B. nach den Zahlen 6, 7, 8, 10. Die Triebscheibe stekket man auf den Wellbaum des Getriebes, und spannet die Welle in den Drehstuhl Fig. I. An die Stange a b des Drehstuhls wird eine Stellfeder Fig. II. angeschroben, und ihr Fuß a greift gleichfalls in einen ausgehöhlten Theilungspunkt der Triebscheibe F. IV. Der Uhrmacher stellt das Richtscheid l m F. I. gegen das Getriebe, und zieht mit einem Stift, nach dem horizontalen Arm l des Richtscheids, auf dem Getriebe eine Linie. Er drehet hierauf das Getriebe und zugleich die Triebscheibe so weit um, bis der Fuß der Stellfeder in den nächsten Theilungspunkt eben des Parallelzirkels der Theilscheibe fällt, und zieht abermahls nach dem Richtscheid l auf dem Getriebe eine Linie. Dies wiederholt er bei allen Theilungspunkten des Parallelzirkels der Triebscheibe Fig. IV. Soll also zum Beispiel das Getriebe 6 Stöcke erhalten, so wählt er einen Parallelzirkel, der in 6 gleiche Theile zertheilt ist, und die Stirn des Getriebes wird also durch die gezogenen Striche gleichfalls in 6 gleiche Theile zertheilt u. s. w. Jede Abtheilung enthält aber zugleich den Triebstock und den Zwischenraum zwischen zwei Triebstöcken. Es fragt sich also, wie stark muß jeder Triebstock an sich seyn? Bei der Bewegung des Räderwerks ergreifen zwei Zähne des Rades den Triebstock, folglich ist der Zwischenraum zwischen zwei Zähnen des Rades, wovon das Getriebe in Bewegung gesetzt wird, das Maß. Allein die Bewegung, und zugleich die Reibung erfordern es, daß der Triebstock etwas dünner seyn muß, als dieser

Zwi-

Zwischenraum, und dies muß auf jeder Seite des Triebstocks wenigstens so viel betragen, als ein starkes Blatt Papier dick ist. Bei dem Gehwerke werden die Triebstöcke etwas dünner gemacht, als bei dem Schlagwerke; denn bei dem erstern müssen die Räder die Getriebe leicht bewegen, allein bei dem Schlagwerke würde bei eben der Bewegung das Werk zu schnell schlagen. Die bestimmte Dicke der Triebstöcke wird mit einem kleinen Haarzirkel Fig. VI. abgemessen, und die Zwischenräume werden mit der Feile ausgeschnitten. Sollen die Triebstöcke von den Zähnen der Räder bequem bei der Bewegung ausgelöset werden, so müssen sie nothwendig auf ihrer Stirn rund gefeilet, oder gewälzet werden. Die Uhrmacher haben durch die Erfahrung gefunden, daß diese Rundung nicht nach einem Zirkelbogen muß ausgefeilet werden, sondern nach einer Eilinie. Sie runden aber die Zähne und Triebstöcke bloß nach dem Augenmaß ab.

Die Zähne der Stirnräder, wovon bei dieser Uhr beständig die Rede ist, werden erst gewälzet, wenn sie bereits auf ihrem Wellbaum befestiget sind. Bei kleinern Rädern bricht der Uhrmacher vorher die Kreuzschenkel durch, denn bei den großen entstehen sie in den Gießflaschen. Der Uhrmacher bestimmt die Größe des Zwischenraums zwischen zwei Kreuzschenkeln praktisch, und hauet ihn entweder mit einem Meißel, oder er säget ihn mit einer kleinen Laubsäge 6. Samml. 188. S. aus. Die Räder werden hierdurch um ein

ein ziemliches leichter. Sie können auf eine dreifache Art auf ihrem Wellbaum befestiget werden. 1) Das Bodenrad Fig. XX. E sitzt unbeweglich auf seiner Welle. S. 218. Auf einer Seite lehnt es sich gegen die Walze, und wird durch einen Sperrkegel a Fig. IX. mit dem Sperrrade G vereiniget. Den Sperrkegel hält eine messingene Feder a b in den Sperrzähnen fest. Der Sperrkegel so wohl, als die Feder werden aus Messingblech geschnitten, und auf der Seite des Bodenrades E mit einer Schraube befestiget. Auf der andern Seite des Bodenrades presst eine Spreißfeder das Rad gegen die Walze. Der Uhrmacher feilt um den ganzen Wellbaum, genau neben dem Rade, einen Reif aus, und in diesen steckt er die stähllerne Spreißfeder, die einer Gabel gleichet. Berührt 2) das Rad auf einer Seite das Getriebe unmittelbar, wie das Minutenrad I F. XI. das Getriebe H, so bleibt bei dem Ausfeilen der Welle neben dem Getriebe ein vorspringendes Stück stehen, worauf das Loch in der Achse des Rades passet. Der äußere Umfang dieses Ansatzes auf der Welle wird mit einem Stämpel etwas gegen das Rad umgelegt oder verstämpt, und hierdurch das Rad völlig auf der Welle befestiget. Sitzt aber 3) das Rad auf der Welle nicht unmittelbar neben dem Getriebe, wie Fig. XXI, so löthet der Uhrmacher auf der Welle eine messingene Hülse e an, die man ein Putzen nennt, dreht auf dem Putzen einen Ansatz ab, und befestiget auf diesem das Rad auf die vorher beschriebene Art. Das Rad

wird

wird nun abermahls mit seinem Wellbaum auf den Drehstuhl Fig. I. gebracht, und der Uhrmacher versucht mit dem Grabstichel, ob auch der Umfang des Rades mit der Achse der Welle überein stimmt. Im erforderlichen Fall wird das Ueberflüssige noch abgenommen. Alsdenn können die Zähne mit der Feile gewälzet werden, und mit eben diesem Instrument wird das ganze Rad befeilt, vorzüglich aber die Zähne. Man nimmt zuerst grobe Feilen, zuletzt aber sehr feine Englische Schlichtfeilen, und eben dies gilt auch von den Getrieben. Drehet der Uhrmacher endlich das Rad und das Getriebe an den Seiten mit dem Grabstichel auf dem Drehstuhl Fig. I. ab, und lässt es mit einer Schlichtfeile ablaufen, so sind beide Stücke bis auf das Poliren fertig. Das Getriebe, die Welle, und die Zapfen, die durch einen Ansatz angedrehet werden, polirt man mit Schmergel, und bei feinen Uhren auch wohl mit Blutstein. Die messingenen Räder werden mit einem Wasserstein und Wasser geschliffen, und mit Tripel und Baumöhl, vermittelst einer hölzernen Feile, die mit Filz überzogen ist, poliret.

c) Das Pendel oder der Perpendikel F. XI. und XIV. T U gibt den Rädern eine abgemessene und gleichförmige Bewegung, und nöthigt zugleich das Gewicht, in einem Zeitraum so tief als in jedem andern zu sinken. S. 215. Von ihm hängt also die ganze Genauigkeit der Uhr ab. Die Mathematiker so wohl, als die Uhrmacher haben zu aller Zeit darauf gedacht, den Rädern einen gleichmäßigen Lauf zu geben. Die Unruhe der alten Uhren verdient aber in dieser Absicht kaum genannt zu werden, zumahl, da sie in neuen Zeiten dem Perpendikel völlig Platz gemacht hat. Galiläus gab zu dieser Berichtigung der Uhren die erste Veranlassung, und Hugen suchte durch seine Cykloiden die Erfindung des Galiläus zu verbessern. (S. des Pater Alexanders Abhandlung von den Uhren im 3. Kap.) Da aber der Gebrauch des Englischen Hakens bekannt wurde, so verwarf man die Cykloiden des Hugen wieder, und die neuern Uhrmacher hängen den Perpendikel der Pendeluhren an einer dünnen Englischen Feder auf. Die kurzen Perpendikel kleiner Uhren hangen noch an einem seidenen Faden, denn die geringe Kraft dieser Uhren würde sonst nicht im Stande seyn, den Perpendikel zu bewegen. Man hat zwar auch statt des Englischen Hakens und der Spindellappen Abänderungen anbringen wollen, allein bis jetzt haben jene noch den Vorzug behalten. Sogar der Einfluß der Wärme und Kälte auf den Perpendikel ist der Aufmerksamkeit der Gelehrten nicht entgangen, und man hat auf Mittel gedacht, diesem Mangel abzuhelfen. Denn von der genau bestimmten Länge des Pendels hängt bekannter Maßen die Schnelligkeit seiner Bewegung ab. Es scheint aber, als wenn, wenigstens in unserer Gegend, die Wärme den Perpendikel nur unmerklich verlängert, und die Kälte ihn nur sehr wenig verkürzet, wenn er nämlich aus einem dünnen Draht besteht, und nicht viel länger, als drei Fuß ist. Hierzu

kommt,

kommt, daß der Perpendikel einen geringern Widerstand in der Luft findet, wenn diese durch die Wärme ausgedehnet wird, und beides scheint ziemlich mit einander aufzugehen. Weit dienlicher wäre es, dem abgeänderten Widerstand der Luft abzuhelfen, welchen der Perpendikel bei dem Wechsel der Witterung ausgesetzet ist, nebst dem Einfluß der Wärme und Kälte auf das ganze Werk, wenn sonst ein Mittel dagegen kann gefunden werden. Allein der Zweck dieser Sammlungen verstattet nicht, bei der Geschichte der Uhren zu verweilen.

Verschiedene angestellte Versuche bestätigen, daß ein Perpendikel, der in jeder Sekunde Ein Mahl, und also in Einer Stunde 3600 Mahl vibriren soll, 3 Fuß $8\frac{1}{2}$ Linien nach Pariser Maß lang seyn muß. Auf jeden Zoll rechnet man 12 Linien. Nach Rheinländischem Maß beträgt dies ungefähr $3' 1'' 11\frac{1}{12}'''$, wenn jeder Zoll gleichfalls in 12 Linien zertheilet wird. Diese Länge legt man zum Grunde, wenn durch die Berechnung soll gefunden werden, wie lang ein Perpendikel seyn muß, der in Einer Sekunde zwei, drei vier Mahl u. s. w. vibriren soll. Die Länge jedes Perpendikels wird von dem Bewegungspunkt Q Fig. XIV. an bis zu dem Mittelpunkt des Schwunges gerechnet, der etwa in die Mitte der Linse U fällt. Bei der Berechnung findet man aus folgenden drei Gliedern die verlangte Länge eines Perpendikels: 1) Aus dem Quadrat Einer Sekunde, welches jederzeit 1 ist. 2) Aus dem Quadrat der Zeit, worin der verlangte Perpendikel Ein Mahl vibriren soll. Z. B. Das Quadrat von $\frac{1}{2}$ ist $\frac{1}{4}$; von $\frac{1}{3}$, $\frac{1}{9}$; von $\frac{1}{4}$, $\frac{1}{16}$. In dem ersten Fall setzt man also voraus, daß der Perpendikel zwei Mahl, in dem zweiten Fall, daß er drei Mahl, und in dem dritten Fall, daß er vier Mahl in Einer Sekunde vibriren soll. 3) Aus der bestimmten Länge eines Perpendikels, 3′ 1″ $11\frac{11}{12}$‴ nach Rheinländischem Maß, der in Einer Sekunde Ein Mahl schlägt. Bei den festgesetzten drei Fällen ist die Berechnung nach Rheinländischem Maß diese:

	Quadr. Einer Sekunde.		Quadr. der verlangten Zeiten.		Länge eines Perpend. der in 1 Sekunde Ein Mahl schlägt.		Länge des gesuchten Perpendikels.
1)	1	:	$\frac{1}{4}$	=	3′ 1″ $11\frac{11}{12}$‴	:	9″ $5\frac{47}{48}$‴
2)	1	:	$\frac{1}{9}$	=	3′ 1″ $11\frac{11}{12}$‴	:	4″ $2\frac{71}{108}$‴
3)	1	:	$\frac{1}{16}$	=	3′ 1″ $11\frac{11}{12}$‴	:	2″ $4\frac{95}{192}$‴

Folglich ist ein Pendel, das in Einer Sekunde zwei Mahl vibrirt, 9 Zoll $5\frac{47}{48}$ Linie, das in Einer Sekunde drei Mahl vibrirt, 4 Zoll $2\frac{71}{108}$ Linie, und das in eben der Zeit vier Mahl vibrirt, 2 Zoll $4\frac{95}{192}$ Linie lang. Denn bekannter Maßen muß ein Pendel desto kürzer seyn, je öfter es in Einer angenommenen Zeit vibriren soll. Je länger es aber ist, desto genauer geht die Uhr, wie die Erfahrung lehret. Geschickte Uhrmacher suchen sich eine genaue Tabelle zu verschaffen, wornach sie die Länge des Perpendikels in jedem Fall bestimmen. Man hat nicht für gut befunden, den

Raum

Raum mit einer abgeschriebenen Tabelle zu verschwenden, da man sie in allen Schriften findet, die von den Uhren handeln. Sie sind sämmtlich nach Französischem Maß berechnet, denn die mehresten Schriftsteller entlehnen ihre Tabelle aus des Pater Alexanders Unterricht von den Uhren. Die ganze Berechnung dieser Tabellen gilt aber nur von den Gegenden zwischen dem Aequator und den Polen, denn unter dem Aequator müssen die Pendeln bekannter Maßen kürzer seyn, wenn sie mit den Pendeln unserer Gegend in gleicher Zeit vibriren sollen.

Allein man siehet das Pendel bei dieser Berechnung bloß als eine mathematische Linie ohne alle Schwere an, und ein solches Pendel heißt gewöhnlich ein einfaches Pendel. Man siehet aber leicht, daß das Pendel an den Uhren ein zusammen gesetztes Pendel ist, oder deutlicher zu reden, daß es selbst nebst seiner Linse schwer ist. Durch jede abgeänderte Schwere des Pendels und der Linse wird aber zugleich der Mittelpunkt der Schwingung verändert, und daher ist es nöthig, diesen Punkt in jedem einzelnen Fall zu bestimmen, wenn das Pendel seine gehörige Länge erhalten soll. Hugen so wohl, als Bernoulli haben eine Berechnung angegeben, wodurch man den Punkt der Schwingung finden kann, und die Berechnung des letztern verdient wegen ihrer Kürze den Vorzug. Der Raum rückt aber bereits so enge zusammen, daß man sich nicht gut in diese Berechnung einlassen kann. Der Leser wird sie am deutlichsten in dem neuen Englischen Uhrmacher S. 37-40 finden. Dem Uhrmacher dienen in diesem und in den mehresten ähnlichen Fällen seine eigenen und fremde Erfahrungen, nebst einigen praktischen Handgriffen, statt aller Berechnungen. In dem gegenwärtigen Fall hilft er sich mit einer guten Probiruhr, und der Schraube P unter der Linse Fig. XIV. Schlägt der Perpendikel nach seiner Probiruhr zu langsam, so schraubt er die Linse U mit der Schraube P etwas in die Höhe, und im Gegentheil lässt er die Linse etwas herab. Diese Versuche setzt er so lange fort, bis er den erforderlichen Mittelpunkt des Schwunges gefunden hat. Die Uhrmacher haben zwar bis jetzt keine Regeln, wornach sie die Schwere der Linse bestimmen, sie wissen aber aus der Erfahrung, daß die Witterung bei einer leichten Linse einen weit merklichern Einfluß auf den Perpendikel hat, als bei einer schweren.

Den Englischen Haken Fig. IX. und XI. O, der einem gedrückten Zirkelbogen gleicht, lässt man nicht gerne weniger, als fünf, und mehr, als sieben Zähne des Steigrades N ergreifen. Fasset er weniger, als fünf Zähne, so wirft das Pendel zu stark aus, und man muß die Schwere des Gewichts vermehren. Ergreift er mehr, als 7 Zähne des Steigrades, so beschreibt der Perpendikel in seiner Bewegung zu kurze Bogen, und wird leicht zur Ruhe gebracht. Der Englische Haken wird aus Stahl geschmiedet, und auf das genaueste ausgefeilet. Man härtet ihn zwar in Wasser, lässt ihn aber nicht wieder anlaufen, denn er muß bei seiner schnellen Bewegung so hart, wie möglich seyn. Durch einen Ring wird er, wie das Rad, auf seiner Welle befestiget. Die Erfahrung lehret, daß die plattrunden Englischen Haken die besten sind. Seine Welle durchbohrt die hinterste Platte der Uhr, und zugleich einen messingenen Kloben F. XI. Q R, der an der Uhrplatte befestiget ist. Die Welle trägt auf ihrer Spitze vor der Uhrplatte eine Gabel R S von Stahl, die in S T zwei Zacken hat. Ein vorspringender Zapfen Q des Klobens hält die Feder Q T, die den Perpendikel trägt. Diese Uhrfeder Q T muß so dünn, wie möglich seyn, und sie ist an jedem Ende in Q und T an einem Stück Messing angenietet. Das Stück Messing Q hat einen Knopf, damit man es, und zugleich den Perpendikel in einen Kerb des Klobens in Q aufhängen könne. Die Feder ist also an diesem Ende unbeweglich befestiget. Ein Widerhaken auf dem vorspringenden Zapfen Q hindert den Knopf und zugleich den Perpendikel, daß dieser bei der Bewegung nicht abfallen kann. Das Stück Messing T an der Feder Q T passt genau in die Zacken der Gabel S T, und unter der Gabel endet es sich in einen runden Stab, woran die Perpendikelstange angeschroben wird. Die Perpendikelstange muß also auf ihrer Spitze Schraubengänge, der messingene Stab aber eine Schraubenmutter in seiner Achse mit dem Schneidezeug erhalten. Die Perpendikelstange T P selbst ist von starkem Eisendraht, und hat in P gleichfalls Schrauben-

gänge,

gänge, denn eine kleine messingene Schraubenmutter P befestiget die Linse. Bei der Stange so wohl, als bei der Linse U muß man zugleich auf den Widerstand der Luft sehen. Daher wird die erste so dünn, wie möglich gemacht, und die letzte bekommt eine linsenförmige Gestalt, damit sie die Luft gleichsam durchschneide. Man löthet die Linse aus zwei aufgetieften Scheiben von Messingblech zusammen, und in den Mittelpunkt derjenigen Scheibe, die bei einer hangenden Uhr nicht in die Augen fällt, wird ein Loch gebohrt, worin die Uhrmacher 5 bis 6 ℔ Blei gießen, wenn der Perpendikel länger als 3 Fuß ist.

B. Bei dem Gewicht, der Walze, und den Rädern des Schlagwerks Fig. X. XII. und XIV. mag sich der Leser alles das in Gedanken wiederholen, was bereits bei dem Gehwerk von diesen Stücken gesagt ist. Dem Gewichte bricht man bei diesem Werke etwas an seiner Schwere ab, damit die Uhr nicht zu schnell schlage. Folgende Stücke erfordern nur noch eine kleine Nachlese. a) Die Hebnägel Fig X. a, b, c aus Eisendraht, erhalten an einem Ende Schraubengänge, denn sie werden auf der Seite des Hebnägelrades eingeschroben. Dies gilt zugleich von allen ähnlichen Stiften. b) Der Windfang Fig. X. und XII. L M wird entweder mit seinen Ringen, die ihn auf seinem Wellbaum befestigen, massiv gegossen, oder man schneidet ihn aus starkem Messingblech, und löthet die Ringe (Putzen) mit Schlagloth an. Die Spreißfeder N, ein Stück von einer Uhr-

feder,

feder, nietet der Uhrmacher auf dem Windfang an. c) Der Hammer und der Glockenstuhl lassen sich ohne Schwierigkeit übersehen. Beide werden aus Stahl geschmiedet, und mit der Feile ausgearbeitet. Die Schlagfeder Fig. X. P T muß federhart seyn, und eine solche Lage erhalten, daß sie den Hammer nach jedem Schlage gleich wieder von der Glo ckeentfernet. Ohne dies gibt die Glocke keinen Klang. Die Glocke lässt der Uhrmacher von einem Rothgießer nach Gutdünken gießen.

C) Mit eben der Kürze kann man nun auch das Wechselwerk beschreiben. Die Wechsel Fig. XIII. A und B, (Fig. XXVI) und das Stundenrad D (Fig. XXV.) werden an sich wie alle übrige Räder, und das Getriebe C wie die Getriebe, aber aus Messing, verfertiget. Bloß bei dem Rohr a b des Wechsels B, (Fig XXVI.) des Stundenrades, (Fig. XXV.) und des Klobens Fig. XIII. g h muß man noch etwas verweilen. Ein solches Rohr wird auf einem Dorn aus Messingblech zusammen gerollt, mit Schlagloth zusammen gelöthet, und endlich abgedrehet. Bei dem Abdrehen erhält jedes Rohr (in b) einen Zapfen, wodurch es in einem Loch in dem Mittelpunkt seines Rades befestiget wird. An keinem Rade muß man aber etwas anlöthen, denn man müsste es hierbei ins Feuer bringen, und hierdurch würde es weich werden. Dagegen setzt man in die Oeffnung a des Rohrs, die in der Zeichnung (Fig. XXV. und XXVI.) nicht in die Augen fällt, einen Körner 6. Samml. 87. S. legt

legt hiermit den Umfang dieser Oeffnung etwas um, und hierdurch wird das Rohr mit dem Rade vereiniget. Eben dies gilt auch von dem Rohr des Klobens g h F. XIII der diese Hülse festhält. Der Kloben wird gegossen, oder auch aus starkem Messingblech gebogen, und auf der Uhrplatte angeschroben. Damit aber der Wechsel B auf der Welle des Minutenrades fest sitze, so wird auf dieser Welle eine kleine Spreißfeder befestiget, welche sich an das Rohr des Wechsels inwendig anschließt. Es versteht sich, daß diese und alle übrige Theile durch die gewöhnlichen Mittel poliret werden.

D. Weit mehr ist aber bei dem Repetirwerke zu bemerken. Die Feder der Auslösung E F ist von Stahl, und wird an dem stählernen Arm F I in F angenietet. Der Arm F I der Auslösung, die Einfallschnalle G H, dar Schöpfer U K, der Rechen K L M, (Fig. XXIII.) und der Sperrkegel des Sterns Q werden sämmtlich aus Stahl geschmiedet, mit der Feile bearbeitet, aber nicht gehärtet, und endlich geschmergelt. Alle diese Stücke bewegen sich frei auf einem Zapfen, den der Uhrmacher einen Repetirstift nennt. Er hat an einem Ende eine Schraube, die in die Uhrplatte eingeschroben wird. Ueber der Schraube ist ein Ansatz, und auf dem sichtbaren Ende ein starker Kopf. Die Federn N O und T sind von Stahl, und sie werden auf der Platte des Gehäuses mit einer Schraube befestiget. Den Stern S (F. XXII.) schneidet der Uhrmacher aus Messingblech zu einer Scheibe, theilt den Umfang auf der Theilscheibe in 12 gleiche Theile ab, und schneidet die Zähne

mit

mit einer Feile aus. Er erhält in seinem Mittelpunkt ein kurzes Rohr, wie der Wechsel, (Fig. XXVI. a b) und ein Stift befestiget ihn auf der Uhrplatte. Auf dem kurzen Rohr des Sterns steckt der Staffen, und man befestigt den letztern mit einem Körner auf dem Rohr, wie das Rohr des Wechsels B. S. 285. Es fehlt also nichts weiter, als die Eintheilung des Staffens R S und der Zähne des Rechens K L M. Der Staffen Fig. XXVII. wird aus einer Scheibe von Messingblech ausgeschnitten, deren Größe sich nach dem Raum der Uhrplatte richtet. Man kann seine Stundenstaffeln auf eine doppelte Art finden. In dem ersten Fall wird der ganze Umfang der Scheibe in 12 gleiche Theile zertheilt, nach der Zahl der Stunden, und durch jeden dieser Theilungspunkte ein Halbmesser aus dem Mittelpunkt der Scheibe gezogen. Einen Halbmesser i d Fig. XXVII. theilt der Uhrmacher in drei gleiche Theile, und gibt der Staffel für die zwölfte Stunde e d $\frac{2}{3}$ dieser Abtheilung zur Tiefe. Die Linie e d zertheilet er abermahls in 12 gleiche Theile, und zieht durch jeden Theilungspunkt aus dem Mittelpunkt eine Kreislinie. Diese Kreislinien gehen durch die Punkte 1, 2, 3 u. s. w. Schneidet also der Uhrmacher nach dem Halbmesser in 1 bis nach dem Punkt 1 ein, wo sich der Halbmesser in 1 und der Kreislinie, die durch eben diesen Punkt gezogen ist, durchschneiden, so entsteht die Staffel für Ein Uhr. Schneidet er in 2 auf eben die Art um $\frac{2}{12}$, und in 3 um $\frac{3}{12}$ ein, so entstehen

stehen die Staffeln für zwei und drei Uhr u. s. w. Auf diese Art findet man alle Staffeln, und sie rücken immer näher gegen einander, je mehr sie sich dem Mittelpunkt i nähern, weil die gezogenen Parallelkreise natürlicher Weise kleiner werden, je näher sie dem Mittelpunkt kommen. Es versteht sich, daß das Ueberflüssige ausgeschnitten wird, und daß die Staffeln mit der Feile bearbeitet werden. Den fertigen Staffen befestigt der Uhrmacher auf dem Stern, und findet aus seinen Staffeln die Zähne des Rechens praktisch. Er lässt den Stift unter dem Arm Fig. XIII. M Q an dem Rechen K L M in die erste Stundenstaffel des Staffens fallen, drehet den Schöpfer K U rechts um, und bemerket mit einem Stift, wo der Haken auf der Welle des Schöpfrädes U die Stirn des Rechens bedührt. Hierdurch findet er den Abstand der beiden ersten Zähne. Drehet er den Staffen weiter um, daß der Stift des Arms M Q in der Staffel des Staffens für die zweite Stunde zu liegen kommt, so findet er auf die vorher beschriebene Art den Abstand des dritten Zahns von dem zweiten u. s. w. Der zwölfte Zahn ergibt sich also, wenn der Arm in die Stundenstaffel d e des Staffens fällt. Man kann aber auch zweitens die Zähne des Rechens K L M auf eben die Art ohne Zuziehung des Staffens R S finden, und aus den ausgeschnittenen Zähnen des erstern die Staffeln des Staffens bestimmen. Der Uhrmacher befestiget die Scheibe für den Staffen an seinem Ort, lässt den Rechen um Einen Zahn

nach

nach P K hinab fallen, und macht durch das Loch des Arms M Q, worin sonst der schon oft erwähnte Stift steckt, einen Punkt auf dem Staffen. Er drehet den Stern und zugleich den Staffen R S, vermittelst des Stifts auf dem Wechsel B, um $\frac{1}{12}$ weiter um, läßt den Rechen um zwei Zähne hinab fallen, und bemerkt auf die vorher beschriebene Art, wie weit der Arm in die Scheibe des Staffens hinein ragt. Hat man eben dies bei allen Stundenschlägen der Uhr wiederholet, so sind auch alle Staffeln des Staffens praktisch abgezeichnet. Die mehresten Uhrmacher ziehen diese Abtheilung des Staffens der erstern vor, weil sie am leichtesten und sichersten ist.

E. Nur noch zum Beschluß ein Paar Worte von den Uhrplatten und dem Zifferblatt. Die Uhrplatten Fig. XI. A B und C D der gegenwärtigen Uhr waren von Messing; und wenn sie von diesem Metall sind, so darf der Uhrmacher sie nur aus Messingblech zuschneiden, die Löcher an ihrem Ort durchbohren, und die Platten poliren. Vier Säulen von gegossenem Messing halten die Platten zusammen. Man poliret die Platten wie die Räder S. 277, und wenn die Politur sehr fein seyn soll, so reibt man sie zuletzt mit Crocus Martis ab. Sind aber die Platten von Eisenblech, so müssen die Zapfenlöcher mit Messing ausgefuttert werden. Daher nennen die Uhrmacher die Zapfenlöcher auch Futter. Man bohrt die Löcher etwas größer aus, als die Zapfen der Wellen stark sind, schlägt in jedes Loch ein Ende

Messingdraht, und nietet es auf beiden Seiten der Platte mit dem Hammer um. Zuletzt bohrt man jedes Loch nach der Stärke seines Zapfens aus. Allein es entstehet hierbei noch die Schwierigkeit, an welchem Ort in beiden Fällen jedes Loch muß ausgebohret werden; denn hiervon hängt die Lage der Wellen ab, und zugleich die Vereinigung der Räder und Getriebe. Man nimmt insgemein an, daß die Zähne des Rades um ihre halbe Höhe in den Triebstock eingreifen müssen, wenn die Bewegung nicht soll gehindert werden. Allein wie lässt sich dies genau bestimmen? In den Englischen Uhrfabriken hat man eine besondere Maschine, womit die Räder und Getriebe so lange gegen einander gestellet werden, bis sie den gehörigen Abstand haben. Allein diese fehlt den hiesigen Künstlern noch. Sie suchen sich also auf eine doppelte Art zu rathen. Einige Uhrmacher beschreiben auf der neuen Uhrplatte für jedes Rad und Getriebe einen Zirkel, und setzen hierdurch fest, wie weit die Zähne des Rades in die Triebstöcke greifen müssen. Machen sie die Getriebe und Räder gerade so groß, wie die Zirkel, so bestimmt der Mittelpunkt der Zirkel den Ort der Zapfenlöcher. Andere Uhrmacher hängen die fertigen Räder und Getriebe an ihren Wellen zwischen zwei verlornen Platten auf, und erweitern die Löcher nach Beschaffenheit der Umstände. Die Löcher der verlornen Platten bestimmen die Löcher der eigentlichen Platten. Die beiden Zapfenlöcher einer Welle müssen aber

genau

genau gegen einander über stehen. Das Zifferblatt Fig. XV. kann gleichfalls aus Messingblech oder Eisenblech geschnitten werden. Der Ring, worauf die Ziffern stehen, der entweder von Zinn oder von Messingblech ist, wird auf dem Zifferblatt mit kleinen Schrauben befestiget, und eben dies gilt auch von den messingenen gegossenen und verschnittenen Figuren, die neben diesem Ringe in die Augen fallen. Ist der Ring, worauf die Ziffern stehen, von Messing, so wird er versilbert, und das Zifferblatt selbst im Feuer vergoldet. Dagegen überstreicht man die eisernen Zifferblätter nur mit einer Farbe. Der Ring mag aber von Zinn oder Messing seyn, so vertieft der Uhrmacher die Ziffern mit dem Grabstichel, und füllet die Vertiefung mit schwarzem Siegellack aus. Wird der Ring warm gemacht, so verbreitet sich das Siegellack gleichmäßig auf dem Ringe. Das überflüssige Siegellack wird abgeschabet, und der ganze Ring mit Bimsstein wieder glatt geschliffen. Die Zeiger sägen die Uhrmacher, wenn sie auf Messingblech abgezeichnet sind, mit der Laubsäge aus, und befestigen sie mit einem Stift auf der Hülse des Wechsels und des Stundenrades S. 237. Auf dem gezeichneten Zifferblatt wird man zwei vierkantige Zapfen a und b bemerken, die das Zifferblatt durchbohren. Es sind die Wellen des Bodenrades in dem Geh- und Schlagwerke; und bei dieser Gelegenheit muß man noch nachholen, daß Uhren, deren Gewicht an einer Walze hängt, wie die gegenwärtige, mit einem Schlüssel vermittelst dieser Zapfen aufgezogen werden. Ueber den beiden Weisern ist noch ein besonderes kleines Zifferblatt c für den Sekundenzeiger. Gewöhnlich pflegt dieses Zifferblatt über dem großen Ringe mit den Stunden- und Minutenziffern zu liegen, und in diesem Fall trägt die vorspringende Welle des Steigrades (Fig. XI. N) den Sekundenzeiger unmittelbar. Gibt man bei Pendeluhren, deren Steigrad in Einer Minute umläuft, diesem Steigrade 30 Zähne, so rückt das Steigrad bei jedem Schlag des Perpendikels um einen halben Zahn weiter fort, und also wird auch der kleine Sekundenzeiger in dieser Zeit um $\frac{1}{60}$ des kleinen Minutenringes c weiter vorrücken. Man kann aber auch den Sekundenzeiger durch einige Wechsel in Bewegung setzen, und alsdenn kommt der Sekundenring innerhalb des Stundenringes zu liegen. Die Wechsel werden aber gleichfalls durch das Steigrad in Bewegung gesetzet.

Anmerk. Die Probiruhren und die astronomischen Uhren haben gerade die Einrichtung der gegenwärtigen Uhr. Der Unterschied beruhet vorzüglich nur auf zwei Stücke: 1) Die Uhr muß so lange, wie möglich, in Einem Aufzuge gehen, damit sie nicht durch das Aufziehen in ihrem genauen Lauf unterbrochen werde. Daher ist sie insgemein eine Monatsuhr, wo nicht gar eine Jahresuhr. S. 240 und 242. 2) Das Werk muß so einfach seyn, als nur immer möglich ist. Daher gibt man diesen Uhren bloß ein Gehwerk, nebst einem Sekunden-, Minuten- und Stundenweiserwerke. Denn die Auslösung des Schlagwerks störet die Uhr schon etwas in ihrer genauen

nauen Bewegung, und noch künstlichere Werke würden die Reibung vermehren, und also die Genauigkeit der Uhr mindern. Ueberdem müssen diese Uhren mit der größten Sorgfalt bearbeitet werden.

B. Von den Thurmuhren.

Diese großen Maschinen sind bis jetzt noch die unvollkommensten in ihrer Art, ungeachtet sie billig unter allen Uhren die größte Genauigkeit haben sollten, da sie zum öffentlichen Gebrauch aufgestellet werden. Ihre Unvollkommenheit rührt theils davon her, daß sie ganz aus Eisen zusammen gesetzt werden, theils aber auch von der Witterung. Eisen reibet sich mit Eisen viel stärker, als Stahl mit Messing, und daher kommt es, daß nicht allein die Zapfen der Wellen, sondern auch die Zähne des Steigrades zum öftern müssen eingeschmieret werden. Und hieraus entsteht der zweite Fehler. Das Oehl wird durch die Hitze des Sommers theerartig, und im Winter frieret es nicht selten ein. Beides muß aber die Bewegung des Räderwerks merklich unterbrechen, zu geschweigen, daß sich die starken und großen Theile der Uhr selbst bei der Wärme ausdehnen, und bei der Kälte zusammen ziehen. Sollten die Kosten, die auf das Einschmieren, Stellen und Ausbessern einer eisernen Thurmuhr verwendet werden, den Aufwand für eine Uhr mit messingenen Rädern und stählernen Getrieben übersteigen? Wenigstens könnten große Städte diese Kosten ohne sonderlichen Schaden bestreiten. Zu den gedachten Fehlern kommt noch dieser, daß die Uhrmacher den Thurmuhren eine zu kurze Aufzugszeit geben, und daß also die Uhr bei jedem Aufziehen in ihrem abgemessenen Lauf gehemmet wird.

Die Größe abgerechnet, haben die Thurmuhren gerade die Einrichtung der Stubenuhren. Man kann sich daher unter der XI und XII Fig. auch eine Thurmuhr vorstellen, und es dürfen also nur noch die Abweichungen angezeiget werden, die von dem Ort abhangen, wo die Uhr zu stehen kommt. a) Das Gehwerk erhält stets einen Englischen Haken, und der Perpendikel pflegt wenigstens 4 Fuß lang zu seyn. b) Dem Schlagwerke gibt man gewöhnlich zur Bestimmung der Schläge, nach der alten Art, ein Schloßrad mit einem Getriebe. Es ist aber bereits oben gezeiget S. 243, daß die Uhren bei dieser Einrichtung nicht sicher die erforderlichen Schläge verrichten. Daher wäre es besser, wenn die Schlagscheibe auf der Welle eines Rades angebracht würde, das in 12 Stunden Ein Mahl umläuft, wie unten bei der Federuhr soll gezeiget werden. Man wird hiervon in der Folge weitläuftiger reden. c) Die Einrichtung des Weiserwerks leidet aber eine merkliche Abänderung, da die Thurmuhren drei, auch wohl vier Weiser bewegen. Selten erhalten diese Uhren einen Minutenweiser, und man wird daher auch nur bei dem Stundenzeiger stehen bleiben. Hier entstehet aber ein doppelter Fall. Die Zifferblätter sind entweder neben der Uhr, oder in einer

ner Erhöhung angebracht. In dem ersten Fall steckt auf der Welle des Bodenrades F. XVIII. A, welches sich gewöhnlich in 2 Stunden umdrehet, ein Getriebe B, welches ein Stirnrad bewegt, das auf einem besondern Zapfen an dem Uhrgehäuse steckt. An den beiden benachbarten Seiten des Uhrgehäuses ist auf eben die Art ein Stirnrad befestiget, und beide Räder werden von den Zähnen des ersten Stirnrades bewegt. In jedem Mittelpunkt dieser drei Räder steckt eine Weiserstange. Gesetzt, die drei Räder erhalten 60 Zähne, so bekommt das Getriebe 10 Triebstöcke. Denn 6 Mahl 10 ist 60. Das Getriebe läuft in 2 Stunden Ein Mahl um, die Räder aber sechs Mahl langsamer, folglich in 12 Stunden. Sollen aber vier Weiser bewegt werden, oder sind die Zifferblätter über der Uhr befestiget, so muß ein weitläuftigerer Mechanismus angebracht werden. Nachstehende Einrichtung scheint die einfachste zu seyn. Auf der Welle des Bodenrades A Fig. XVIII. steckt vor der Uhr ein Getriebe B, welches ein Kammrad C bewegt. Mit dem Wellbaum dieses Rades kann man die Bewegung nach Beschaffenheit des Raums in die Höhe leiten. Er trägt an dem bestimmten Ort ein Stirnrad D, dessen Zähne drei oder vier Stirnräder E und F in einem rechten Winkel in Bewegung setzen. Jedes Rad bewegt in seinem Mittelpunkt eine Weiserstange. Gesetzt, das Getriebe B habe 10 Triebstöcke, und das Bodenrad A läuft in 2 Stunden Ein Mahl um, so erhalten alle übrigen Räder 60 Zähne. Die Spannung ist freilich bei diesem Mechanismus stark, allein die Räder bewegen sich auch nur langsam. d) Endlich muß noch kürzlich gezeiget werden, wie der Hammer von dem Schlagwerke gehoben wird, denn die Glocken hangen in einiger Entfernung von der Uhr. Das Hebnägelrad Fig. XVI. A hebt, wenn das Schlagwerk von dem Gehwerk ausgelöset ist, durch seine Hebnägel den Arm B C D in B auf, der sich auf seinem Zapfen in C frei bewegt. Mit dem Arm hängt vermittelst eines Gelenks ein Draht D E, und dieser auf eben die Art mit dem Hammerstiel G F E zusammen. Dieser läuft auf seinem Zapfen F, und der Hammer G wird also gehoben, wenn der Draht D E den Hammerstiel in E hinab zieht. Der Hammer fällt nach seiner eigenen Schwere auf die Glocke H, und eine Feder unter F G hebt ihn wieder in die Höhe, weil er sonst den Klang der Glocke verhindern würde.

Alles, was oben von der Berechnung der Stubenuhren gesagt ist, gilt auch von den Thurmuhren. Es soll daher nur noch die Bearbeitung dieser Uhren in einigen Anmerkungen kürzlich hinzu gefüget werden. 1) Bei der Höhe des Aufzugs und der Dicke der Walze oder Trommel neben dem Bodenrade gilt im Großen alles das, was auf der 256. S. erinnert ist. Gesetzt, das Bodenrad hat 18 Zoll im Durchmesser, die Trommel die Hälfte 9 Zoll, und die Höhe des Aufzugs ist 60 Fuß, so gehet die Uhr 25 Stunden, wenn das Bodenrad sich in jeder Stunde Ein Mahl umwälzet u. s. w. Weit vortheilhafter wäre es aber, wenn

wenn man das Bodenrad nicht unter 12 Stunden umlaufen ließe, weil alsdenn die Uhr nicht so oft durch das Aufziehen in ihrem Laufe unterbrochen würde. Man sucht zwar die Bewegung des Bodenrades durch ein Stück Eisen, so die Wippe heißt, und das zwischen zwei Zähne des Rades beim Aufziehen gesteckt wird, zu unterhalten, allein die Schwierigkeit ist noch nicht völlig gehoben. Bei dem Gehwerke geben die Großuhrmacher diesen Gründen Gehör, aber nicht bei dem Schlagwerke. Daher geht das Gehwerk der Uhr auf dem Thurm der hiesigen Petri Kirche zwar acht Tage in Einem Aufzuge, aber das Schlagwerk nur 24 Stunden. Es ist wahr, bei der gewöhnlichen Einrichtung würde ein Schlagwerk mit vier Rädern nicht im Stande seyn, den starken Hammer zu heben, wenn man es nicht mit einem unmäßig großen Gewichte beschwerte. Es fragt sich aber, ob man nicht durch einige mechanische Vortheile die Kraft verstärken könnte, und verständige Uhrmacher räumen die Möglichkeit ein. Es käme also nur darauf an, daß ein geschickter Uhrmacher den Versuch machte. Die Trommel hängt mit dem Bodenrade gleichfalls durch ein Sperrrad zusammen, und das Bodenrad bekommt daher einen gebrochenen Wellbaum. Die eigentliche Trommel von Holz ist nämlich mit dem Bodenrade unmittelbar verknüpft, und auf diese wird ein großes Rohr von Eisenblech gesteckt, woran das Sperrrad befestiget ist. Um dieses Rohr wickelt sich die starke Schnur, oder das

Seil, woran das Gewicht hängt. 2) Die Räder und Getriebe haben in allen Fällen eben die Proportion, wie bei den Stubenuhren. Der Durchmesser des Bodenrades ist zwischen 15 und 24 Zoll groß, und von seiner festgesetzten Größe hangen die Durchmesser der übrigen Räder ab. Der Großuhrmacher schmiedet alle Räder und ihre Wellbäume aus gutem Eisen. Jedes Rad besteht aus zwei Theilen, aus den Kreuzschenkeln und einem abgesonderten Ringe, auf dessen Stirn die Zähne ausgeschnitten werden. Die Kreuzschenkel werden in den Ring eingezapft. In dem Mittelpunkt des Rades hauet man beim Schmieden mit dem Meißel ein Loch aus, und steckt es auf seinen viereckigen Wellbaum. Läßt es der Uhrmacher auf seinem Wellbaum umlaufen, und hält ein Stück Kreide neben dem Umfang, so zeigt der gezogene Strich, ob das Rad und der Wellbaum eine gemeinschaftliche Achse haben. Die Zähne des Rades werden entweder auf einer großen blechernen Theilscheibe mit einem Lineal abgetheilet, oder man theilt sie auch bloß mit einem Zirkel ein. Gewöhnlich hauet man die Zwischenräume zwischen den Zähnen mit einem Meissel aus. Einige Uhrmacher schneiden zwar die Zähne mit einer Schneidescheibe Fig. V. s aus, die auf der Welle eines Schwungrades befestiget ist, allein es fehlet hierbei weiter nichts, als die Genauigkeit. Denn man hält das Rad neben der Schneidescheibe mit den Händen, und man hat noch keinen Mechanismus angebracht, das Rad, wie bei der Theilscheibe

scheibe Fig. V, zu befestigen und umzudrehen, ungeachtet es keine sonderliche Schwierigkeit haben würde. Die Welle so wohl, als das Rad müssen mit den groben und Schlichtfeilen aufs beste ausgearbeitet werden, und die Zähne werden gleichfalls gewälzet. Auf der Welle bleibt an dem Ort, wo das Rad soll befestiget werden, ein Ansatz stehen, woran der Uhrmacher das Rad lehnet, und es auf der andern Seite mit einem starken Stift, welchen er eine Schleuse nennt, völlig befestiget. Bei dem Kronrade Fig. XVIII. C ist der Ring, der die Kreuzschenkel umgiebet, nicht aufgerichtet, sondern er lieget dergestalt, daß er vor den Kreuzschenkeln etwas vorspringet. Man begreift leicht, daß die Zähne in dem vorstehenden Theil des Ringes ausgeschnitten werden. 3) Einige Uhrmacher verfertigen zwar massive Getriebe, wie der Windenmacher 6. Samml. S. 121. Die mehresten rühmen aber noch die so genannten Laternen, weil sie leichter sind, und eine geringere Reibung verursachen. Diese bestehen aus zwei Scheiben, welche die Triebstöcke, vermittelst der Zapfen an den letztern, zusammen halten. Die Verfertigung der Scheiben hat keine Schwierigkeit, und das ganze Getriebe wird wie ein Rad auf dem Wellbaum befestiget. Vorher müssen aber die Triebstöcke mit Ochsenklauen in einem eisernen Kasten eingesetzet werden. Die Ursache, warum man die Triebstöcke härtet, den Zähnen der Räder aber ihre gewöhnliche Härte lässt, ist abermahls, weil sich die Getriebe bei ihrer schnellen Bewegung

weit

weit eher abnutzen, als die Zähne der Räder. Aus eben der Ursache werden auch die Zapfen an den Wellbäumen mit Ochsenklauen eingesetzt. 4) Der Perpendikel der Thürmuhren wird insgemein an einem Riemen aufgehängt. Vortheilhafter wäre es aber, wenn man den Perpendikel wie den Wagebalken einer Wage in seiner Schere laufen ließe. Bekannter Maßen würde in diesem Fall das oberste Ende des Perpendikels auf jeder Seite einen Zapfen erhalten, der in einem Kloben, wie die Welle eines Rades in seinem Zapfenlager, ruhete. Geschickte Uhrmacher versichern, daß selbst bei Stubenuhren der Perpendikel auf diese Art am vortheilhaftesten aufgehängt würde. Man macht den Perpendikel bei Thurmuhren wenigstens 4 Fuß lang, und die Erfahrung beståttiget, daß es am vortheilhaftesten ist, wenn der Perpendikel nur wenig auswirft. Der Englische Haken muß daher über 7 bis 9 Zähne des Steigrades greifen. Einige Uhrmacher machen den Perpendikel noch wohl Ein Mahl so lang; allein bei einer solchen Länge, wornach sich zugleich die Stärke der Stange richten muß, möchte die abwechselnde Wärme und Kälte wohl einen ziemlichen Einfluß haben, nicht zu gedenken, daß der Widerstand der Luft, der gleichfalls mit der Witterung abgeändert wird, dies merklich vermehret. Man erfuhr von guter Hand, daß eine Uhr, die einen 12 Fuß langen Perpendikel hatte, stets unrichtig ging, und man erzählte diese Bemerkung einem hiesigen geschickten Uhrmacher. Er versicherte aber, die Uhr müsste einen andern Feh-

ler

ler gehabt haben. 5) Das Gehäuse der Uhr wird aus einigen eisernen Flachstangen durch Zapfen und Zapfenlöcher zusammen gesetzt. Es kommen hierbei nur noch die Zapfenlöcher oder Futter, worin die Zapfen der Wellbäume laufen, in Betrachtung. Sie werden abgesondert entweder aus Eisen, oder aus einer Komposition verfertiget, und in die Löcher der Flachstangen des Gehäuses eingesetzet. Sind sie von Eisen, so werden sie, wie die Zapfen, gehärtet. Vortheilhafter ist es aber, wenn man die Futter aus einer Komposition von Messing und Zink gießet. Der Zink vermehret die Härte des Messings. Die Zapfenlöcher der Thurmuhren sind aber nicht rund, sondern vierkantig, theils damit man die Uhr desto bequemer einschmieren könne, theils aber auch, weil bei dieser Gestalt der Futter das Oehl sich in den Winkeln setzt, und also nicht so leicht abläuft.

II. Von den Federuhren.

Es ist hier bloß von denjenigen Federuhren die Rede, die keinen Schneckenkegel haben, und die man insgemein Tafeluhren nennt, ungeachtet es auch Tafeluhren mit einer Schnecke gibt. Die letztern weichen von den Stutzuhren nicht weiter ab, als daß bei diesen die Stirnräder horizontal, bei jenen aber senkrecht liegen. Die Stutzuhren sind im Grunde betrachtet große Taschenuhren. Eine Tafeluhr erhält fünf Räder S. 241, und da man ihr ein liegendes Steigrad gibt, so muß das

vierte

vierte Rad des Gehwerks ein Kronrad seyn, wie der Augenschein in der XXIX. Fig. H lehret.

A. Zergliederung der Federuhr.

a) Das Bodenrad A Fig XXIX. des Gehwerks hängt mit dem Federhause B unmittelbar zusammen, und beide sitzen dergestalt beweglich auf ihrer Welle, daß sie sich ohne ihre Welle umdrehen können. Das Federhaus verbirgt in der Zeichnung eine starke Englische Feder, die man aber in dem besonders gezeichneten Federhause Fig. XIX. in a deutlich bemerken wird. Die Feder, die an einem Ende an dem Wellbaum b c befestiget ist, schlingt sich einige Mahl um den gedachten Wellbaum, und hängt an dem andern Ende mit dem Seitenblech d e des Federhauses zusammen. Gesetzt, die Feder sei in B Fig. XXIX. an dem Federhause befestiget, und die Windungen der Feder gehen nach der Richtung A B, daß sich also die Feder in B. endet; gesetzt ferner, man habe durch das Aufziehen der Uhr die Windungen der Feder dem Wellbaum genähert, so wird die Feder suchen, sich wieder auszudehnen. Ihre Federkraft, die nach den Voraussetzungen von B nach A ziehet, wird auf das Federhaus B wirken, und es mit dem Bodenrade A nach der Richtung B A ziehen. Auf diese Art entstehet die ganze Bewegung der Federuhr. Die Welle des Federhauses hält ein Sperrrad a auf der vordern Platte des Gehäuses Fig. XXXII. unbeweglich fest. Ein Sperrkegel b, nebst einer messingenen Feder c, befestiget das Sperrrad, schleift sich aber über die Sperrzähne

weg,

weg, wenn man die Uhr aufziehet. Die gemeinschaftliche Welle des Bodenrades und dieses Sperrrades durchbohrt daher das Zifferblatt der Uhr, und man ziehet die Uhr vor dem Zifferblatt mit einem Schlüssel auf. Die Bewegung der übrigen Räder der Uhr wird sich aus der Berechnung, mit Zuziehung der Buchstaben der XXIX. Fig. hinlänglich ergeben.

Steigrad L	31	6	(I)	10
Kronrad H	60	6	(G)	12
Minutenrad F	72	8	(E)	10
Zusatzrad D	80	14	(C)	6
Federhausrad A wälzt sich in $2\frac{1}{2}$ Tagen Ein Mahl um.	84			

Das erste Getriebe C der Federuhren macht man jederzeit stark, um hierdurch ihre schwache bewegende Kraft zu verstärken. In die Zähne des Steigrades K greifen die Spindellappen L und M, die gegen einander nach einem spitzigen Winkel gerichtet sind, und an ihrer Welle hängt der Perpendikel N O an einem seidenen Faden, aber außerhalb des Gehäuses, hinter der Uhr (Fig. XXXI. N O.) Der eine Spindellappen schwebt in der Luft, unterdessen daß der andere zwischen zwei Zähne des Steigrades greift. Die Bewegung und der Zweck ist gerade, wie bei dem Englischen Haken, S. 220. Sollen sich die Spindellappen bequem wieder aus den Zähnen des Steigrades winden, so muß die rechte Seite aller Zähne dieses Rades nach einem Bogen ausgeschnitten seyn.

b) Die

b) Die Walze B und das Federrad A des Schlagwerks Fig. XXX gleichen in allen Fällen den ähnlichen Stücken des Gehwerks. Das übrige Räderwerk stimmt völlig mit dem Schlagwerk der Pendeluhr überein, wie aus der Benennung der Räder, und den Buchstaben der XXX. Fig. erhellet.

Windfangsgetriebe		6	(L)	9
Windfangsrad K	54	6	(I)	10
Anschlagrad H	60	6	(G)	10
Hebnägelrad F mit 10 Hebnägeln	60	8	(E)	9
Zusatzrad D	72	14	(C)	6
Federhausrad A in 3 Tagen	84			

Der Hammer sitzt auf einer besondern Welle U V Fig. XXX, die vor dem Hebnägelrade F liegt. Der Hammer selbst steckt auf der Spitze dieser Welle vor der hintersten Platte des Gehäuses Fig. XXXI. U V; und unter ihm stehet die Glocke R. Eine stählerne Feder auf der Welle U V F. XXX. des Hammers, die zwischen die Hebnägel des Hebnägelrades Fig. XXX. F greift, hebt vermittelst der Hebnägel des Rades F den Hammer. Allein wodurch wird der Hammer genöthiget, bei jedem Stundenschlage nicht mehr, und nicht weniger zu schlagen, als die Zeit mit sich bringet? Die gegenwärtige Uhr schlägt nicht nur die gewöhnlichen Stundenschläge, die in 12 Stunden zusammen 78 Schläge betragen, sondern sie zeigt auch die Hälfte einer jeden Stunde mit Einem Schlage an.

sten fällt diese Scheibe auf der hintern Uhrplatte dieser Uhr Fig. XXXI. in ST in die Augen. Die Scheibe ST Fig. XXXI. und XXX. erhält 11 Einfälle oder Kerben, und eben so viel Staffeln zwischen den Kerben; denn für Ein Uhr hat sie keine besondere Staffel. Gesetzt, g Fig. XXXI. sey die Staffel für zwölf Uhr, die $\frac{12}{90}$ lang ist, so ist der nächste Kerb a $\frac{4}{90}$ lang, denn dieser Kerb bestimmt den Schlag, den die Uhr um halb Ein Uhr und um halb Zwei verrichtet. Die Staffel b für zwei Uhr ist $\frac{2}{90}$ lang, und der Kerb c, wie alle übrigen Kerbe gleichfalls $\frac{2}{90}$. Folglich ist die Staffel d $\frac{3}{90}$, die Staffel e $\frac{4}{90}$, und f $\frac{5}{90}$ lang u. s. w. Jede Staffel erhält also so viel Theile von der gedachten Eintheilung der Scheibe, als sie Schläge abmessen soll. Unter dem Hebnägelrade F des Schlagwerks Fig. XXX. liegt eine Welle P Q, die sich auf ihrem Zapfen frei bewegt, und auf der Spitze dieser Welle steckt vor der vordersten Uhrplatte Fig. XXXII. ein starker Draht h i welcher sich mit seiner Spitze h gegen die Auslösung d e f lehnet. Die Auslösung d e f bewegt sich frei auf ihrem Zapfen e, und die Spitze ihres Arms f reicht bis unter den Wechsel g. Dieser läuft in Einer Stunde Ein Mahl um, und hat unten bei der gegenwärtigen Uhr, die halbe und ganze Stunden schlägt, zwei Stifte, welche um den halben Umfang des Rades, oder 180 Grad von einander abstehen. Wenn also bei der Bewegung des Wechsels g ein Stift die Spitze des Arms f erreicht, so hebt er diesen in die Höhe, und der Arm d e der Auslösung bewegt sich nach der

Richtung dk. Zugleich wird also auch der Draht hi nach dk zurück gestoßen, und da dieser auf der Spitze der Welle PQ Fig. XXX. sitzt, so wird sich diese Welle gleichfalls umdrehen. Hierdurch erhebt sich auch der Arm ab, der auf dieser Welle sitzt. Dieser Arm hat an der Seite einen Haken U, welcher in einem Kerbe der Platte der Uhr, und zugleich in einem Kerbe der Schlagscheibe ST liegt, wenn die Uhr nicht schlägt. In der XXXI. Figur hat man diesen Arm, der Deutlichkeit wegen, zwar in PQ angebracht, und Q ist der gedachte Haken, der in die Kerbe der Schlagscheibe greift, er liegt aber eigentlich hinter der Uhrplatte. Gesetzt nun, das Schlagwerk ruhet, so hindert ein Stift a auf der Seite des Rades H, welcher sich auf die Spitze ab lehnt, daß das Schlagwerk sich nicht bewegen kann. Wenn aber die Auslösung (Fig. XXXII. def) auf die vorher gedachte Art gehoben wird, und zugleich der Draht (hi), so erhebt sich auch der Arm ab, stößt den Stift a des Rades H zurück, und zugleich verlässt der Haken U den Kerb der Schlagscheibe ST, worin er ruhet. Das Schlagwerk hat nunmehr Freiheit, sich zu bewegen, das Hebnägelrad F ergreift mit den Hebnägeln die Feder des Hammers, und die Uhr schlägt. Allein wodurch wird die Anzahl der Schläge jedes Mahl bestimmt? Durch die Abtheilung der Schlagscheibe ST. Soll die Uhr z. B. um halb Ein Uhr Einen Schlag verrichten, so erhebt sich der Zapfen U zwar, er fällt aber sogleich wieder in eben den Kerb Figur XXXI. ST a zurück, worin er vor

dem

dem Schlagen ruhete. Die Ursache ist diese. Der gedachte Zapfen liegt, wenn es Zwölfe geschlagen hat, kurz hinter dem Absatz g für die zwölfte Stunde, und zwischen dem Zapfen und dem Absatz b ist noch ein Raum in dem Kerbe, der $\frac{3}{90}$ der Eintheilung der Schlagscheibe beträgt. Folglich kann der Zapfen nach Einem Schlage wieder in eben den Kerb zurück fallen, und die Schlagscheibe S T wird nur von dem Schlagwerke um $\frac{1}{90}$ umgedrehet. Das Rad H Fig. XXX wälzt sich bei jedem Schlage Ein Mahl um. Der Stift a wird daher sicher auf der Spitze des Arms a b zu liegen kommen, und das Schlagwerk ruhet wieder. Der gedachte Haken steht aber noch um $\frac{2}{90}$ von der Staffel b Fig. XXXI. ab, denn der Kerb a, ist, wiegesagt, $\frac{4}{90}$ lang. Wird also das Schlagwerk um Ein Uhr wieder ausgelöset, so fällt der Haken sogleich wieder in eben den Kerb a zurück. Die Uhr schlägt nur Ein Mahl, und der Haken steht noch $\frac{1}{90}$ von der Staffel b ab, folglich kann die Uhr um halb Zwei noch Ein Mahl aus eben dem Kerbe schlagen. Allein nach halb zwei Uhr liegt der Haken kurz hinter der Staffel b. Wird das Schlagwerk also um zwei Uhr von neuen ausgelöset, wie oben gezeigt ist, so kommt der Haken auf der Staffel b zu liegen, und da diese $\frac{2}{90}$ lang ist, so wird die Uhr zwei Mahl schlagen. Alsdenn fällt der Haken in den Kerb b, und das Schlagwerk wird nach dem obigen in der Bewegung gehemmet. Der Haken nimmt in diesem Kerbe, so wie in allen übrigen, $\frac{1}{90}$ Raum ein, folglich bleibt noch $\frac{1}{90}$ für einen Schlag um halb

Drei übrig. Die Staffel d ist $\frac{3}{90}$ lang, also wird die Uhr drei Mahl schlagen, wenn der Haken darauf zu liegen kommt u. s. w. Das Zusatzrad Fig. XXX. D drehet also die Schlagscheibe ST bei jedem Schlage des Hammers um $\frac{1}{90}$ weiter um, und nach 12 Stunden haben sich beide völlig Ein Mahl umgewälzet. Es giebt auch Uhren, die aus eben der Scheibe Viertel schlagen, der Raum erlaubet aber nicht, ihre Einrichtung zu beschreiben.

c) Das Weiserwerk dieser Uhr, weicht von dem Weiserwerk der vorigen Uhr in keiner Absicht ab. Vor der vordern Platte der Uhr Fig. XXXII. steckt der Wechsel g auf der Welle des Minutenrades (Fig. XXIX. F), das sich in Einer Stunde Ein Mahl umdrehet. Dieser bewegt den Wechsel l, das Getriebe m des Stundenrades n aber das Stundenrad selbst (S. 325). Giebt man in diesem Falle dem Wechsel g 30 Zähne, so bekommt der Wechsel l eben so viel. Erhält das Getriebe m 6 Triebstöcke, so muß das Stundenrad 72 Zähne haben (S. 249).

B. Verfertigung der Federuhr.

Die Berechnung des Gehwerks und des Schlagwerks dieser Uhr steht bereits auf der 241 und 248 S. Es fehlet also weiter nichts, als daß noch die Bearbeitung der Theile dieser Uhr gezeigt wird, wenn sie noch nicht aus dem obigen bekannt sind.

a) Zuerst verdient das Federhaus beider Werke etwas näher erwogen zu werden Fig. XIX. Das Seitenblech d e wird gerade wie die Walze der Pendeluhr verfertiget, außer daß das Seitenblech keine Schraubengänge erhält (S. 259). Allein das

Feder-

Federhausrad A ist zugleich auf einer Seite der Boden des Federhauses, und da man in dem Federhause alles wegräumen muß, was der Feder hinderlich seyn könnte, so muß dies Rad etwas anders mit dem Seitenblech vereiniget werden, als die Boden der obigen Walze. Der Uhrmacher drehet aus dem Federhausrade auf einer Seite eine runde Vertiefung aus, in welche die Mündung des Federhauses genau passet. Das Federhaus wird entweder mit Schnellloth eingelöthet, oder man nietet es durch einige Niete mit dem Federhausrade zusammen. Die Niete werden von der äußern Seite des Federhausrades eingeschlagen. Für den Boden b F. XIX. wird eine Falze in der Mündung des Seitenbleches abgedrehet, worin man ihn einsprenget. Allein, wie groß muß das Federhaus seyn? Macht der Uhrmacher den innern Raum zu klein, so geht die Uhr entweder in Einem Aufzuge nur eine kurze Zeit, oder man muß die Windungen der Feder beim Aufziehen nöthigen, sich dicht an die Welle b c anzuschließen. Beides mindert aber bald die elastische Kraft der Feder, und sie springet sehr leicht. In dem letzten Falle ist es für sich begreiflich, und in dem ersten Falle leidet eine Feder leicht an ihrer Kraft Schaden, wenn sie oft gespannet wird. Der innere Raum des Federhauses muß daher so groß, wie möglich, seyn, und zwischen den Zähnen des Federhausrades und dem Federhause ist nur ein schmaler Raum. Der Durchmesser des Federhauses muß sich etwa zu dem Durchmesser des Federhausrades e wie 5 zu 6 verhalten. Bis jetzt macht man in Deutschland nur in Augsburg Uhrfedern, aber weit besser sind diejenigen, so aus England oder Genf zu uns kommen. Die Umgänge der Feder um den Wellbaum b c richten sich nach der Stärke der Feder und ihrer Federkraft. Die letzte lässt sich aber nicht gut ohne Versuche bestimmen, die man mit jeder Feder besonders anstellen muß. Ist die Feder stark, so sind 3 bis 4 Umgänge hinreichend, ist sie aber schwach, so muß sie sich wohl 6 bis 7 Mahl um den Wellbaum winden. Ja, der Uhrmacher sieht sich oft genöthigt, die Feder wieder aus dem Federhause zu nehmen, und eine andere einzusetzen, wenn sie nicht die erwartete Wirkung thut. Unterdessen ist es besser, wenn die Feder etwas zu stark, als zu schwach ist. Denn in dem ersten Falle darf sie nur beim Aufziehen nicht stark gespannet werden, so ist der Fehler gehoben. Ueberhaupt ist es aus den obigen Ursachen gut, wenn die Windungen der Feder sich beim Aufziehen nur um den halben Raum des Federhauses dem Wellbaum nähern. Das eine Ende der Feder wird an dem Wellbaume, das andere an dem Seilenbleche d e des Federhauses befestigt. Durch die Feder wird an beiden Enden ein Loch gemacht, und so wohl an dem Wellbaume, als an dem Seitenbleche des Federhauses befestiget man einen Haken, in welchen die Feder eingehaket wird. Daher kann man sie im erforderlichen Fall bequem aus dem Federhause nehmen. Man wickelt sie mit einem Federwinder zusammen. Allein hiervon und von ähnlichen

lichen Dingen wird man bei den Taschenuhren weitläuftiger reden. b) Was oben von der Proportion der Räder überhaupt und insbesondere von den Stirnrädern gesagt ist (S. 265), lässt sich auf diese Uhr völlig wieder anwenden. Bloß die Verfertigung des Kronrades H und des Steigrades K, des Gehewerks Fig. XXIX. leidet einige Ausnahme, denn diese Räder haben ihre Zähne auf der Seite. Sie werden zwar gleichfalls aus einer Scheibe von Messingblech verfertigt, allein der Uhrmacher muß einen Theil der Scheibe nöthigen, sich nach der Seite zu umzulegen. Er schneidet daher die Scheibe etwas größer, als der Umfang des fertigen Rades beträget, legt gegen die Scheibe ein rundes Stück Stahl, das er einen Kern nennt, und spannt beides neben einander in den Schraubstock. Es versteht sich, daß der Kern so dick seyn muß, als die Höhe der Zähne, und so weit, als der Raum, den die Zähne umgeben. Man wird sich dieses am leichtesten bei dem besonders gezeichneten Kronrade Figur VIII. in a b gedenken können. Den Streif der messingenen Blechscheibe, der vor dem Kern hervorragt, nöthigt der Uhrmacher mit einem Hammer, sich auf der Stirn des Kerns umzulegen, und das Messing giebt ohne zu zerbrechen nach, wenn es nur nicht zu dünn ist. Uebrigens werden diese Räder eben so auf den Drehstuhl Figur I. abgedrehet, und ihre Zähne auf der Theilscheibe Figur V. ausgeschnitten, wie bei den Stirnrädern (S. 270.). c) Die beiden Spindellappen L und M, Figur XXIX. werden mit ihrer

Welle aus einem Stück Stahl geschmiedet, und in Wasser gehärtet. Sie müssen aber hernach wieder hafergelb anlaufen, weil man die Welle nicht abdrehen könnte, wenn sie nicht wieder auf den Kohlen etwas erweichet ist. Die Lappen selbst werden auf einer Seite spitzwinklig abgeschärft, denn ohne dies würden sie nicht gehörig in die Zähne des Steigrades eingreifen. Haben die Lappen noch nicht die bestimmte Stellung gegen einander, so richtet sie der Uhrmacher mit einer Zange. Von dieser Stellung der Lappen gegen einander auf ihrer Welle oder Spindel hängt der starke oder schwache Gang des Perpendikels ab. Denn je größer die Neigung beider Spindellappen gegen einander ist, desto stärker wirft der Perpendikel aus. Die Uhrmacher geben aber dem Perpendikel gern eine kleine Spielung, wenn er mit den Spindellappen in einer Federuhr vereinigt ist, weil diese Uhren natürlicher Weise nur mit einer geringen Kraft auf das Pendel wirken können. Sie messen aber den Abstand der Spindellappen bloß nach dem Augenmaß ab, und bei der gegenwärtigen Federuhr muß die Neigung beider Lappen gegen einander ungefähr einen Winkel von 60° betragen. Bekommt die Uhr einen kürzern Perpendikel, so kann man diesen Winkel kleiner annehmen, wie aus den obigen Gründen erhellet, und ist also der Perpendikel länger, so muß die Neigung beider Lappen gegen einander mehr als 60° betragen. Der Haken N an der Welle der Spindellappen, woran der Perpendikel, vermittelst eines seide-

nen

nen Fadens hängt, muß gerade in der Mitte der beiden Spindellappen stehen. Von dem Perpendikel NO gilt im kleinen eben das, was von dem großen S. 277 gesagt ist. Er muß in dem gegenwärtigen Falle 11 Zoll lang seyn. Es entsteht hierbei noch eine doppelte Frage: Erstlich, was befördert den genauen Gang der Uhr mehr, der Englische Haken, oder die Spindellappen? Beide scheinen einerlei Wirkung zu versprechen; allein die mehresten Uhrmacher entscheiden die Sache dessen ungeachtet zum Besten des Englischen Hakens. Andere behaupten aber im Gegentheil, daß hierbei bloß die Länge des Pendels in Betrachtung kommt, und daß man also von den Spindellappen und Englischen Haken einerlei Wirkung erwarten kann, wenn nur der Perpendikel Sekunden vibrirt. Zweitens fragt es sich, ob die Spindellappen bei den Federuhren, ohne Zuziehung des Schneckenkegels, den ungleichen Zug der Feder hinreichend einschränken? Allerdings verdienen die Uhren mit einem Schneckenkegel, denen man zugleich auch einen kleinen Perpendikel mit Spindellappen giebt, vor den Tafeluhren ohne Schneckenkegel den Vorzug. Unterdessen hoffen die Uhrmacher, der Sache dadurch abzuhelfen, daß sie bei den letzten Uhren die Linse des Perpendikels nach Proportion etwas schwerer machen. b) Den Umfang der Schlagscheibe Figur XXXI. ST von Messingblech theilt der Uhrmacher in dem gegenwärtigen Falle entweder mit der Theilscheibe in 90 gleiche Theile ein, und feilt, nach der angegebenen Proportion Seite 305.

die Kerben aus; oder er befestiget sie unabgetheilt an der fertigen Uhr, lässt das Schlagwerk Ein Mahl umschlagen, und bemerkt mit Einem Striche, wo der Zapfen U Figur XXX. auf der Stirn der Scheibe liegt, wenn die Uhr die erforderlichen halben und ganzen Stundenschläge verrichtet hat. Nach diesen Strichen kann man die Einfälle gleichfalls ausfeilen. Die Uhrmacher wählen insgemein die letzte Abtheilungsart. Die übrigen Theile der Federuhr sind entweder bereits hinreichend aus der Beschreibung der Pendeluhr bekannt, oder ihre Verfertigung lässt sich doch aus dem vorigen leicht errathen.

Anmerk. 1) Die XXXV. Figur stellt einen Ring mit seinen Wechseln vor, wodurch die Stubenuhren die Zahl des Monatstages anzeigen. abc ist ein Ring von Messing, der auf der Seite, die in der Zeichnung unten liegt, 31 Zähne in gleichem Abstande von einander hat, und auf der andern Seite, die in der Zeichnung sichtbar ist, stehen, gleichfalls in gleicher Entfernung, die Tage des Monats von 1 bis 31. Dieser Ring ist hinter dem Zifferblatte mit einem Kloben a und zwei kleinen Rollen c und b, die in einem Dreiecke gestellet sind, befestigt. Die letzten erleichtern die Bewegung des Ringes. Bekannter Maßen ist aus dem Zifferblatte so viel ausgeschnitten, daß man jederzeit nur eine Zahl des Ringes siehet. Inwendig hat der Ring Sperrzähne d und einen Sperrkegel, der auf dem Zifferblatte befestiget ist, damit sich der Ring nicht verschiebe. Zwei Wechsel e und f setzen diesen Ring in Bewegung, oder deutlicher zu reden, sie rücken ihn täglich um Einen Zapfen weiter fort. Der Wechsel e sitzt auf der Hülse des Stundenrades im Weiserwerke (Fig. XXXII. n.) und unter dem Stundenrade liegt in diesem Falle eine stählerne Spreißfeder, die das Stundenrad gegen den Wechsel e presset. Die Zähne des Wechsels e bewegen den Wechsel f, und ein Stift g auf dem letztern ergreift täg-

täglich Einen Zahn des Ringes a b c, und rückt diesen um Einen Zahn weiter fort. Der Wechsel e läuft mit dem Stundenrade des Weiserwerks in 12 Stunden um. Gesetzt also, er habe 24 Zähne, so erhält der Wechsel f 48. Denn man siehet leicht, daß sich e zwei Mahl umwälzen muß, unterdessen daß f Ein Mahl seinen Umgang vollendet. 2) Die XXXIV. Figur stellt die nöthigen Theile eines Weckers vor. Um die messingene Rolle a schlingt sich eine Schnur, die ein Gewicht und Gegengewicht trägt. Durch das erste wird der Wecker in Bewegung gesetzt. b ist ein Steigrad, das von dem Steigrade einer Federuhr weiter nicht abweichet, als daß es senkrecht aufgerichtet ist. Die Rolle und das Steigrad stecken auf Einer Welle, und daher werden beide zugleich beweget. Bei der Bewegung ergreifen die Zähne des Steigrades die beiden Spindellappen der Spindel c d wechselsweise, und da auf der Spitze c der Spindel ein Hammer befestiget ist, so wird dieser abwechselnd von den Spindellappen gegen eine Glocke geschlagen, und wieder zurück getrieben. Es fragt sich nur noch, wie dieses kleine Werk von dem Gehwerk ausgelöset wird? Auf dem Rohr des Stundenrades (Figur XIII D) steckt eine kleine Nuß e, die in f einen Absatz erhält, weil sich ihr Umfang von g bis f nach und nach etwas erhebet. Die Nuß wird von dem Stundenrade in 12 Stunden Ein Mahl umgedrehet. Die Auslösung h i k bewegt sich frei auf ihrem Stifte i, und wenn der Wecker nicht weckt, so ruht auf dem Arme k ein Stift l, welcher auf der Stirn des Steigrades b befestiget ist. Gesetzt also, der Widerhaken h der Auslösung fällt von dem Absatze f der Nuß hinab, so steigt der Arm k dergestalt in die Höhe, daß er den Stift l des Steigrades verlässt. Wenn nun der Wecker aufgezogen ist, so kann das Gewicht die Rolle a, und zugleich das Steigrad b frei bewegen, und der Wecker weckt so lange, bis das Gewicht abgelaufen ist. Gewöhnlich weckt er 6 Minuten, und wenn man ihn sogleich beständig wieder aufzöge, so würde er ungefähr eine Stunde hinter einander wecken können. Die Nuß e setzt aber unterdessen ihre Bewegung nach der Richtung f g fort, und da der Widerhaken h der Auslösung, so zu sagen,

gen, bergan steigen muß, so wird der Arm k nach Verlauf der gedachten Zeit dergestalt hinab sinken, daß seine Spitze wieder unter dem Stifte l zu stehen kommt. Folglich kann die Uhr nicht eher wieder wekken, bis der Widerhaken von neuen in f hinabsinkt. Die Nuß e hat gleichfalls ein Röhr, auf welchem vor dem Zifferblatte ein kleiner Zeiger, über einem kleinen besondern Zifferblatte, steckt. Man kann hierdurch bestimmen, zu welcher Zeit die Uhr wecken soll. 3) Die Zapfen der Uhren schmiert man am liebsten mit weißem Baumöhl ein, der auf folgende Art geläutert wird. Man gießt in das Oehl einen Löffel voll geschmolzenes Blei, welches alle Unreinigkeit niederschläget. Zu mehrerer Sicherheit wird noch in das Glas, worin man das Baumöhl aufbehält, ein Stück Blei geworfen.

Die Großuhrmacher halten sich in Berlin bis jetzt noch zu dem Gewerk der Schlösser, ohne Zweifel deshalb, weil die mehresten vorher Schlösser gewesen sind, ehe sie ihre Kunst erlernet haben. Die Kleinuhrmacher haben sich aber abgesondert. Ein Lehrbursche kann die Uhrmacherkunst in 4 Jahren erlernen, wenn er ein Lehrgeld erlegt, ohne dieses lernt er aber 5 bis 6 Jahre. Ihre Gesellen erhalten auf ihrer dreijährigen Wanderung kein Geschenk, und wenn sie sich um das Meisterrecht bewerben, so verfertigen sie zum Meisterstück eine Uhr, die wenigstens acht Tage in Einem Aufzuge geht, Stunden und Viertelstunden schlägt und repetirt, und einen Monatsring hat.

FSC
www.fsc.org
MIX
Papier | Fördert gute Waldnutzung
FSC® C083411

Zeitfracht Medien GmbH
Ferdinand-Jühlke-Straße 7
99095 Erfurt, Deutschland
produktsicherheit@kolibri360.de